무적의 바이오기술 시리즈

개정

# 세포배양 입문 노트

井出利憲, 田原栄俊 저

서한국, 강은실 역

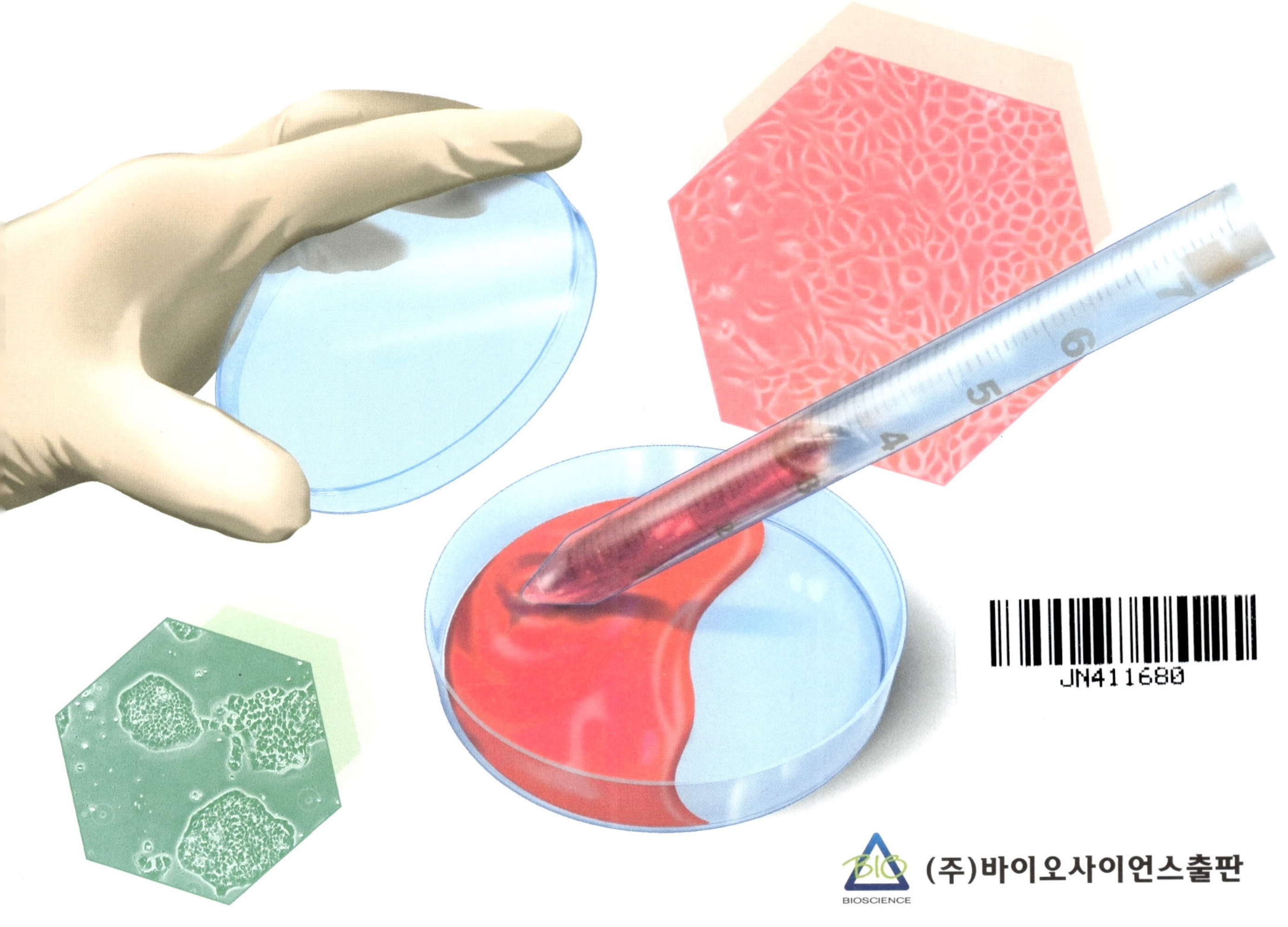



BIOSCIENCE (주)바이오사이언스출판

## 개정 세포배양 입문 노트

초판 인쇄: 2018년 5월 10일
초판 발행: 2018년 5월 20일

저　　자: 井出利憲, 田原栄俊
역　　자: 서한극, 강은실
발 행 인: 문정구
발 행 처: (주)바이오사이언스출판
본　　사: (우)10410 경기도 안양시 동안구 전파로 107(호계동)
서울 사무소: (우)06569 서울특별시 서초구 도구로 115, 1층(방배동, 월드빌딩)
전　　화: (02)581-4057~8　팩스: (02)581-4059
이 메 일: inquiry@biosciencepub.com
홈페이지: http://www.biobooks.co.kr
I S B N: 978-89-6824-078-2
등록번호: 제22-3079호
**값 20,000원**

이 도서의 국립중앙도서관 출판예정도서목록(CIP)은 서지정보유통지원시스템 홈페이지(http://seoji.nl.go.kr)와 국가자료공동목록시스템(http://www.nl.go.kr/kolisnet)에서 이용하실 수 있습니다. (CIP제어번호 : CIP2018007729).

# 개정판 서문

생명과학 교과서의 많은 영역이 세포배양을 이용한 연구 성과로 넘쳐나고 있다. 이것은 생명과학 연구 분야에서 배양세포가 널리 쓰이고 있는 것을 반영하고 있고, 최근에는 iPS 세포 연구에도 배양기술이 이용된다.

이 책의 초판은 1999년 제1쇄에서 2009년 제9쇄까지 대략 1년에 한 번씩 재쇄를 진행하였다. 다양한 실험기술이 나날이 진보하는 가운데 이 책이 오랜 시간 계속 지지받은 이유는 초보자의 요구에 부응한 우수한 내용이었기 때문이라고 자부하지만, 세포배양에 관한 가장 기본적인 기술 영역에서 변화가 적었기 때문일 것이다. 그럼에도 당시에는 일반적인 방법이 최근에는 사용되지 않거나 반대로 지금은 일반적으로 사용되지만 당시에는 언급하지 않았던 내용 등 수정을 필요로 하는 부분이 발생하여 개정판을 내기로 했다. 다만 "운전을 처음 배우는 사람에게 자동차를 출발/정지시키는 과정을 설명하듯 친절하고 자상하게 가르친다"라는 초보자 지향의 기본은 조금도 바꾸지 않았기 때문에, 이 책의 목적과 목표에 관해서는 초판 서문을 다시 게재했다. 또한, 개정판에서는 실험 동영상을 Yodo사 실험의학 Online Podcast에서 제공하기로 했다(http://www.yodosha.co.jp/jikkenigaku). 초보자의 기술지도에 동영상이 큰 참고가 될 것이라고 기대하고 있다.

초판의 저자인 井出는 2006년에 히로시마 대학을 정년퇴직하고, 히로시마 국제대학을 거쳐 현재는 현장을 떠나 에히메 현립의료기술대학 학장으로서 재직하고 있다. 이 때문에 개정판에서는 히로시마 대학의 후임교수인 田原와 공저자로서 동 연구실의 교원 · 대학원생 · 학부생 등 현장의 목소리도 담아가며 개정 작업을 진행하였다. 연구교수: 嶋本 顕, 조교: 阿武久美子, Post-doc: 徐 丹, 연구원: 青木絵里子, 대학원생: 小島安由里 · 鳩岡未沙子 · 松永純子 · 安野さやか · 世良行寛 · 田村知子 · 平田直之, 학부생: 喜々津彩 · 中村亜由美 · 須藤優樹 · 禅正和真 · 玉置 彩 · 板田豊典 · 福永早央里 · 日野由美子 · 渕上真吾 · 森田博人의 이름을 기록해서 협력에 감사드리고자 한다. Yodo사 편집 담당은 安西志保씨와 熊谷諭씨이고, 동영상에 관해서는 蜂須賀修司씨가 도움을 주었다. 다양하게 연구하고 지혜를 짜내어 좋은 책으로 완성시켜 준 것을 감사드린다.

2010년 4월

井出利憲, 田原栄俊

# 초판 서문

이미 많은 세포배양 실험서가 나와 있음에도 불구하고 굳이 새로운 책을 출판하는 이유는 연구실에 갓 들어온 초보자가 참고하기에 기존의 실험서가 너무 어렵다는 소리가 들리기 때문이다. 이 책의 목적은 다른 실험서로 연결될 수 있는, 진정한 기초를 배우게 하는 데 있다. 이는 마치 자동차운전교습소의 기초과정에서 초보자들이 어떻게든 차를 출발시키고, 정지시킬 수 있는 아주 기본적인 것을 배우는 것과 유사하다.

배양세포의 유지는, 실험을 위해 마우스에게 먹이를 주는 것과 같다. 요즘에는 대부분 사육시설이 완비된 곳에서 맡아서 키워 주기 때문에, 마우스를 키우는 것만 이라면 실험자는 그다지 신경을 쓸 필요가 없겠지만, 그래도 마우스를 쥐는 방법 정도는 알아야 실험을 할 수 있을 것이다. 배양세포에 있어서도, 실험보조원이 실험용 세포를 전부 준비해 주는 곳도 있는 듯하다. 그러나 대부분의 경우 배양세포는 자신이 관리하지 않으면 안 되고, 준비하여 주는 경우에도 그 다음 실험을 스스로 하려고 하면, 약간의 기본적인 주의와 기술이 필요하다. 그러한 기초가 있다면, 다음은 응용하여 점차로 어려운 기술에도 도전할 수 있게 된다. 세심한 주의까지 기록되어 있지만, 두꺼운 매뉴얼을 모두 익힌 다음에 시작하는 것이 아니라(읽어 두는 것은 권장하지만), 최소한의 주의(다른 사람에게 폐를 끼치지 않는 것)만을 지키며 우선 실험을 시작해보자. 실험을 시작하면서 필요한 주변지식을 습득하고 응용지식을 습득해 가는 방법은, 컴퓨터에 익숙한 지금 세대에게는 친숙한 일일 것이다.

단, 여기에서 보여주고 있는 것은 어디까지나 하나의 모델에 지나지 않는다. 연구실마다 각각 서로 다른 방법과 요령이 있으며, 주의점도 다를 것이다. 클린벤치가 놓여있는 곳의 청결함(잡균의 수)도 연구실마다 다를 것이다. 클린벤치가 배양 전용 장소에 있으면 가장 좋겠지만, 일반 실험실에 설치되어 있어서 다른 실험을 하는 사람과 동시에 작업을 하는 경우도 적지 않을 것이다. 분리된 장소라고 하여도 다른 실험실과 연결되어 있다면, 그곳의 청결함도 관계된다. 복도에서 직접 들어가는 곳인가, 전실이 설치되어 있는 곳인가 등도 실험실마다 다르다. 먼지 하나 없는 청결한 복도가 있는가 하면, 먼지투성이의 복도도 있다. 그것에 따라 오염(contamination; 잡균이나 곰팡이가 혼입하는 것을 말함)에 대한 주의점도 다르다(예를 들어, 실험복을 바꾸어 입는 것 등).

표준조작법에서 어떤 과정은 생략할 수도 있고, 목적에 따라 더욱 더 엄격하게 하여야 하는 경우도 있다. 원래 체세포는 직사광선에 노출되어 있는 세포가 아니기 때문에, 세포 취급을 모두 적색광 하에서 행하는 곳도 있다. 여기에서는 그러한 부분까지 신경쓰고 있지 않지만, 무균 조작으로서 과거에 무균 상자에서 조작했던 때의 엄격함을 일부 포함하고 있다. 오염이 발생하면 창피한 일이다. 오염이 발생해도 개의치 않는 등의 무책임한 실험 태도로는, 다른 실험조작에 대해서도 신뢰할 수 없다고 생각한다. 하지만 과거에 무균상자를 사용하여, 더욱이 항생물질도 넣지 않고, 배양하였던 대선배가 보면 여기에 쓰여 있는 방법은 잘못된 조작일 수도 있다.

1장의 dish로 배지교환을 반복하여 몇 개월간 유지할 필요가 있을 때에는, 표준법보다 훨씬 엄격하게 오염에 주의할 필요가 있다. 배지 교환 등의 무균 조작뿐만 아니라, 검경하기 위해 dish를 만질 때에도 주의가 필요하다. 장시간에 걸친 조작 중에 잡균 낙하나 혼입뿐만 아니라, dish 바깥쪽에 곰팡이 균사가 성장하여 dish 내부까지 들어오는 경우도 있기 때문이다.

한편, 클린벤치에서의 오염은 좀처럼 발생하지 않기 때문에 가능하다면 엄격한 무균조작을 생략하고, 오염의 가능성이 약간 증가하여도 조작을 간단하게 하여 실험 능률을 올리는 편이 낫다고 생각한다면, 대장균을 취급하는 것과 비슷한 감각으로 세포를 취급하는 것도 하나의 방법이다. 극단적으로 말해, 깨끗한 실험실이라면 클린벤치를 사용하지 않더라도 그다지 많은 오염이 발생하지는 않을 것이다. 가끔씩 발생하는 오염을 우려하여, 일상조작을 필요 이상으로 번잡하게 하는 것은 능률이 낮다. 만약 오염이 발생하였다면, 세포를 버리고 다시 실험하는 것도 능률 향상의 한 방법일 것이다. 단, 이 책에서는 이런 부분까지 고려하지는 않는다. 일련의 기본 조작에 익숙해지고 난 후에 절차를 생략하는 편이 좋다고 생각하기 때문이다.

이 책에서는, 우선 세포를 무사히 계대 유지하는 것을 목표로, 무균 조작에 익숙해져 활력 있는 세포를 유지한다고 하는 기본에 초점을 맞춘다. 이것이 가능한 것만으로도, 이미 수립된 비교적 유지하기 쉬운 배양세포를 사용하여, 여러 가지 실험을 할 수 있게 될 것이다. 여기에서는 '연구실에서 이미 배양을 하고 있는 선배가 있고, 설비도 되어 있다는 전제 하에서, 배양에 관해서는 처음인 초보자가 배우기 시작한다'라는 상황을 염두에 두고 있다. 배운다고 하기보다는 익숙해진다고 하는 것에 있다. 아무튼 시작해 보기로 하자. 그 다음은 연습하기 나름이다.

1998년 11월

**井出利憲**

# 역자 서문

생명과학에 흥미를 느끼고 연구실에 들어오는 학부생이나 대학원생은 보통 연구실에 먼저 들어온 선배에게 연구실 입실부터 시작하여 실험 전반에 관하여 하나하나 배운다. 그러나 선배를 따라 입실할 때 왜 이렇게 해야 하는지 하나부터 열까지 꼼꼼하게 가르쳐 주는 선배가 있는가 하면, 핵심만을 알려주고 나머지는 본인이 알아서 찾아가며 공부해야 하는 경우도 있다.

이 책은 세포를 배양하는 방법에 있어서 가장 중요하면서도 기초적인 무균 조작을 가르쳐 주는 책이다. 선배들은 너무나도 당연하게 생각해서 간과하기도 하지만, 처음 배우는 후배는 반드시 알아야 하는 부분들을 이 책은 그 이유와 방법을 몇 번이고 반복해서 알려준다. 후배를 가르치는 선배 역시 이 책을 읽다보면 그 동안 당연시해서 잊고 있었지만 세포 배양에 있어서 중요한 부분들을 다시금 상기시키는 기회가 될 것이다.

생명과학의 기술적 진보에 따라 국내 연구진들에 의해 매년 발표되는 논문 편수 및 논문인용지수 또한 나날이 증가하는 추세에 발맞추어 전공자들을 위한 이론서 및 일반인을 위한 기초교양서들은 국내 연구자들에 의해 많이 발간되고 있는 실정이나 연구 방법 자체를 논하는 기술서는 아쉽게도 전무한 실정이다. 해외의 우수한 책을 발굴하여 국내에 소개할 기회를 주신 ㈜바이오사이언스출판 관계자 여러분께 감사의 말씀을 드린다.

초판이 나온 지 상당한 시간이 흘러서 초판에서의 환경이 현재 연구실과는 많이 달라 그 차이를 하나하나 언급하며 알려줘야 하는 애로사항이 있었다면 이번 개정판은 현재 환경과 상당히 유사한 상황을 보여주고 있고 또한, 초판에 비해 그림이나 설명이 더 풍부하게 실려 있다. 앞으로 연구실에 들어가고자 하는 학생이나 이미 연구실에 들어와 목표를 세우고 실제 연구를 수행하고 있는 학생들에게 이 책이 실험실에서의 기본을 튼튼히 다져 본인이 이루고자 하는 꿈을 펼치는 발판이 되기를 바라 마지않는다.

2018년 3월

역자 서한극, 강은실

# 저자 소개

**井出 利憲** (이데 토시노리)

〈약력〉 1965년 도쿄 대학 약학부 졸업
1970년 도쿄 대학대학원 약학연구과 박사과정수료 (약학박사)
1978년 히로시마 대학 의학부 약학과 조교수
1988년 히로시마 대학 의학부 약학과 교수
2003년 히로시마 대학대학원 의치약학종합연구과 연구과장
2006년 히로시마 국제대학 약학부 교수
2008년 에히메 현립의료기술대학 학장
2010년 공립대학법인 에히메 현립의료기술대학 이사장 · 학장

〈독자에게 한 말씀〉

세포배양은 의학 · 이학 · 치의학 · 약학 · 농학 · 공학 등 광범위한 영역의 연구에 널리 이용되고 있습니다. 이미 널리 보급된 기술로 이제 와서 새삼스러울 것도 없는 흔한 기술입니다만, 그래도 배양기술을 새로 익히려고 하는 초보자에게 있어서는 기술적인 부분이나 정신적인 부분에서 진입장벽이 높은 듯합니다. 이 한 권의 책으로 모든 것이 해결될 리 만무하지만 초보자의 진입장벽이 조금이라도 낮아질 수 있고 초보자의 가려운 곳을 긁어 줄 수 있기를 바라며, 초판을 대폭 수정하고 새롭게 기획하여 개정하였습니다. 초판에 이어 더더욱 여러분에게 도움이 되기를 기대합니다.

**田原 栄俊** (다하라 히데토시)

〈약력〉 1988년 도쿄 약과대학 약학부 제약학과 졸업
1994년 히로시마 대학대학원 의학계연구과 박사과정 후기분자약학계전공수료 (약학박사)
1998년 National Institute of Environmental Health Sciences (NIEHS), National Institute of Health (NIH)의 Dr. J. Carl Barrett (NIEHS 연구소장, Chief of Laboratory Molecular Carcinogenesis)의 아래서 유학
2001년 히로시마 대학 의학부 종합약학과 조교수
2002년 히로시마 대학대학원 의치약학종합연구과 조교수
2006년~현재 히로시마 대학대학원 의치약학종합연구과 교수
2008년~현재 일본 RNAi연구회 회장

〈독자에게 한 말씀〉

많은 연구자가 배양세포를 쉽게 다루게 되었습니다만, 그 배양기술을 가르칠 수 있는 인재는 의외로 적은 것이 현 상황입니다. 연구실에 소속된 학생에게 같은 세포를 주고 배양을 시켜보면 사람에 따라 세포의 증식이나 상태가 현저히 달라집니다. 상태가 나쁜 세포에서 회수한 샘플로 PCR이나 Western Blot을 수행하여도 재현성이 떨어져 난처해지는 사람도 많습니다. 결국, 세포배양을 적절히 수행하지 못하면 그 이후의 실험결과에 크게 영향을 미치기 때문입니다. 취급하는 세포의 종류에 따라서 배양방법이 다르기 때문에 해당 세포에 있어서 적절한 상태로 배양하는 것은 의외로 쉽지 않습니다만, 이 책을 잘 응용해서 여러분의 연구에 도움이 되기를 기대합니다.

# 역자 소개

**서한극**

건국대학교 상허생명과학대학 교수

**강은실**

건국대학교 동물자원연구센터 연구교수

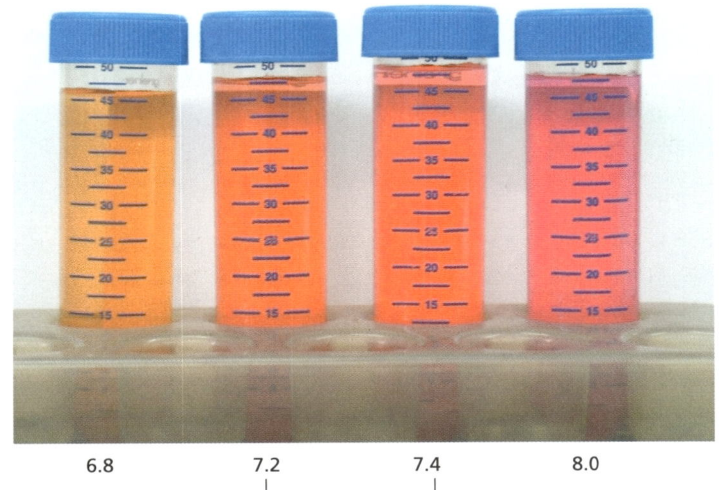


**1** Phenol red를 첨가한 배지의 pH 변화에 의한 색 변화

본문 47페이지, 제1일 실습 1참조

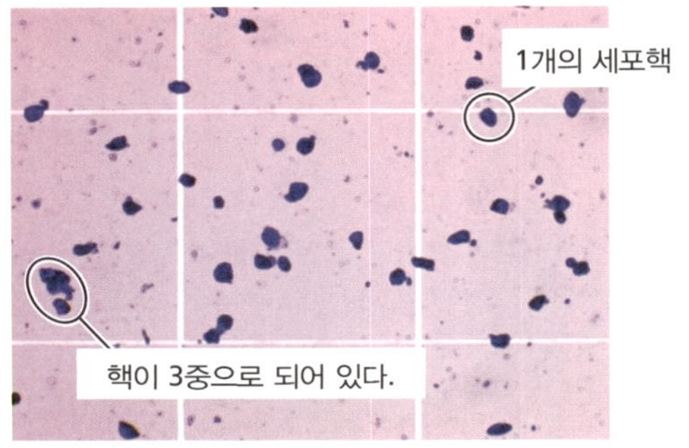


**2** Crystal violet으로 염색한 세포핵

본문 81페이지, 제2일 실습 2-1참조

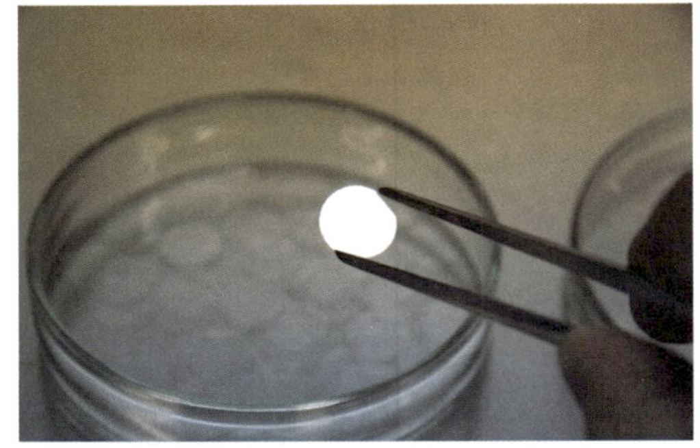

**3** Cover glass가 한 장 인지를 확인

본문 110페이지, 제4일 실습 1참조

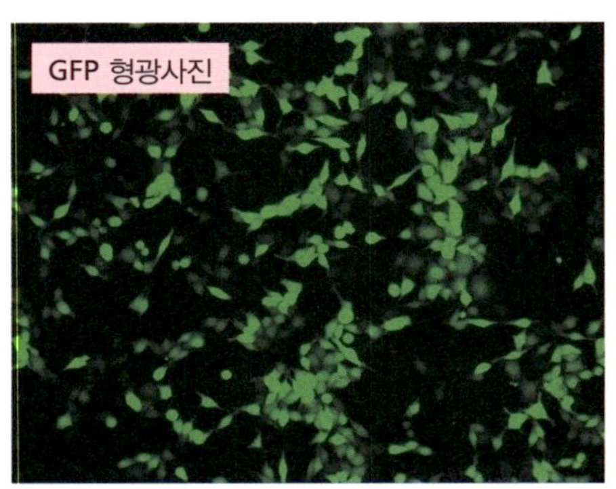


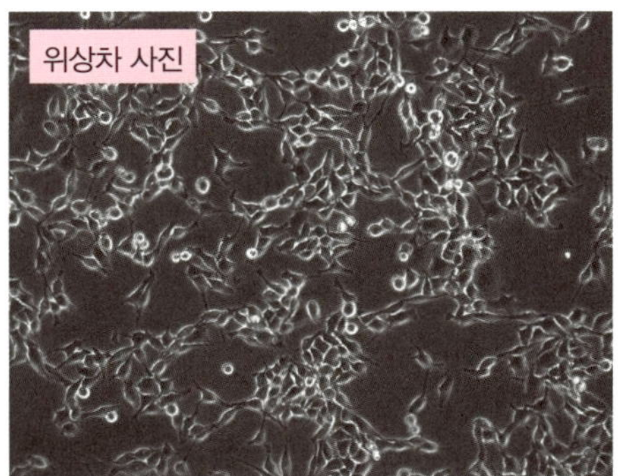


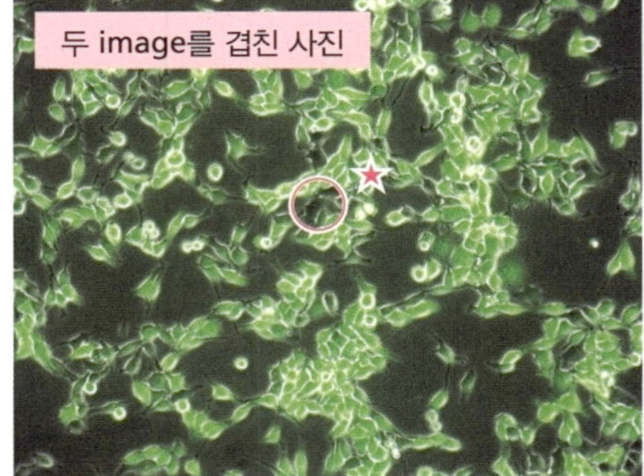


**4** GFP 유전자를 발현시킨 세포

★ 표시에 있는 세포는, 왼쪽 2장의 사진을 겹쳤을 때에 형광 image가 보이지 않는 세포는 유전자가 도입되어 있지 않거나 혹은 극히 일부만 GFP를 발현하고 있다고 추정된다.
(본문 137페이지, 제5일 실습 2-2참조)

# 이 책의 구성과 사용법

이 책은 **세포배양의 기본 조작**을 많은 그림을 이용하여 설명하고 있어서, 처음 실험하는 사람의 예습·복습에 가장 적합합니다. 또한, 실험 조작 뿐만 아니라 "왜 이런 조작을 해야 하는가?" "이러한 실수를 했을 경우에는 어떻게 하면 되는가?" 등 지금 물을 수 없는 의문점에 대해서도 설명하고 있으므로, 경험자에게도 도움이 되리라고 생각합니다.

## 【구성】

경험이 전혀 없는 사람이 처음부터 세포배양을 배운다는 상황으로 설정하여, 배양실 견학부터 시작해서 세포를 제대로 유지할 수 있게 될 때까지, 5일간으로 나누어 배워 가는 형식으로 세포배양에 관한 여러 가지 기법을 해설하고 있습니다. 경험자는 자신이 잘 모르는 항목을 중심으로 읽기를 바랍니다.

또한, 책의 뒷부분에서는 특별실습으로서 기구·시약의 준비와 세포 동결법 등이 게재되어 있으므로, 각각의 실습 도중이나 필요한 때에 읽기를 바랍니다.

## 【사용법】

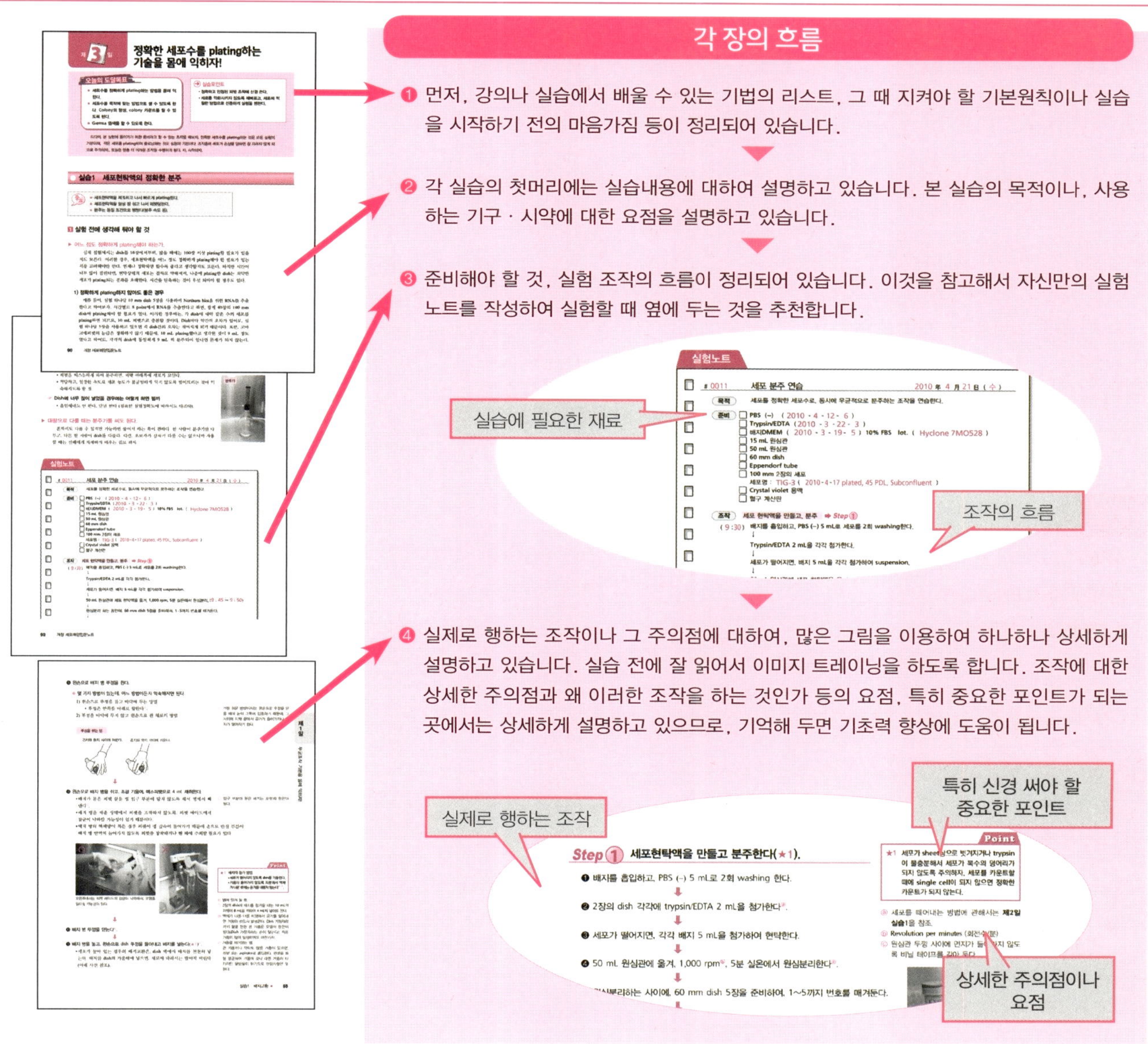


## 【참고 동영상에 대해서】

실험의학 Online Podcast(Yodo사 HP)에서 세포의 계대 실험과 그 준비 모습을 촬영한 동영상을 볼 수 있습니다. 기본 조작의 확인이나 실험 전 이미지 트레이닝 등에 꼭 활용해 주세요.

※ 이 동영상은 저자인 田原栄俊 선생님이 행하신 실습을 너그러이 제공해 주신 것입니다.

# 차 례

## 세포배양 기본지식을 배우자! 14

## 무균조작 기본을 몸에 익히자! 34

해설



제 2 일

## 계대 방법과 세포수 계측법을 몸에 익히자! 62



해설

## 제 3 일



## 제 4 일



## 제 5 일

특별실습

## 세포배양 기본지식을 배우자! 141

# 사전강의 세포배양 기본지식을 배우자!

**오늘의 도달목표**

- 대표적인 배양 세포주와 그 특징을 안다.
- 세포배양에서 자주 사용하는 시약이나 기기에 대해서 배운다.
- 배양실 입실의 "절차"를 몸에 익힌다.

**강의포인트**

- 의문점이 있다면 망설임 없이 질문한다.
- 견학은 주의사항을 지켜 신중하게

세포배양의 기초에 관하여 총론적인 강의를 해 둔다. 기술이나 조작을 중심으로 한 실습서도 있지만, 배양에 사용되는 기본적인 언어나, 자주 사용되는 도구 정도는 알아 두는 편이 좋다. 실습을 시작하기 전의 사전강의이므로 본격적으로 세포배양을 사용해 연구해 나가려고 생각한다면, 기술의 습득과 병행해서 전문적인 참고서로 배우는 것을 권장한다.

## 강의 1 세포배양이란

### 1) 세포배양의 정의

세포배양이란 몸에서 조직이나 세포를 채취하여 dish나 그 밖의 배양용기 속에서 세포를 계속 살리거나 증식시키는 것이다.

좁은 의미로는, 하나하나로 분리한 세포의 배양이 세포배양인데, 넓은 의미로는 세포배양이나 기관배양에 대해서도 총칭하는 경우도 있다.

취급하는 세포의 유래는 동물뿐만 아니라 식물도 있다. 원래 단세포인 대장균 같은 생물을 배양해도, 세포배양으로 불리지 않는 일이 많다. 사람 세포가 많이 사용되는 이유는 사람에 관한 것을 알고 싶다는 바람에 의한 것이지만, 포유류에서 흔히 실험동물로서 사용되는 마우스 세포도 자주 사용된다. 연구목적에 따라 래트, 소, 말, 토끼, 밍크, 캥거루 등 많은 포유류 세포 외에 파충류, 조류, 양서류, 어류 등의 척추동물뿐만 아니라 곤충이나 그 밖의 무척추 동물에서도 많은 세포배양의 예가 있다. 물론, 식물 배양세포도 있다.

### 2) 세포배양에서 알 수 있는 것

체내라고 하는 복잡하기 짝이 없는 환경에서 꺼내, 단순한 계로서 세포로 취급하는 것으로, 원형 그대로의 개체에서는 해석하기 어려운 다양한 환경 변화나 유전자 변화에 대한 세포의 응답을 알 수가 있게 되었다. 이것에 의해 다양한 세포 기능을 상세하게 알 수 있게 되었다. 오늘날 생명과학이나 분자생물학 혹은 세포생물학 등의 교과서를 보면, 대부분 영역의 성과가 세포배양계를 사용해 얻어진 것에 놀랄 것이다. 분자생물학적인 분야로서 예를 들면, 유전자 역할을 조사하는 방법으로 유전자 발현 조절, 후성 유전학, 유전자 도입, 도입 세포의 클로닝 등이 세포배양 없이는 해석이 불가능 하다. 세포생물학적인 분야로서는 세포 내 미세구조에서부터 세포막 기능, 시그널 전달계, 세포증식이나 세포분화의 기구, 세포 운동이나 이동 등 다양한 분야에서 세포배양이 이용되고 있다. 최근의 토픽으로 말하자면, iPS세포 연구는 세포배양 기술 없이는 앞으로 나아갈 수가 없다.

### 3) 세포배양 과제

앞서 말한 것처럼 배양이라는 환경은 생체 내와는 달라서 배양된 세포가 생체 내에 있을 때와 똑같다고 말할 수 없다. 따라서 배양세포에서 얻은 세포의 성질이 그대로 생체 내에 있는 세포의 성질이라고 믿으면 안 된다. 또, 배양기술이 진보한 오늘날에도 대다수의 사람 세포는 배양계로 옮겼을 때 분화기능을 상실하는 것이 많고 증식되지 않는 것도 많다. 분화능력이나 증식능력을 유지하는 배양조건을 아직 모르기 때문이다. 배양세포를 사용한 많은 주제가 있을 뿐만 아니라, 세포배양 자체에 관해서도 아직 많은 주제가 남겨져 있기 때문이다.

# 강의 2　배양세포 종류와 특징

## 1 세포의 일반적인 성질

### 1) 세포 증식

Dish 등의 배양용기 안에서 세포배양을 시작한 후, 세포 수의 변화를 경시적으로 추적해 그린 것이 **증식곡선**(growth curve, **우측 그림**)이다. 간단하지만, 이것에 의해 다양한 세포 성질을 알 수가 있다. 세포배양을 수행하면 보통은 1~2일 정도 증식을 보이지 않는 지체기(lag phase)를 거쳐 왕성한 증식하는 대수증식기(log phase)에 들어간다. 그 뒤, 정상세포에서는 dish에 세포가 가득 차면 증식이 늦어지고 이윽고 증식정지(접촉 저지: contact inhibition)하고, 세포층이 1층인 상태(monolayer)에서 포화밀도(confluent)에 달한다. 한편, 암세포에서는 증식정지를 일으키지 않기 때문에 세포가 dish에 가득 차도 증식이 멈추지 않고, 세포가 서로 층을 겹쳐(pile-up) 두터운 세포층(multilayer)을 만든다.

증식곡선

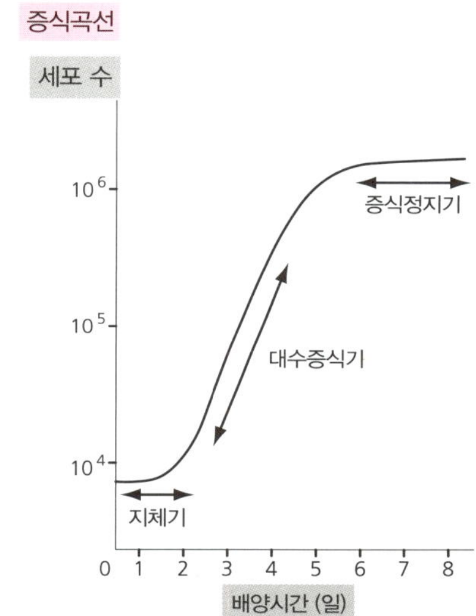


### 2) 세포주기

왕성하게 증식하고 있는 하나의 세포에 주목하면, 세포분열기(M기)가 끝난 후, 그 다음으로 세포가 커지는 시기(G1기)가 있고, 이윽고 DNA 합성기(S기)를 거쳐, G2기를 통해 다시 M기에 들어간다. 이 반복을 세포주기라고 한다(**우측 그림**). 정상 세포는 상황에 따라 G0기에 머무를 수가 있는데, 암세포는 안정적으로 G0기에 머무르는 것이 어려워 증식을 지속하거나 또는 사멸한다.

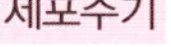

### ☞ 세포분열상을 확실히 외우자

세포가 잘 증식할지 어떨지는 현미경 하에서 세포의 분열상이 잘 보이는지 어떤 지로 판단할 수 있다. 세포주기를 도는 데 24시간이 걸리고 분열상이 보이는 시간이 30분이라고 하면, 모든 세포가 잘 증식할 때는 약 2%의 세포가 분열상으로서 관찰된다.

죽은 세포도 둥글게 되기 때문에, 죽은 세포와 분열상을 확실히 구별할 수 있는 것이 필요하다. 죽은 세포가 많은 집단과 분열상이 많은 집단을 잘못 보면 큰일 난다. 자세히 관찰하면 분열상은 적도면에 모인 염색체의 집합이 보이지만 죽은 세포에서는 보이지 않는다.

세포주기

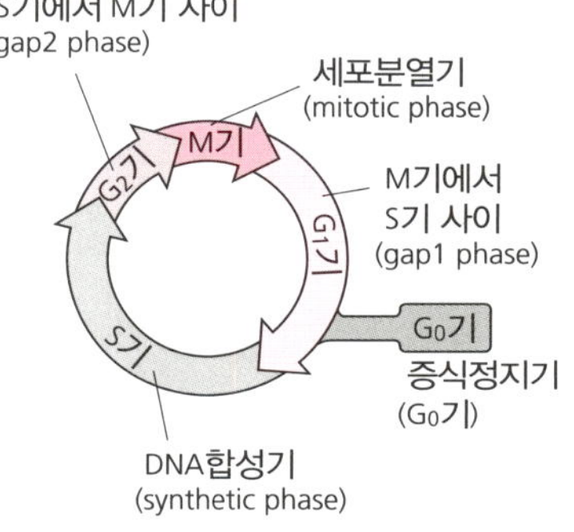

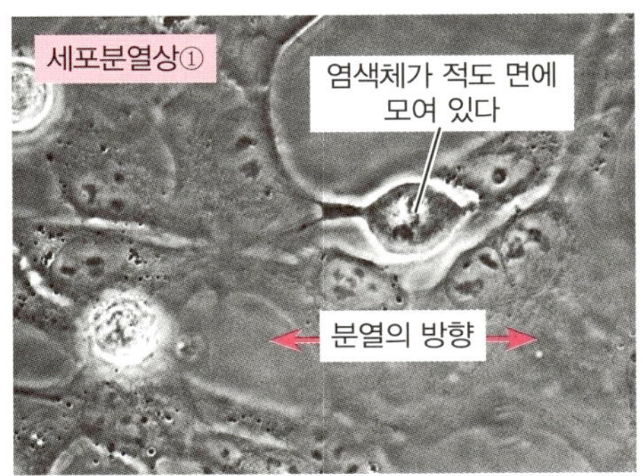


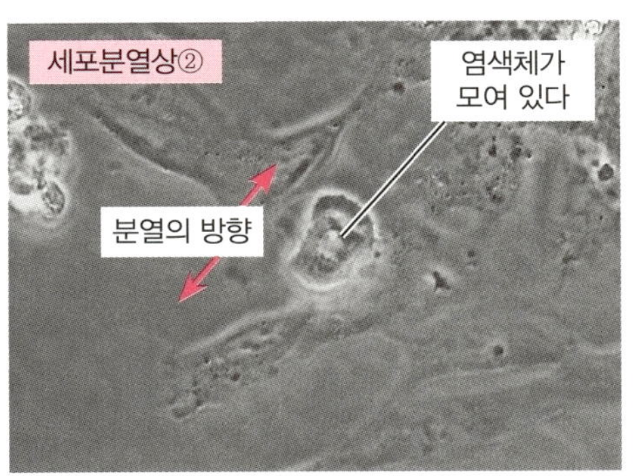


고배율로 이러한 형태를 미리 봐 두면, 저배율에서도 알 수 있게 된다. 분열상은 둥글기 때문에, 적도면에 초점을 맞추면 용기 바닥에 붙어 있는 세포는 흐려진다.

### 3) 세포 분열수명

#### ◆ 세포계대

Dish에 붙어 증식하는 세포를 적당히 배지교환을 해서 유지하면 결국 dish에 가득 증식한다. 정상에 가까운 성질을 가진 세포는 confluent 상태가 되어 증식할 여지가 없어지면 증식을 할 수 없게 된다. 반면에 암세포는 점점 겹쳐져 증식(pile-up)할 수 있기 때문에 증식 층이 두터워져도 계속 증식한다. 그러나 어느 경우도 배지 소모가 빨라지기 때문에 세포 상태가 나빠져 방치하면 성질이 변할 수도 있다. 그 때문에 건강한 세포를 유지하기 위해서는 세포를 떼어내어 단일세포의 현탁액을 만들고 이것을 희석하여 새로운 dish에 plating한다. 이것을 **세포계대**라고 한다. 부유 상태에서 증식하는 세포의 경우도 세포밀도가 높아지면 건강하게 유지하는 것이 어렵기 때문에 희석하여 새로 plating하는 것이 필요하다. 이것을 계대라고 한다.

#### ◆ 세포 분열수명

정상 사람 체세포는 분열수명이 있다. 계대를 반복하여 일정 횟수의 분열을 하고 나면, 그 이상 분열을 할 수 없게 된다. 이것을 **유한분열수명**이라고 한다. 이 원인은 DNA가 복제 될 때마다 곧은 사슬 상의 DNA 말단에 있는 telomere DNA가 조금씩 단축되고, 이것이 반복되어 일정 길이까지 단축되면, 세포의 방어기구가 작동하여 그 이상의 DNA 복제가 불가능해지기 때문이다. 이 결과 세포는 분열할 수가 없게 된다. 생식세포나 발생과정의 세포에서는 telomere 말단을 연장하는 telomerase가 있어서 telomere 단축이 일어나지(그 때문에 분열수명이 없어지고, **불사화 세포**라고 부른다) 않는다. 사람에서는 체세포 분열과 함께 telomere의 발현이 억제되어 유한분열수명이 된다. 원시생물이나 대부분의 동식물 세포는 telomerase가 발현하는 불사화 세포이고, 포유류 체세포에도 분화한 사람 체세포는 telomerase의 발현이 없으며 발현시키는 것도 어렵다. 암세포에서는 telomerase가 발현하고 있어서 불사화 세포로 되어 있다.

#### 계대와 PDL

유한분열수명인 사람 체세포는 분열횟수의 증가와 함께 증식능 뿐만이 아니라 다양한 성질도 변화하기 때문에 다루는 세포의 분열가능 횟수가 몇 회째인가를 파악해서 실험에 사용할 필요가 있다. 사람 조직에서 분리해 배양을 시작한 세포가 dish에 가득 찼을 때를 분열횟수 0으로 한다. 그 이전의 분열횟수는 무시하고 여기서부터 배양계에서의 분열횟수를 세기 시작한다. 세포를 떼어내어 2배 희석 후 plating하고, 다시 dish에 가득 증식시켰을 때 집단으로서 분열횟수가 1회 증식했다고 생각하며, 1 PDL째의 세포라고 한다(정확하게는 그때마다 세포수를 세어 보정한다). **PDL(population doubling level)**은 **집단배가수**라고 하며, 세포집단으로서 몇 회 분열했는가를 나타낸 숫자이다. 4배 희석해서 plating한 세포가 가득 차게 되면 2 PDL이 된다. 세포집단 안에서는 분열속도가 빠른 것과 느린 것이 섞여 있고, 전혀 분열하지 않거나 죽은 세포도 있기 때문에, 실제 세포가 분열한 횟수는 PDL 보다 클 것이다. 또, 기술이 서툰 사람이 세포를 plating하면 죽는 세포가 많아지기 때문에 낮은 PDL에서 증식한계에 달해 버린 것으로 보일 수 있다.

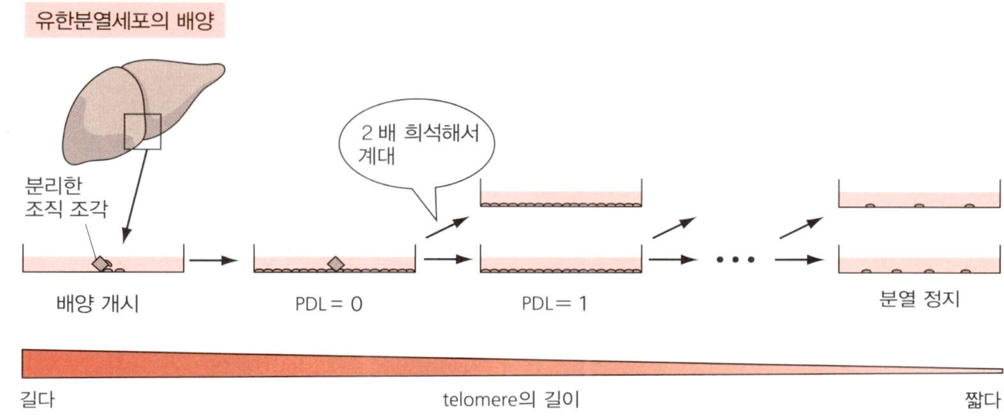


## 2 대표적인 배양세포

여기에서는 저자 연구실에서 사용한 세포 일부를 소개한다.

### 1) 정상 세포와 불사화 세포

정상 세포란 생체에서 분리한 채로의 정상적인 성질을 가진 세포를 말한다. 다만 대부분의 배양세포는 계대배양을 계속하는 사이에 성질이 변하는 경우가 많다. 사람의 체세포는 분열가능 횟수가 유한(유한분열수명)하지만, 마우스 등의 체세포는 처음부터 무한의 분열수명을 가지거나 혹은 배양에 의해 쉽게 무한한 분열수명을 획득한다(불사화 세포). 포유류 이외의 세포의 대부분은 처음부터 불사화 세포이다. 어느 타입의 세포에서도 증식인자 의존성이 높아 dish에 가득 차면 증식이 정지해서(접촉저지: contact inhibition), 세포층이 단층(monolayer)으로 유지되는, 부유 상태로 증식할 수 없는(부착 의존성: anchorage-dependency) 등의 성질이 있는 것들이 정상세포의 성질이다.

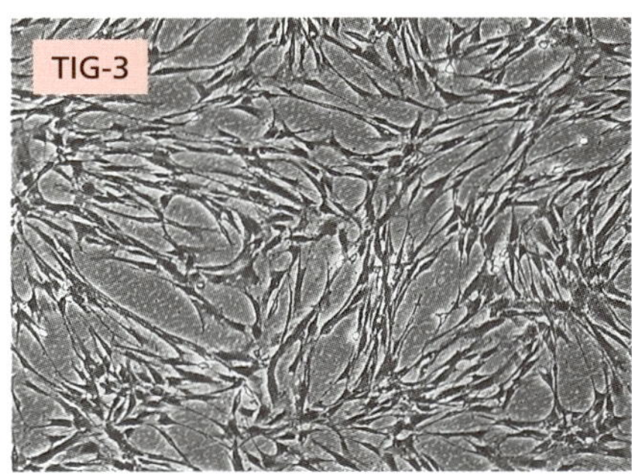

사람 정상 섬유아세포. 가늘고 길게 뻗어 있다. TIG-3 세포는 도쿄 노인 연구소에서 얻은 사람 태아 유래 유한분열 수명 세포이다.

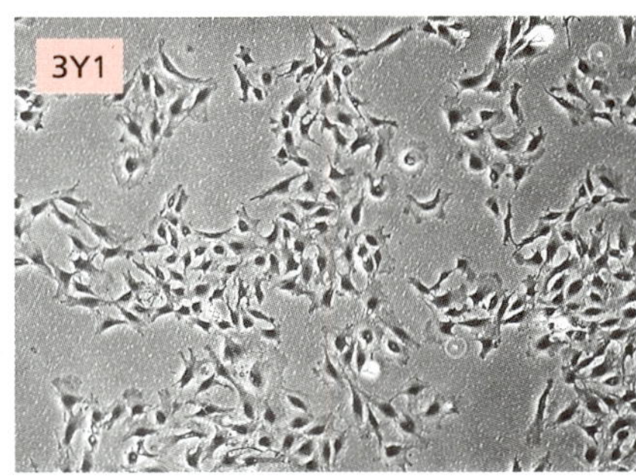

래트 섬유아세포, 정상 표현형을 가지고 있지만, 불사화 세포로 무한계대가 가능하다.

### 2) 암세포와 transform 세포

체내 암조직에서 분리해 배양한 세포가 암세포로, 불사화 세포이다. 배양계에서 발암제나 virus 등에 의해 암화된 세포는 transform 세포로 불리며, 암세포의 성질을 부분적으로 가지고 있는 것이 많다. 방금 transform을 했을 뿐인 사람 세포의 대다수는 유한분열수명이지만, 이 중에서 드물게 불사화 세포가 나타난다. 실험에 자주 사용하는 것은 불사화한 세포이다.

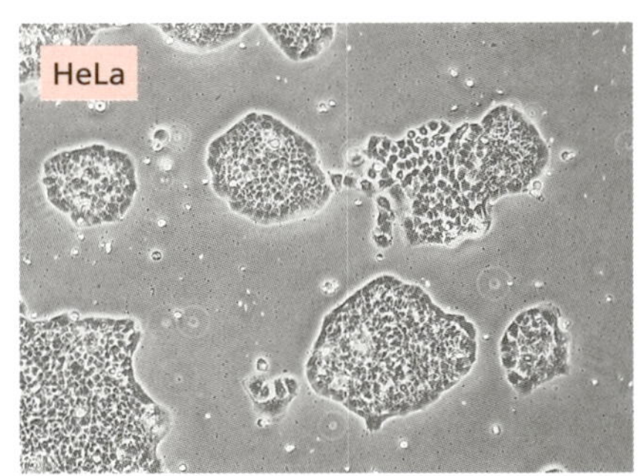


사람 암(자궁경부 편평상피암)에서 수립된 암세포. 상피세포답게 서로 잘 접촉해서 섬 모양으로 증식한다. 조금 더 증식하면 겹쳐서 쌓여 증식하는 모습을 볼 수 있다.

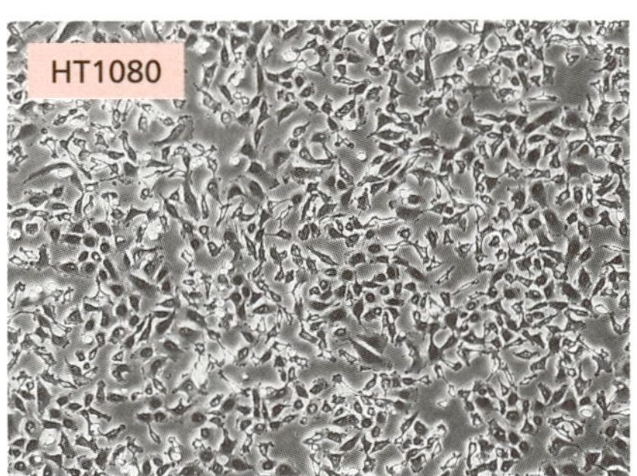


사람 암(섬유육종)에서 수립된 암세포.

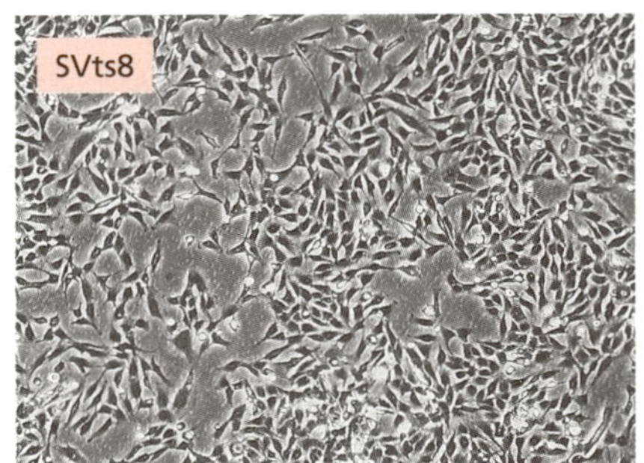


TIG-3 세포에 SV40(암 virus)를 감염시켜 transform(배양세포의 암화)시킨 세포. 원래 세포만큼 가늘고 길지 않다.

### 암세포와 transform 세포

엄밀히 구분하지 않는 것도 있지만, 원칙적으로 암세포는 체내에서 암화한 세포(체내에 있는 경우와 배양계로 옮긴 경우 양쪽 모두를 포함)를 말하고, transform 세포는 배양계에서 암화한 세포를 말한다. Transform 세포는 정상 세포를 배양계에서 암유전자의 도입, 화학 발암제 처리 혹은 방사선 조사 등의 방법으로 암화시킨 세포를 말한다. 암세포가 가진 형질의 일부라도 획득하면 transform 세포로 칭하는 경우가 많고, 동물에 이식해도 생착하지 않는 것이 많다.

암세포가 가진 형질의 예로는, 증식인자 의존성 저하(증식인자가 적거나 경우에 따라서는 전혀 없어도 증식할 수 있게 된다), 형태 변화(퍼지지 않고 둥글게 되는 경우가 있다), 배열의 흐트러짐(세포끼리의 인식이 저하되어 제멋대로의 방향을 향함), 접촉저지 능력 상실(여러 층으로 되어 증식할 수 있다. Pile-up이라고 한다), 부착 의존성 상실(부착이 어려운 agar 혹은 agarose gel 안에서도 증식할 수 있게 된다. Anchorage-independent라고 한다) 등을 들 수 있다.

## 3) 특수한 배양세포

특수라고 할 것은 아니지만, 여기에서는 체세포에서 유도한 줄기세포인 iPS 세포, 간세포(간실질세포), 부유세포(HeLa S3)를 예로 들었다.

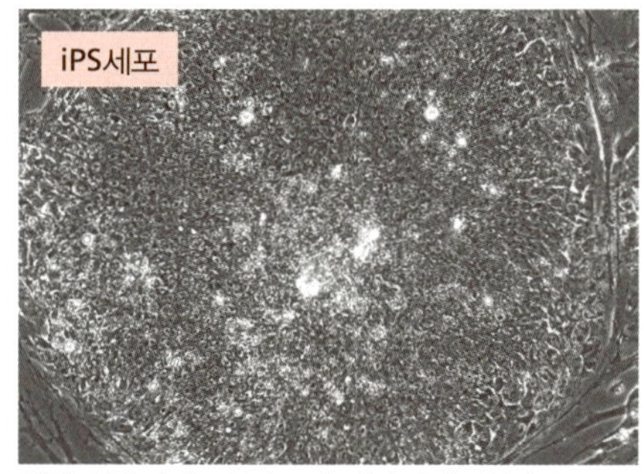


사람 섬유아세포 TIG-3에 야마나카 4인자(Oct3/4, Sox2, Klf4, c-Myc)를 도입하여 만든 인공 다기능성 줄기세포(Induced pluripotent stem cells). Colony 상으로 증식하는 세포로 모든 세포를 하나하나 나누면 iPS로서의 성질을 유지할 수 없게 된다. 보통 배양세포와 달리 특수한 배양조건과 계대방법이 필요하므로 다루기 어렵다.

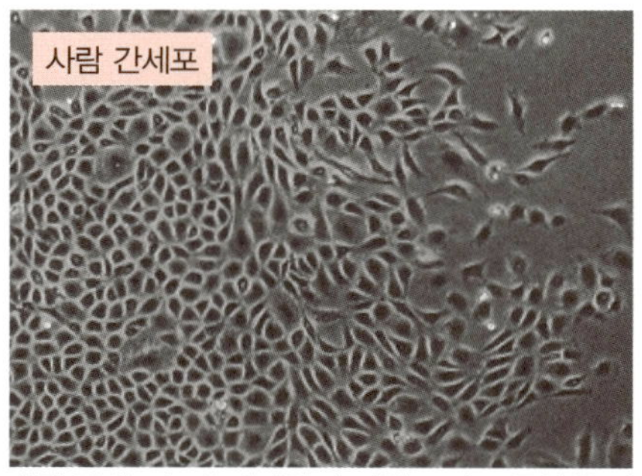


사람 간세포는 초대배양이 어렵고 바로 증식을 정지한다. 사람의 혈청과 특수한 배지를 사용하는 걸로 보통의 것 보다 더 분열 가능한 세포를 얻을 수 있다. 배지, 혈청의 중요성을 나타내는 예이다.

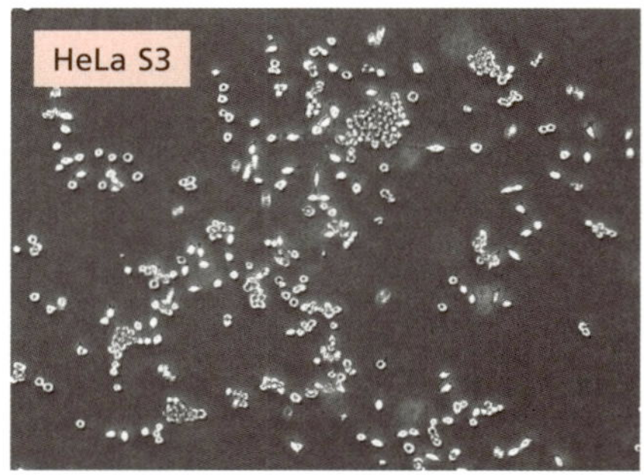


자궁경부암 유래 HeLa 세포를 부유상태로 증식 가능하게 변화시킨 세포

해설

### 초대배양과 세포주

생체에서 조직이나 세포를 분리하여 배양한 것을 **초대배양**(primary culture)이라고 한다. 작은 조직 조각에서 세포가 dish 표면으로 기어 나와 dish를 가득 채운다. 보통 여기서 계대(세포를 떼어내서 희석하여 새로운 dish로 옮긴다)를 하는데, 계대할 때 까지가 초대배양이다. 이후 세포가 늘어나서 순조롭게 계대를 반복할 수 있게 되었을 때, **세포주(cell line)로 수립**했다, 혹은 **세포주화**했다라고 한다. 불사화세포는 세포주이지만, 유한분열수명인 세포라도 20계대나 30계대든 순조롭게 계대할 수 있을 때 세포주화했다고 한다. 조금 혼란스러운 것은 세포주라고 했을 때 벌써 1개의 cell strain이라는 의미가 있으며, 이는 클로닝 등을 통해 얻어진 유전학적 특정 마커를 갖는 배양계를 나타낸다. 다만 많은 경우 cell line의 의미로 사용된다.

해설

### 섬유아세포와 세포증식인자

배양계에서 사용되는 세포 종류는 섬유아세포가 많다. 예로 든 TIG-3도 섬유아세포이다. 간이나 신장, 폐 등의 장기, 근육이나 피부 등 체내의 조직을 작게 잘라 dish에 혈청이 들어간 배지와 같이 정치하면 이윽고 세포가 주위로 기어 나와 계속 증식하여 면적을 넓힌다. 조직이나 장기에 의하지 않고 나오는 세포는 섬유아세포이다. 모든 조직 및 장기에는 세포 끼리나 조직 끼리 결합을 시키거나 틈을 메우는 역할을 가진 간충질(간엽계 조직)이 존재하고, 이를 이루는 주요한 세포가 섬유아세포이다. 진피와 같은 부드러운 결합조직에는 많은 섬유아세포가 존재한다. 섬유아세포가 역사적으로 가장 오래전부터 이용되어 왔으며, 현재에도 배양세포의 대표로서 사용되고 있는 것은 혈청이 증식인자로서 역할을 하기 때문이다. 장기 실질세포 등 많은 세포는 증식을 위해 혈청 이외의 독자 증식인자를 필요로 한다. 세포에 따라서는 혈청의 존재가 방해로 작용하는 것도 있다. 현재도 많은 종류의 체세포를 배양할 수 없는 것은 적절한 증식인자(와, 그 조합)가 발현되지 않기 때문이라고 생각된다. 증식인자로서는 가용성인 물질뿐만 아니라 고분자의 세포기질성분이나 주변 세포와의 접촉 등도 증식에 관계되는 시그널로서 작용하는 경우가 있어서 복잡하다.

## 강의 3 세포배양에 자주 사용하는 시약과 실험기구

여기에서는, 앞으로의 실습에 사용하는 기본적인 배양시약이나 실험기구에 관해서 간단히 배워두자.

### 1) 배지

마우스 사육에 "먹이"가 필요하듯 세포를 배양하고 증식시키기 위해서는 "영양소"가 필요하다. 이것을 공급하는 것이 배지이다.

사람을 포함한 포유류세포 배양에 사용하는 배지에는 몇 개의 특징이 있다. 어느 것이나 앞선 연구자들이 많은 노력을 기울여 연구를 거듭하여 온 것이다.

#### ◆ 배지 조성

제1특징은 대장균이나 효모를 배양하기 위한 배지와는 달리 기본적으로 아미노산이나 비타민, 미네랄, 포도당 그 외의 영양소를 상당히 풍부하게 포함하고 있다(따라서 박테리아나 곰팡이 등이 대단히 잘 생긴다). 세포에 따라서, 필요한 영양소의 특징이나 최적 영양소 밸런스가 있어서 현재도 체내 모든 세포를 유지 배양할 수 있는 것은 아니다. 본인이 대상으로 하는 세포에 대해서 최적 배지성분을 검토하는 것은 매우 어려운 일이기 때문에, 시판 배지를 이용하는 일이 많다. 조성이 밝혀진 많은 종류의 배지가 연구되어 시판되고 있기 때문에, 카탈로그나 참고서를 보자. 특히, 이제부터 본인이 사용할 배지에 관해서는 조성을 복사해 두자.

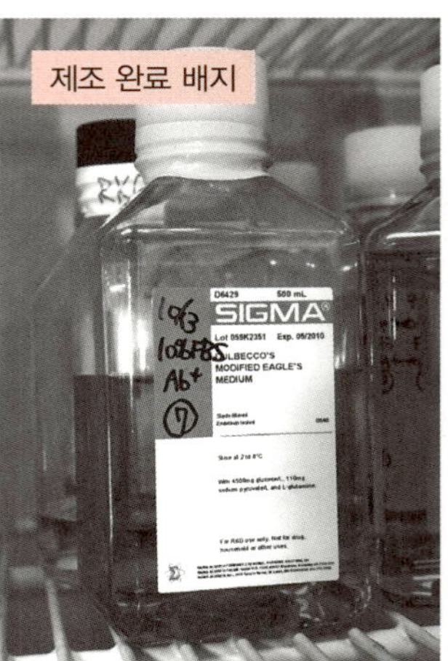


◆ 증식인자 첨가

제2특징은 세포를 증식시키기 위해서 기본적인 배지뿐만 아니라 증식인자를 첨가할 필요가 있다. 단세포생물과 달리 다세포생물 체세포는 특정 증식인자가 없으면 증식할 수 없다. 이것은 체내 세포가 필요에 따라 증식하고, 생체 homeostasis(항상성)를 가지기 위해서 기본적으로 필요한 성질이다. 섬유아세포나 평활근세포는 혈청에 포함된 증식인자로 잘 증식한다. 보통은 송아지 혈청(calf serum)이 사용되는데, 소 태아 혈청(fetal calf serum, fetal bovine serum: FBS)을 사용하지 않으면 살지 못하는(증식하지 않는) 세포도 많다. 대부분의 상피계 세포는 혈청에 포함되지 않은 증식인자를 필요로 하기 때문에(경우에 따라서는 혈청은 유해하다), 각각 정제된 증식인자나 그것을 포함하는 조직 추출액을 첨가하는 등의 연구가 필요하다.

◆ pH 완충작용

다른 하나의 특징은, 완충액으로서 탄산수소나트륨이 사용되는 것이다. 생체내 완충작용(pH 조절)은 주로 탄산수소나트륨 이온에 의한 것은 알고 있다고 생각되는데 인산이나 기타 완충액에 비해 세포독성이 적다. 보통 기화된 상태에서는 탄산가스가 날아가서 pH가 알칼리로 기운다. 그 때문에 보통 5% $CO_2$를 포함한 공기를 유지하기 위해 $CO_2$ incubator가 사용된다. pH 지시약으로는 phenol red를 첨가하는 것이 보통이다. 다만 phenol red를 첨가하지 않는 배지가 필요한 세포나 실험계도 있다(제1일 「**무색 배지도 있다**」를 참조).

## 2) PBS(–)

식염으로 등장시킨 인산 완충용액으로 Dulbecco's phosphate buffered saline(PBS)를 기본으로 해서 2가 이온을 포함하지 않는($Ca^{2+}$, $Mg^{2+}$-free) 것을 PBS(-)라고 한다. 세포끼리의 접착이나 기질과의 접착에는 칼슘을 매개로 한 것이 있기 때문에, 세포현탁액을 만들 때는 PBS(-)로 세정한다. 세포를 떼어낸 뒤에도 세포끼리의 접착을 막기 위해 종종 PBS(-)를 사용하는데, 이는 세포 생존에 좋은 조건이 아니기 때문에 30분 이상 현탁액으로 보존할 때는 배지가 좋다. 세포의 종류에 따라서 PBS에 내성이 다르기 때문에 약한 세포의 경우는 특별한 연구가 필요하다.

## 3) Trypsin/EDTA

Dish에 부착해서 증식하는 세포를 계대할 때에는 세포와 세포끼리, 세포와 dish와의 사이의 접착을 떼어내 단일세포의 현탁액(cell suspension)을 만들어 이것을 희석하여 plating한다. 이 때 단백질에 의한 접착은 trypsin으로, 칼슘을 매개한 결합은 EDTA로 부수어 세포를 따로따로 분리한다. 이것을 녹이는 완충액으로는 생리적인 농도의 식염을 포함하고, 2가 이온을 포함하지 않은 인산완충용액 [PBS(-)]를 사용한다. 세포에 따라서, 최적의 trypsin 농도와 EDTA 농도에 차이가 있을 수 있지만 **특별실습 3-3**에서 소개하는 조성은 비교적 많은 세포에 응용할 수 있다.

세포에 따라서는 collagenase나 dispase 등 다른 효소에 의해서 처리하는 것이 필요한 경우도 있다. 또, 세포 종류에 따라 감수성에 큰 차이를 보여, trypsin/EDTA를 처리하고 바로 버려도 남아있는 약간의 trypsin/EDTA에 의해 빠르게 떨어지는 세포가 있는 반면에, trypsin/EDTA를 첨가한 채 37℃ incubator에 5~10분 넣어두어야 겨우 떨어지기 시작하는 세포도 있다.

처리를 멈추기 위해서는, 일반적으로는 혈청을 포함한 배지를 더한다. 혈청을 포함하지 않는 배지에 세포를 plating하고 싶은 등의 특별한 경우에는 혈청이 아닌 trypsin inhibitor를 더하는 등의 궁리를 하는 경우가 있는데, 이 책에서는 거기까지는 설명하지 않는다.

최근에는 trypsin 등에 mycoplasma 감염이 되어 있는지 어떤지를 확인하는 배양전용 trypsin(액체)이 시판되고 있고, lot에 의한 효과 차이도 거의 없어 편하다.

## 4) $CO_2$ incubator

세포를 배양할 때 표준 배양기가 $CO_2$ incubator이다. Dish 같은 개방계(dish 내의 공기가 dish 밖과 통한다)로 배양할 때, 배지의 표준적인 완충제인 탄산수소나트륨 완충액이 pH를 7.4로 유지하려면 공기의 탄산가스 농도를 5%로 유지할 필요가 있다. 이 때문에 탄산가스 봄베에서 탄산가스를 공급해서 배양하는 것이 $CO_2$ incubator이다. 연속적으로 탄산가스를 공급하는 타입과 농도가 저하할 때에 신속하게 급속 주입하는 타입이 있는데, 문을 연 후 등은 후자 쪽의 회복이 빠르다. 또, 온도 37℃, 습도 100%를 유지하는 것이 표준이다. Incubator 내의 온도를 유지하기 위해 주위를 37℃의 수조로 덮은 water jacket형이 많다. 탄산가스 농도, 온도, 습도에 한하지 않고 탄소농도의 모니터가 붙어 있어 표시되는 타입도 있다. 탄산가스 모니터 등은 몇 가지의 타입이 있고, 사용 상 주의해야 할 점이 제각각 다르기 때문에 설명서 등을 보며 공부해 두면 좋다. 연구실에 따라서는 온도, 습도, 탄산가스 농도, 산소농도를 변경해 배양하는 경우가 있기 때문에 주의한다.

## 5) 배양용기 종류

많은 연구실에서 멸균 된 플라스틱 배양용기가 이용된다. 가장 많이 쓰이는 것은 직경 35 mm, 60 mm, 90 mm(100 mm)의 dish일 것이다. 대량 배양에 사용하는 각이 진 커다란 dish도 있다. 다양한 분석이나 스크리닝 등에는 4-well, 6-well, 24-well, 96-well 등의 multi-well plate가 편리하다. 또, 다양한 사이즈의 flask도 시판되고 있다. 조금 특수한 목적으로 세포 외 matrix 등을 코팅한 dish나 세포가 통과할 수 없는 membrane filter로 막아 이중으로 된 multi-well plate도 시판되고 있다. 카탈로그를 보면 좀 더 다양한 것이 있을지도 모른다. 대게 희귀한 것만큼 가격도 높은데 필요에 따라 구분해 쓰면 좋다.

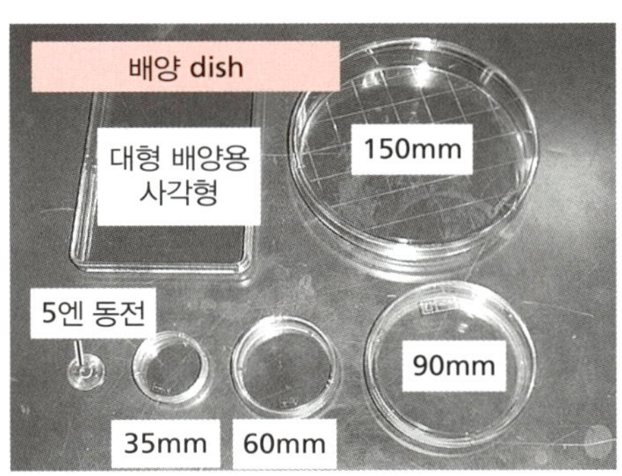


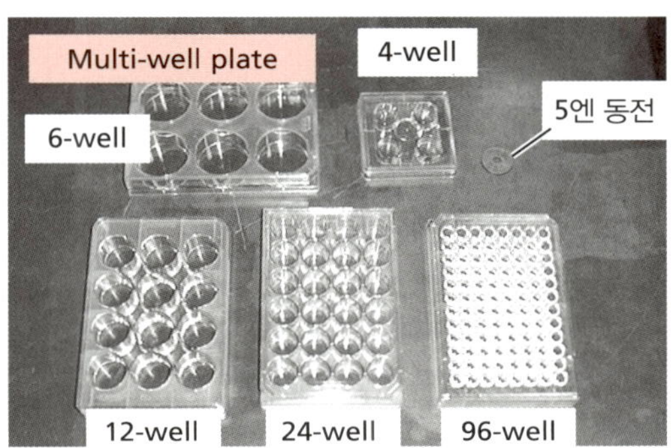

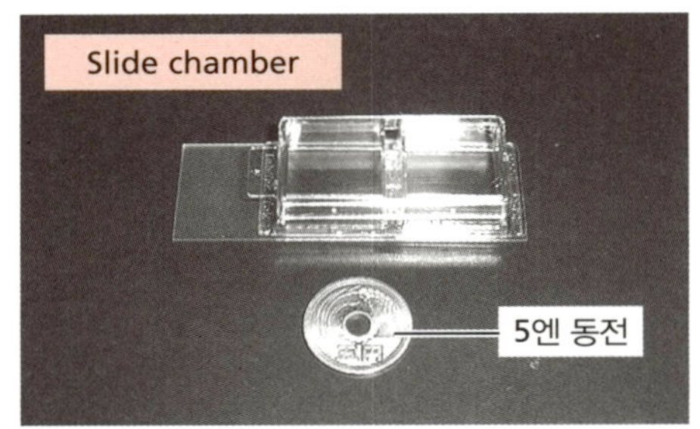


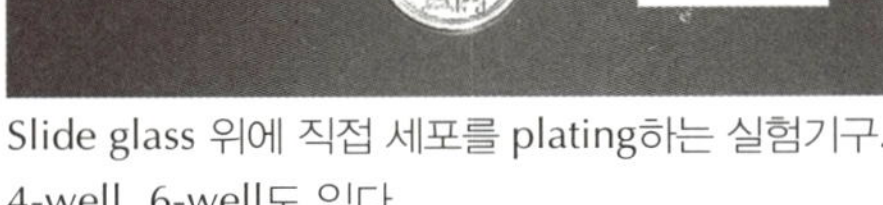

Slide glass 위에 직접 세포를 plating하는 실험기구.
4-well, 6-well도 있다.

## 6) 피펫 종류와 특징

### ◆ 피펫 종류

배양에 사용하는 메스피펫에는 1 mL, 2 mL, 5 mL, 10 mL 등이 자주 사용된다. 적은 수의 세포를 plating하거나 시약을 첨가할 때 등에는 0.5 mL이나 0.1 mL의 피펫이 사용되는 것도 있다. 또 20 mL 피펫도 자주 사용된다. 메스피펫 외 파스퇴르피펫이나 고마고메피펫(윗부분이 공 모양으로 부풀어 있는 피펫)도 자주 사용된다.

### ◆ 메스피펫의 종류

메스피펫은 끝부분까지 눈금을 기록한 빨대형과 도중까지인 2종류가 있는데 배양에는 흔히 빨대형이 사용된다. 세포현탁액을 몇 장이나 되는 dish에 plating할 때에 빨대형이 아닌 경우에는 끝에 남은 액을 먼저 버리고 나서 다음 액을 빨아 올릴 필요가 있어서 귀찮을 뿐만 아니라 세포를 쓸데없이 약화시킬 뿐이다. 2종류의 피펫이 혼재되어 있으면 혼란을 초래하기 때문에 빨대형으로 통일하는 일이 많다.

### ◆ 메스피펫 특징

배양용 메스피펫에는 생화학용과 달리 직경이 크고 길이가 짧은 특수한 것이 사용된다. 피펫 에이드에 장착했을 때, 긴 피펫으로는 손과 피펫 끝의 거리가 멀어져 불안정하게 되는 것에 의해 피펫 끝이 배지 병 입구에 능숙하게 들어가지 않거나, 배지 병이나 배양용기 등에 닿아서는 곤란하기 때문이다. 굵고 짧은 피펫은 가늘고 긴 피펫에 비해 정밀함은 떨어지지만 세포를 plating할 때나 배지 교환에는 높은 수준의 정확성을 요구하지 않는다.

또, 5, 10, 20 mL의 배양용 메스피펫은 끝의 구멍이 생화학용에 비해 큰데, 이것은 세포현탁액을 plating할 때 어느 정도 빠른 낙하속도가 요구되기 때문이다. 현탁액의 낙하속도가 늦으면 피펫 안에서 세포가 침강하는 속도가 늦어져 피펫 내에서 세포 농도의 불균일성이 발생한다.

배양용 피펫은 반대편을 솜으로 막아 사용한다. 빨아 올린 액체(배지 등)를 실수로 피펫 에이드에 들어가지 않도록, 또, 피펫 에이드 쪽에서 공기를 통해 잡균 등이 들어가지 않도록 하기 위함이다. 시판용은 같은 목적으로 플라스틱제 필터가 사용된다. 배지를 aspirator로 흡입할 때의 파스퇴르피펫은 솜이 들어가 있지 않은 것을 사용한다.

1개씩 무균상태로 포장된 일회용 피펫도 있다. 플라스틱도 유리도 있다. 회수해서 재사용하기에는 적절하지 않은 경우에, 목적·필요에 맞게 사용하면 된다.

# 강의 4 배양실 견학



대강 세포배양에 관한 기초지식을 배운 참에 이번에는 세포배양이 실제로 어떻게 행해지고 있는지 배양실을 견학해 보자.

★ 배양은 전문 무균실에서 행하는 것이 바람직하다.
★ 견학할 때는 배양실에 멋대로 들어가지 않을 것.
★ 맘대로 만져서는 안 되는 것도 있다.

## 1 배양실 의의

세포배양에서 가장 신경 쓸 것은 잡균의 혼입이다. 동물세포 등을 배양 중에 쓸데없는 잡균(박테리아나 곰팡이류)이 들어가 증식하는 것을 **오염**(contamination)이라고 하고, 이것이 일어나지 않도록 주의할 필요가 있다. 동물세포는 증식할 때에 많은 영양소뿐만 아니라 증식인자를 필요로 하고, 증식속도가 느리다. 그것에 비해 오염된 잡균은 증식인자를 필요로 하지 않고, 세포배양 배지처럼 영양이 풍부한 환경에 노출되면 급격한 기세로 증식해서 많은 경우 소중한 세포를 사멸시킨다. 한번 잡균으로 오염되면 잡균을 제거하는 것은 대부분 불가능하다.

일반적으로 구미에 비해서 일본은 습도가 높아 공기 중의 잡균이 많기 때문에 오염을 일으키기 쉽다. 또, 이전에 비해 현격히 좋아졌다고 해도, 보통 대학 연구실은 복도나 실험실에 먼지가 많아서, 잡균의 대부분은 먼지와 함께 침입한다. 무균상자 시대로부터 클린벤치 시대가 되어 무균조작 중의 오염은 현격히 감소했지만, 배양 중에 공기를 통해 incubator가 오염되는 것을 피하기 위해라도 전용의 배양무균실(완전히 무균상태로 할 필요는 없지만 일반 실험실에 비해서 잡균이 적은 방)을 설치해서 그 안에서 수행하는 것이 바람직하다[ⓐ].

ⓐ 연구자 수에 맞춰 소규모로 설치해도 된다.

### 공기(먼지) 이외의 오염원

오염은 공기(먼지)에 의해서 옮겨지는 루트가 대부분이지만, 그 외에 멸균이 충분하지 않은 실험기구나 시약, 사람을 통한 루트가 있다. **사람 손은 아무리 세정 소독해도 잡균을 제로로 할 수는 없다. 무균의 glove를 착용해도 조작 중에 무균상태가 아닌 부분을 만지는 것을 피할 수 없다.** Glove를 껴서 안심한 탓인지 얼굴을 만지거나 하는 사람이 있는데 이는 glove를 착용한 의미가 없다. 또한 사람의 타액에는 많은 잡균이 있다. 말하지 않아도 입을 열거나 닫는 것만으로도 미세한 비말이 입에서 튀어나온다. 이 비말이 incubator에 들어가면 세포가 오염된다.

그 중에도 **mycoplasma**는 배양세포에 오염되어도 세포를 죽이지 않고 공존해서 증식하는 경우도(불현성 감염) 많기 때문에 기타 잡균에 비해 오염을 발견하기 어려운 데다 실험결과를 크게 혼란시키는 일이 있어서 세포배양에 있어서는 커다란 위협이다. 배양세포의 감염조사를 시작한 1980년대에는 일본에서 배양하는 세포의 60~70%(혹은 그 이상)에 사람 유래를 포함한 mycoplasma의 오염이 확인되는 대소동이 있었다.

클린벤치 보급과 피펫을 입으로 빨지 않고 피펫 에이드를 사용하는 것에 의해 mycoplasma의 오염은 크게 개선되었지만, 새로운 감염이 없는 것은 아니다. 정기적으로 배양세포의 mycoplasma 오염을 확인하는 것은 필수이다(**특별실습 4-3「mycoplasma 검출」**을 참조). 연구실끼리 세포를 주고받는 것도 많은데 구미의 연구소나 대학에서는 1980년대 이후, 조직적으로 mycoplasma 오염을 체크해서 감염된 세포는 받아들이지 않는(폐기한다) 것처럼 시스템화 되어 있는 곳이 많다.

배양실 조감도

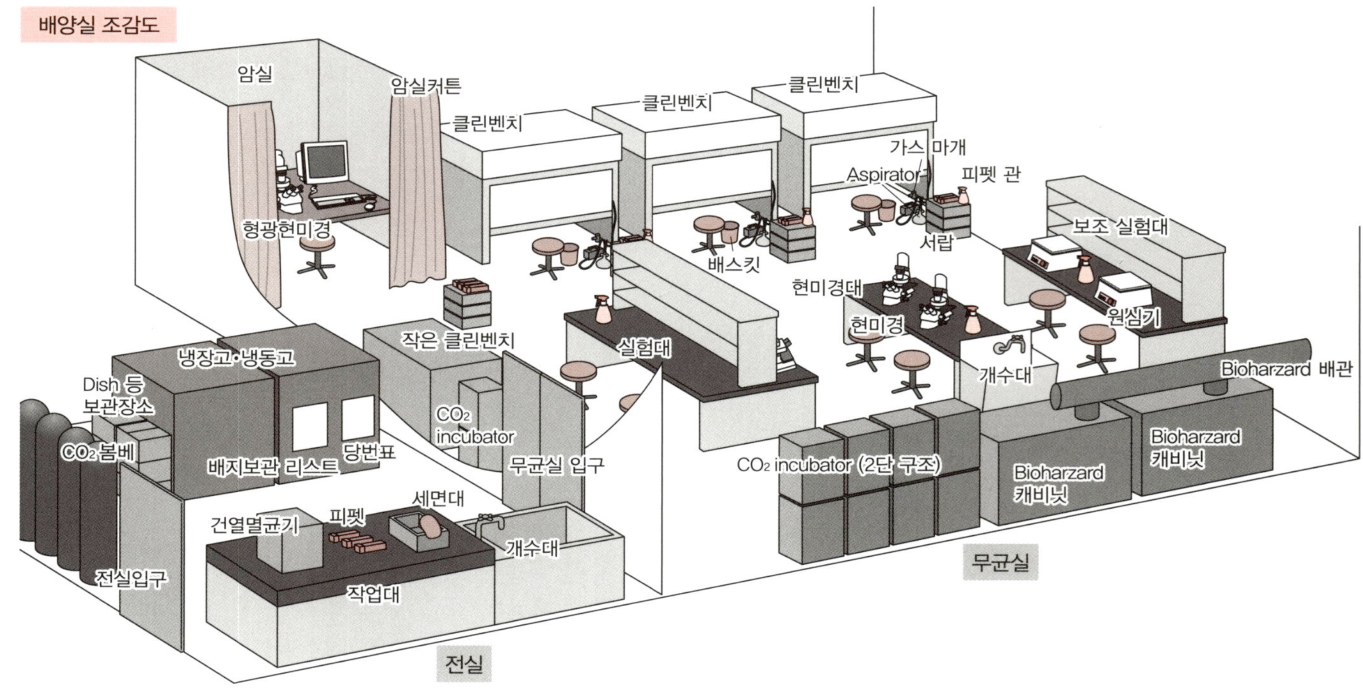


## 2 배양실 입실 전 주의사항

★ 중요한 것은 잡균을 가지고 들어가지 않을 것.
★ 잡균은 의복이나 먼지와 함께 들어간다.
→일반적으로 구미에 비해 일본은 습도가 높기 때문에 공기 중에 잡균이 많다.
→대부분의 대학의 복도나 연구실은 먼지가 많다.

### ▶ 잡균이나 먼지를 가지고 들어가지 않는다!

- 몸이 먼지투성이는 아닌가? 적어도, 먼지가 묻어 있는 실험복은 벗는다.
- 점심시간에 운동장에서 축구를 하고 그대로 배양실에 들어가는 것 등은 다른 사람들이 좋아할 리가 없다.
- 동물실에서 실험한 후에는, 동물의 털, 배설물, 사료 등이 몸에 붙어 있을지도 모른다. 그러한 경우에는 집에 돌아가 샤워를 한 후에 배양실에 들어가는 학생이 있다. 그 정도로 주의를 기울이는 게 좋다.
- 집에서 동물을 기르는 경우도 요주의. 동물(사람도 마찬가지)에게는 mycoplasma가 있어서 배양세포가 mycoplasma에 감염될 위험이 있다. Mycoplasma 감염은 보는 것으로는 알 수 없는 경우가 많은데, 실험 결과에는 커다란 영향을 미친다.
- 빵집에서 아르바이트를 하는 대학생은 샤워를 하고 나서 등교했다. 효모의 오염이 많기 때문에 신경을 썼으면 좋겠다. 생맥주를 마시고 무균실에 들어가는 것은 다른 의미로도 문제다.

### ▶ 메모장이나 실험노트 정도는 가지고 있으면서, 깨달은 점을 메모하여 두자.

선배는, 한번 주의를 준 일은 기억하고 있을 것으로 생각(기대)할 것이다. 「조금 전에 주의를 주었는데」라든가 「어제 확실하게 주의를 했는데」라는 말을 듣지 않도록 하자. 똑같은 주의를 3번이나 주어야 한다면 「이 녀석은 배울 자세가 되어 있지 않아」라고 생각할지도 모른다.

## 3 우선 전실에 입실

### ▶ 전실의 필요성

무균조작의 준비를 위한 장소로서, 또 복도의 공기가 직접 무균실로 들어가지 않도록 하기 위해 무균실 바로 앞에 전실을 두는 것이 바람직하다.

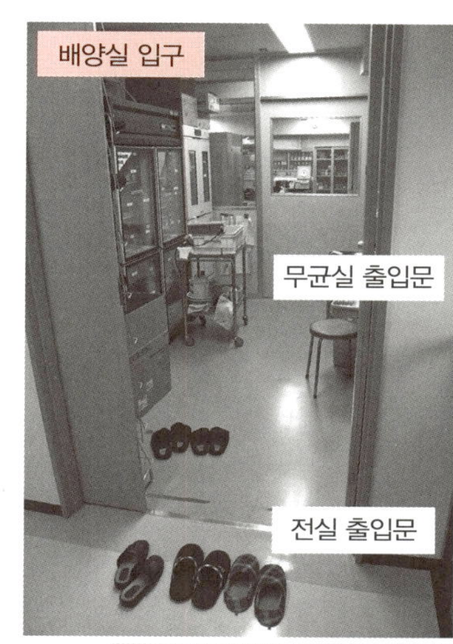


### ▶ 전실에의 입실~배양실 입실의 준비

#### 1) 전실에 들어간다.

복도 쪽 문과 전실에서 무균실로 들어가는 문이 동시에 열린 상태가 되지 않도록 주의해서 문을 연다. 구체적으로는 문이 열려져 있지 않는 것을 전실 문의 유리 너머로 확인하고 나서 전실 문을 연다.

또 벗어 둔 슬리퍼는 정리해서 수납한다.

#### 2) 실험복 등을 청결한 것으로 갈아입는다(연구실마다 정해진 규칙이 있을 것이다).

- 평소에 실험복을 착용하지 않고 실험하고 있다면, 배양실에서는 전용 실험복을 입는다(몸 쪽에서 세포 쪽으로, 세포 쪽에서 몸 쪽으로의 잡균의 이동을 막는다).
- 더러워진 실험복은 갈아 입어도 의미가 없다. 정기적으로 세탁해서 깨끗한 실험복을 사용한다.
- 긴 머리는 묶는다.
- 털실 등을 사용한 스웨터는 벗는다.

#### 3) 손을 잘 씻는다.

배양실에 들어가서 아무 것도 만지지 않는 경우는 없을 것이므로, 들어가기 전에 반드시 손을 씻는다.

① 비누로 깨끗이 씻는다(★1).

무균실에서는 손은 물론 팔도 비누로 깨끗이 씻는다. 소매가 긴 경우도 팔을 걷어 올리고 실험을 행하기 위해서 클린벤치에 들어가는 부분까지 씻을 필요가 있다. 옛날에는 손도, 팔도 살균력이 강한 크레졸 비누로 씻었는데, 자주 씻으면 손이 거칠어지기 쉽기 때문에 보통의 가정용 소독비누 등을 사용해 씻는다.

② 살균 용액에 손을 담근다.

크레졸 세척액은 50~100배 희석한 것, 혹은 Hibiten액(제품명, 5% chlorohexidine gluconate)을 50~100배 희석한 것 등. 오래 담구지 않고 적시면 된다. 견학만이라면 70% 알코올을 손에 분무하여도 무방하다(사진 참조).

③ 살균용 액에 담겨 있는 수건의 물기를 제거하여 손을 깨끗이 닦는다(사진 참조).

④ Glove를 착용한다.

옛날에는 맨손으로 세포배양을 수행하였지만 세포로의 잡균 오염을 막기 위해서는 glove 착용이 바람직하다[ⓐ].

여기에서의 glove는 자신의 몸을 지키기 위해서라기 보다는, 자기 자신의 잡균으로부터 세포를 지키기 위한 목적이 주이고, 무균 상태로 취급하기 위한 것임을 염두에 두면 된다.

**Point**

★1 손은 팔꿈치까지 깨끗하게 씻자!

개수대 바닥이 깊은 타입으로 되어 있는 것은 몇가지 이유가 있다. 손의 세정은 팔꿈치까지 씻기 쉽도록 바닥이 깊게 되어 있다. 또, 피펫 세정조(세제를 부을 때)에 물을 넣거나 버리거나 할 때에도 바닥이 깊은 쪽이 쓰기 쉽다. 게다가 피펫 세정액의 물 넘침 방지도 된다.

ⓐ 무균조작을 위해 glove를 착용한 후에 더러운 것을 만지거나 하지 않도록 주의한다. Glove를 70% 에탄올 등을 분무해서 살균해도 좋지만 반드시 잘 건조시킨 후에 실험한다. 특히 화기를 사용하는 경우, 제대로 건조시키지 않으면 불이 옮겨 붙을 염려가 있다!

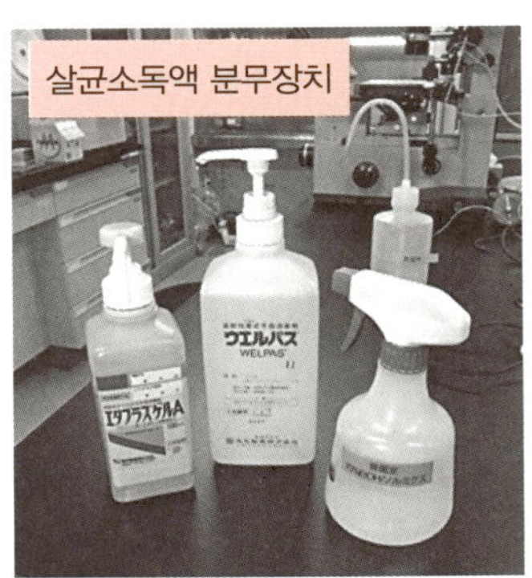

### 크레졸 세척액의 폐액처리에 관해

크레졸은 크레졸 비누 소독액으로서 사용하는 등의 농도가 매우 낮은 경우에는 개수대에 버려도 괜찮지만 세포배양액을 흡입할 때의 폐액용기의 방부제로 사용하는 경우는 페놀계 폐액 전용 용기에 저장할 필요가 있다. 저장용기는 폐액처리 날짜에 폐액처리 부서에 제출하여 처리하기 바란다. 또한, 크레졸 액을 aspirator 폐액용기에 넣어 두지 않으면 밤새 박테리아가 증식해서 무균실에 이상한 냄새가 나거나 무균실로서의 기능을 할 수 없게 되기 때문에 주의할 필요가 있다.

폐액처리의 번거로움 때문에 크레졸의 사용을 피하고 싶은 경우는, 사용할 때마다 폐액용기에 모인 세포배양액을 폐기하고 끼끗하게 씻어 사용하는 것도 가능하다. 어느 것을 하든지 연구실에서 통일된 규칙을 만드는 것이 중요하다.

## ▶ 어떠한 기기가 있는지, 선배에게 설명을 듣는다.

### 1) 냉동고, 냉장고

공용 냉동고 문에 trypsin/EDTA(세포를 계대할 때 사용하는 trypsin과 EDTA을 포함하는 용액), 혈청의 사용현황을 기록하는 리스트가 붙여져 있다면, 문을 열지 않고도 앞으로 몇 병 남아 있는지 알 수 있다. 병을 꺼내기 전에 체크할 것.

◆ 문을 조금 열어서 안을 보여 달라고 하자.

- 냉동고에는 보통 자주 사용하는 trypsin/EDTA나 증식인자, 그 밖의 시약이 들어 있다.
- 용기에는 내용물의 이름, 사용자의 이름, 날짜를 반드시 기록해 둔다.
- 냉장고에는 배지나 시약이 들어 있다.

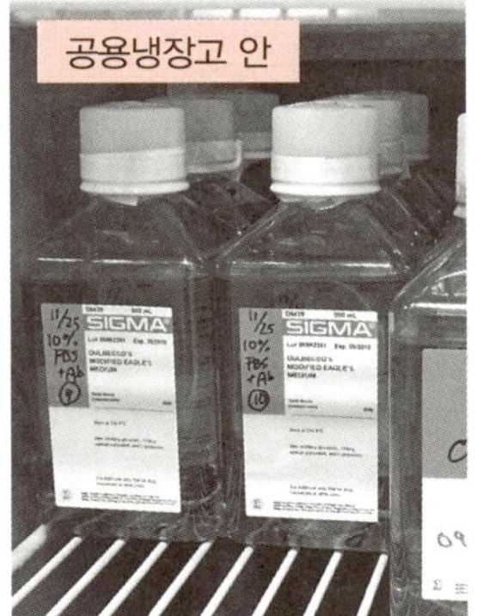


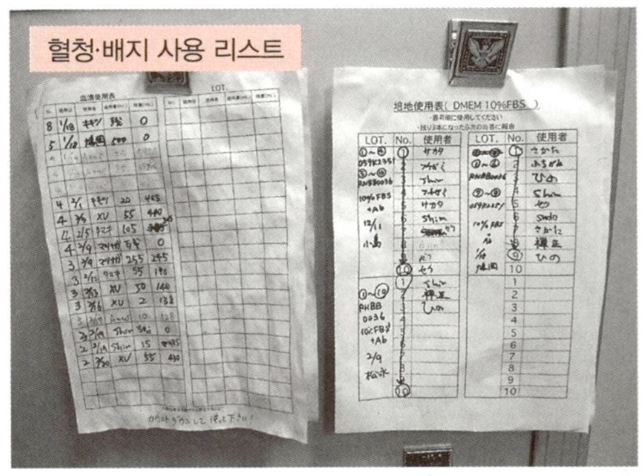


### ☞ 공통으로 사용하는 물건과 개인이 사용하는 물건을 두는 공간을 확실히 나눈다.

중요한 것은 공통으로 사용하는 물건과 개인이 사용하는 물건을 두는 공간을 확실히 나누는 것이다. 냉장보존을 하는 배지에 관해서도 혈청이나 항생물질을 포함하지 않는 시약의 공간과 혈청이나 항생물질을 포함하는 시약의 공간을 나눌 것.

배지를 보존하는 공용 냉장고에서는 자신이 쓸 배지를 꺼낼 때마다 병 수를 기록해 둘 것(앞으로 몇 병 남아있는지 냉장고 문을 열지 않아도 알 수 있다).

☞ **공용으로 사용하는 배지는 lot 번호를 관리**

배지를 자가 제작하는 경우에는 반드시 제작일 등으로 배지 lot 번호를 관리할 것. 09-12-24-1~09-12-24-12(2009년 12월 24일에 제작한 12병의 배지로 번호를 붙인 예) 등 번호를 붙여 관리하면 된다.

☞ **배지사용 리스트를 만든다.**

누군가 어떤 lot 배지를 사용했는가를 알 수 있도록 냉장고에 이들 lot를 기입한 배지 사용 리스트를 만들어 붙여두면 된다.

☞ **냉장고도 냉동고도 문을 열면 반드시 닫을 것**

문이 닫혀 있지 않으면 안의 시약 등을 못 쓰게 된다. 증식인자 등 고가의 물건이나 귀중한 물건을 못 쓰게 된다. 자동문이나 손을 떼면 자연스레 닫히는 문이 보급되어 있기 때문에 문을 연 후 확실히 닫는 것을 확인하지 않는 사람이 있다. 닫을 생각만이 아니라「**문을 손으로 눌러 닫고, 닫은 것을 확인한다**」까지를 몸에 익힌다.

## 2) 항온조(water bath)

- 용기에 trypsin/EDTA나 배지를 따뜻하게 하기 위하여, 또는 동결 보존한 세포를 해동하는 데에도 사용한다.
- 항온조에 넣는 물은 수돗물로 충분하다. 청소는 가능하면 매일하는 것이 좋다.
- 작은 병, 내용물이 조금밖에 남아 있지 않은 병이 넘어지지 않도록 시험관 꽂이에 넣어둔다.

☞ **번식하기 쉬운 박테리아는 방부제로 격퇴!**

항온조의 물은 매일 교환한다. 물에 방부제를 넣어 두면 박테리아의 번식을 막을 수가 있다. 방부제가 없으면 1~2일 지나 물이 탁해지지만 방부제를 넣어 두면 탁해지지 않는다. $CO_2$ incubator에는 사용하지 말 것.

## 3) 탄산가스 봄베

$CO_2$ incubator에 공급하는 $CO_2$는 탄산가스 봄베로 공급한다. 시설에 따라서는 공급방법이 다른데, 대부분은 사진처럼 탄산가스 봄베를 사용하고 있는 곳이 많다.

- 게이지를 보는 방법은 다음에 선배에게 물어보도록 한다(**특별실습 1-3**을 참조).
- 밸브를 여는 법, 닫는 법도 교환할 때에 잘 들어 두도록 한다.

☞ **법으로 가스봄베는 소정의 방법으로 고정하는 것이 의무화되어 있다**

법에 의해 가스봄베는 반드시 벽에 체인으로 고정해야한다.

☞ **없어진 탄산가스는 바로 주의할 것!**

탄산가스가 없어지면 세포는 죽어버린다. 보통 최저라도 예비로 1통은 준비해 둔다. 교환하면 곧바로 새로운 것을 주문해 둘 것.

## 4 무균실에 입실

★ 복도에서 전실에 들어가는 문과, 전실에서 무균실로 들어가는 문을 동시에 열지 말 것

→ 문을 동시에 열면, 밖의 바람이 무균실까지 들어간다(「전실의 필요성」을 참조).

★ 바닥은 반질반질(낡았어도)하고, 먼지하나 떨어져 있지 않을 만큼 청결하게 할 것(특별실습 1-1을 참조).

→ 매일 청소하고, 1주일에 한번은 물청소를 한다. 물론 물이 남아 있어서는 안 된다.

→ 청소기는 쓰지 않는다. 대걸레나 혹은 실험실 전용 타올을 사용한다. 책상 위, 선반 등은 손걸레를 사용한다. 먼지가 일어나지 않는 상태로 하자.

### ▶ 무균실 특징

보통 배양실에서는 무균실이라 칭해도 무균조작을 행하는 방이라는 정도여서, 방으로서 무균상태를 유지하는 것은 아니다. 보통 실험실보다 부유하는 잡균의 수가 적을 뿐이다[ⓐ].

ⓐ 본격적인 무균실은 천정에서 상시 무균공기를 공급해서 무균상태를 유지한다. 전실에서 무균실에 들어갈 때마다, 머리에서 발끝까지 이어진 무균복으로 갈아입어 전신을 덮은 상태로 천정과 벽에서 전신에 무균공기 샤워를 하고, 바닥에서 흡인하는 것으로 표면의 잡균을 제거한다. 그러나 보통 거기까지의 설비는 필요하지 않다.

### ▶ 어떠한 기기가 있는지 선배에게 설명을 들어보자

#### 1) $CO_2$ incubator

$CO_2$ incubator는 세포배양기로 안의 온도, 습도 및 배지의 pH를 일정하게 유지하기 위한 기기이다.

보통 온도 37℃, 습도 100%, $CO_2$ 농도 5%이다. $O_2$ 농도는 보통 20%이지만 $N_2$로 치환하여 $O_2$ 농도를 조절하는 것도 있다.

☞ **Incubator 전면 패널에는 몇 개의 숫자가 표시되어 있다**

◆ 온도표시

포유류 세포는 통상 37℃에서 배양한다. 온도에 민감한 변이주 등은 32℃ 혹은 34℃나 39℃ 또는 40℃에서 배양하는 경우도 있다.

대개, 온도설정을 위한 표시와 실제 내부온도를 타내는 표시가 있는데, 같은 창에 표시되는 경우도 있다.

기계는 반드시 고장이 나게 마련이다. **표시된 숫자를 무조건 신용하는 태도는 올바르지 못하다.** 문을 열었을 때의 체감온도가 평상시와 다르다고 하여 표시가 고장난 것을 알아채는 학생이 있다. 훌륭하다고 생각한다.

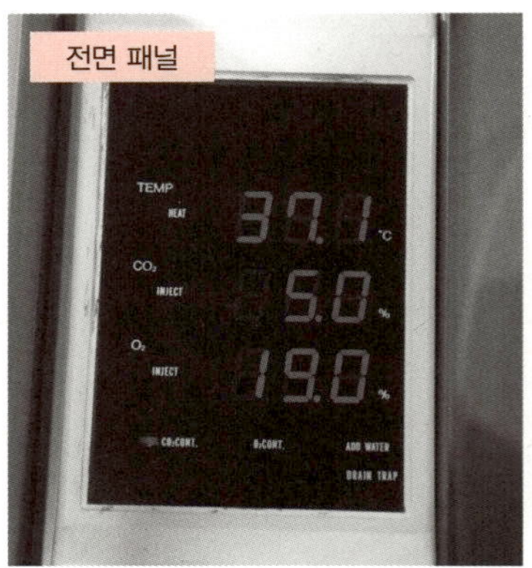


◆ 탄산가스의 표시농도

최근 기종은 탄산가스 농도를 감지하여 농도가 내려갔을 때만 탄산가스가 주입되도록 되어 있다. 센서에는 몇 가지 방식이 있기 때문에 선배에게 물어보든가 사용설명서를 다음에 읽어보도록 한다.

배지의 pH는 탄산수소나트륨 완충액(buffer)에 의해 완충되어진다. 체내 pH도 주로 탄산수소나트륨 이온에 의해 완충되어진다. 다른 완충액과 비교하여 세포에 대한 독성이 적다. 일반적인 배지는 95% 공기 5% 탄산가스 상태에서 배지의 pH가 7.4로 유지된다. 세포에 따라서는 3%에서 10% 사이에서 변경해야 될 경우도 있다. 공기 중의 탄산가스 농도는 거의 0%에 가깝고, 그 상태에서는 배지에서 탄산가스가 빠져나가 배지의 pH는 알칼리를 나타나게 된다.

◆ 그 외의 표시

그 밖에도 내부 온도나 산소농도가 표시되는 기종도 있다.

◆ 전원에 대해서

$CO_2$ incubator의 전원은 천정에서 선을 끌어 오면 관리하기 편하다.

### ☞ 문을 열어보자.

- 문을 열면, 안쪽에 유리문이 있다. 이것도 연다. 문이 보온 되어 있지 않은 타입에서는 유리 내측에 물방울이 묻어 있는 경우도 있다. 곰팡이가 생겨나는 원천이 됨으로, 알코올 솜을 꽉 짜서 깨끗이 닦아낸다.
- 안에는 금속제의 트레이가 있고, 그 위에 배양 dish 등이 놓여 있다.
- 가장 밑 부분에, 온도를 유지하기 위해 물을 넣은 용기가 있다. 물이 부족하지 않도록 신경을 쓴다. 증류수 혹은 Milli-Q물(Millipore사의 초순수 제조 장치로 거른 물)을 보충한다. 물에는 방부제로서 Sodium dehydroacetate monohydrate를 1 g/L의 농도로 녹여 둔다.
- 문을 연 채로 오랫동안 보고 있으면 탄산가스가 저하하여 온도와 습도가 내려가므로 닫아두자. 문을 열고 있는 중에는 탄산가스 농도가 떨어져도 탄산가스가 주입되지 않는다.
- $CO_2$ incubator는 대단히 무겁다. 이는 water jacket이라고 하여, 외벽 안에 37℃의 물이 들어있기 때문이다. 비열이 높은 물을 넣어 둠으로써 incubator내 온도 변동을 적게 하기 위해서이다. 물론, 히터와 온도 센서가 있어서 필요에 따라 설정을 변경할 수 있다. 이 물도 조금씩 증발하므로 가끔 보충할 것.

### ☞ 문을 확실히 닫는다.

- 유리문의 손잡이를 확실히 닫지 않으면, 기계는 문이 열려 있는 것으로 인식하여, 탄산가스를 주입하지 않는다. 확실히 닫으면 센서가 작동하여, 탄산가스를 순간적으로 주입하여 5%까지 보충한다. 센서는 외벽에 있는 타입과 유리문 손잡이에 있는 경우가 있기 때문에 본인 연구실의 센서를 확인해 두자. 다만 센서가 붙어있지 않고 탄산가스를 내보내는 기종도 있다.
- 유리문을 확실히 닫지 않고 귀가하여 탄산가스가 보충되지 않아 다음날 배지가 보라색(알칼리성)으로 되어 있고 세포가 전멸한 적이 있다.
- 바깥쪽의 문도 닫는다. 진동이 발생하지 않도록 조용히 닫는다.

## 2) 클린벤치(Clean bench)

◆ 클린벤치 안은 무균상태를 유지한다.

- 조작 중에는 위 또는 안쪽 벽에서부터 앞쪽 방향으로 무균공기를 불어내어(blow out

형) 무균작업을 하는 공간을 만든다. 무균공기가 앞쪽에서부터 안쪽으로 불어 들어와, 작업자 쪽으로 바람이 나오지 않게 한 biohazard 대응 타입도 있다.

- 어떤 것이든 공기는 0.22 μm 필터를 경유하여 제균되고 있으므로, 필터는 가끔씩 교환하지 않으면 안 된다(압력계의 미터를 체크한다).
- 발밑의 공기흡입용 pre-filter는 자주 청소하는 것이 좋다.

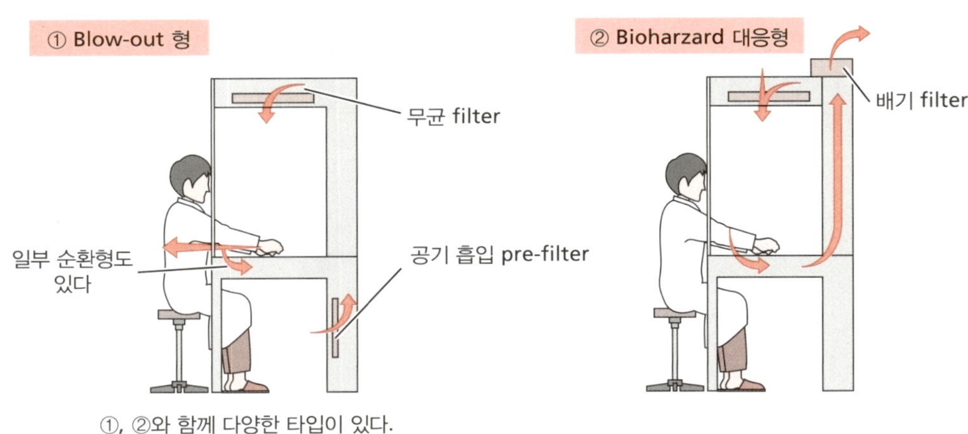

①, ②와 함께 다양한 타입이 있다.

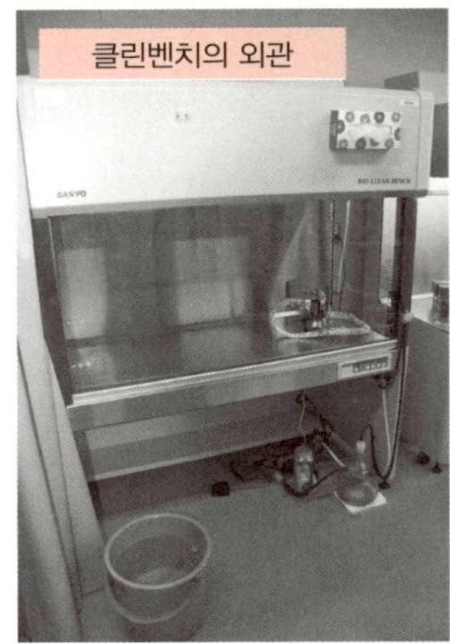


### ☞ 사용하지 않을 때는 문을 닫고 살균등을 켜 놓는다.

- 원칙적으로, 클린벤치 내에는 필요 없는 물건을 넣어 두지 않는다. 물건이 있으면, 그림자가 비친 곳은 살균등이 미치지 못한다.

  어쩔 수 없이 클린벤치 안에 넣어두는 물건, 예를 들면 팁 등의 플라스틱 제품은 UV에 의해 손상되므로, 넣을 때는 반드시 알루미늄 호일 등 UV가 통과하지 않도록 덮개를 씌운다(덮개 밑은 살균되지 않는다).
- 살균등이나 형광등이 켜지지 않으면 빨리 교환한다. 밖에 보관해 둔 전구는 대개 먼지가 묻어 있다. 꽉 짠 알코올 솜으로 잘 닦아내고, 충분히 건조시킨 후에 갈아 끼운다.

### ☞ 전면에 조작 패널이 있다.

- 전면 패널에는 살균등, 형광등, 팬 등의 스위치, 풍량계 등이 있다.

## 3) 클린벤치 주변(★1)

**Point**

★1 청결을 유지한다! 먼지가 쌓이지 않도록 깨끗하게!

### ◆ 폐액용기와 흡인 펌프(aspirator)

- 배지를 빨아낼 때 사용한다. 흡인 펌프는 배기 중에 기름이 튀지 않는 것이 좋다. 기름 먼지가 배양실 내에 배출되면, 배양기와 실험기구에 붙어, 세포가 자라지 않는 원인이 된다. 폐액용기는 적어도(사용할 때마다 하지 않아도 좋으나) 매일 비우고 씻어둔다.

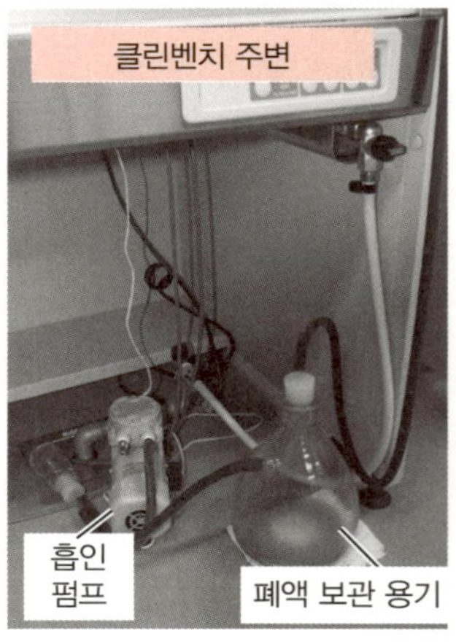


### ◆ 가스의 개폐장치

- 가스의 개폐장치는 닫고 사용할 때만 연다(사용하지 않을 때는 벽 또는 바닥의 개폐장치도 닫는다).

### ◆ 작은 탁자

- 클린벤치에서 사용하는 물건들이 놓여 있다.
- 멸균 피펫 통: 확실하게 뚜껑이 닫혀져 있다.
- 서랍에는 핀셋, 비닐 테이프, 가위 등이 들어 있는 통, 사용 중인 티슈 등이 들어 있다.

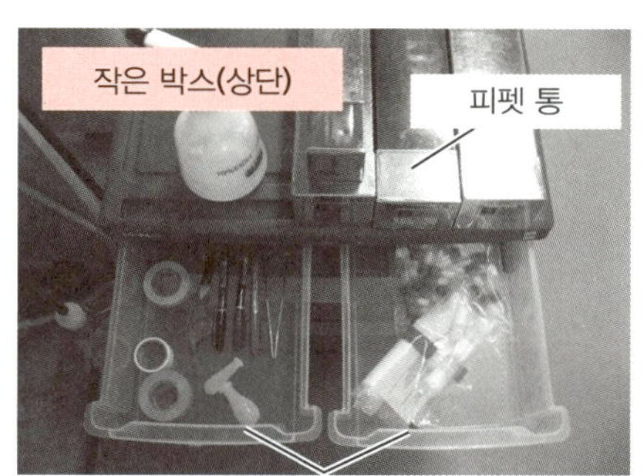

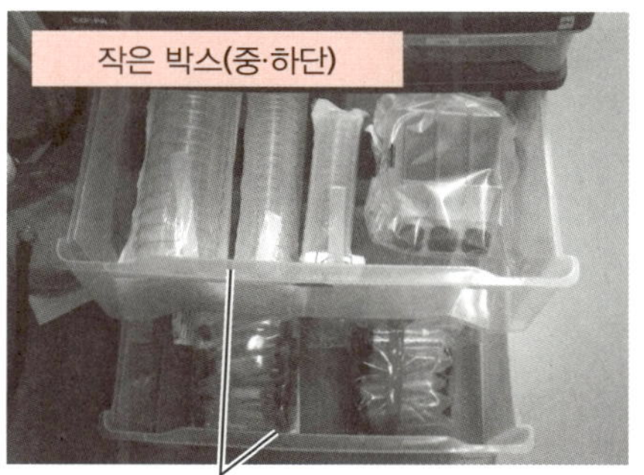

작은 물건들을 열어 놓은 채로 방치해 두면 먼지가 앉기 때문에, 반드시 통에 넣어 두던가 서랍에 넣어 둘 것.

☞ 정리 포인트

움직이기 쉬운 작은 박스(플라스틱 랙 등)에 dish, 피펫, 핀셋 등의 작은 물건을 넣어두면 편리하다. 바닥을 청소할 때에도 움직이기 쉽기 때문에 언제라도 청결하게 유지한다. 상단의 작은 서랍은 핀셋, 피펫맨, 비닐테이프, 네임펜 등 자주 쓰는 것을 넣는다. 가운데 단은 dish, flask, plate 등을 넣어 둔다. 개봉한(사용 중) dish 등은 개봉한 입구를 테이프나 클립으로 확실히 봉해 둘 것. 큰 피펫 통은 맨 하단의 서랍 혹은 사용빈도가 높으면 상부에 둔다. 다만, 클린벤치에 넣어둘 때는 에탄올로 깨끗하게 닦고 나서 넣을 것.

◆ 사용이 끝난 피펫을 넣는 배스킷

- 피펫이 충분히 잠길 수 있는 것을 사용한다.

## 4) 도립위상차현미경

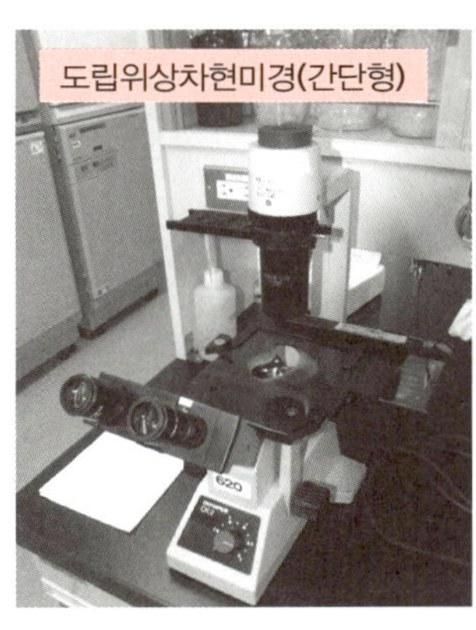


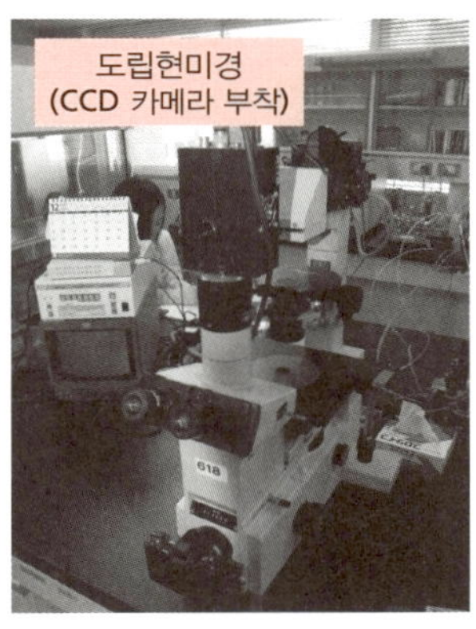


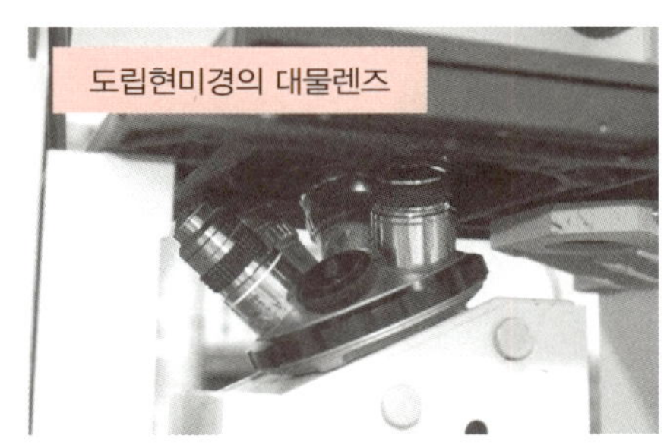


- 세포관찰에 필수. 도립이고 동시에 위상차 시스템이 배양세포 관찰의 표준이다.
- 도립형이라는 것은, **사진 위: 오른쪽**처럼 대물렌즈가 위를 향해 있는 현미경이다. 보통의 현미경은 아래서 빛을 쏴서 관찰하는 물건을 통과한 빛을 위쪽에 있는 대물렌즈로 받아들이지만 도립현미경은 위에서 빛을 쏴서 관찰하는 물건을 통과한 빛을 아래에 있는 대물렌즈로 받는다. 이렇게 함으로써 렌즈와 세포 사이의 거리를 좁힐 수 있다. 뚜껑이 붙은 dish 등의 두께가 있는 샘플의 경우, 하부에 렌즈를 설치하지 않으면 초점이 맞지 않아 관찰할 수가 없다.
- 배지 중에서 자라고 있는 세포는 투명하여 보통의 현미경으로 거의 보이지 않는다. 위상차 현미경은 투명한 것이라도 굴절률의 차이가 있으면 contrast가 생기기 때문에 세포가 잘 보인다. 선배의 세포를 잠깐 보아두는 것도 좋다.

- 현미경에는 간단형인 관찰전용 현미경(**사진 위: 왼쪽**)과, 카메라나 비디오 등을 설치할 수 있는 포트가 있는 현미경이 있다. **사진 위: 가운데**의 것처럼, 상부에 CCD 카메라를 설치해서 모니터에 비출 수가 있다. 현미경에 CCD 카메라를 달아 두면 모니터로 세포를 관찰할 수가 있어서 복수의 사람들이 세포를 관찰할 수가 있다. 또 세포 이미지를 전자기록할 수가 있어서 관찰기록으로 보존할 수 있다.

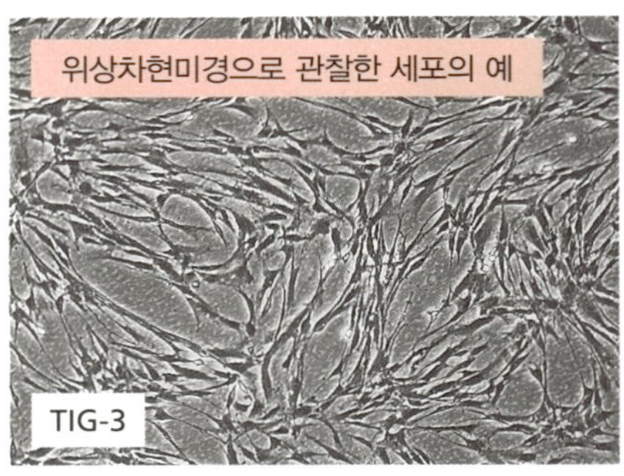


## 5) 형광현미경

### ◆ 언제, 어떤 목적으로 사용할 수 있는가?

무균실에 어째서 형광현미경이 설치되어 있는 건가 이상하게 생각할 지도 모른다. 오늘날에는 다양한 단백질의 유전자에 형광 단백질[ⓑ]의 유전자를 세포에 도입하는 실험이 행해지고 있다. 이것에 의해 단백질이 세포 내에서 위치를 변화시키거나 이동하는 모습을 살아있는 세포 그대로 관찰할 수 있게 되었다. 형광표식을 한 단백질을 살아있는 세포에서 관찰하기 위해 무균실에 형광현미경이 설치되어 있다.

ⓑ 2008년도 노벨 화학상은 형광 단백질에 관해 연구를 한 下村 脩 교수 등이 수여했다.

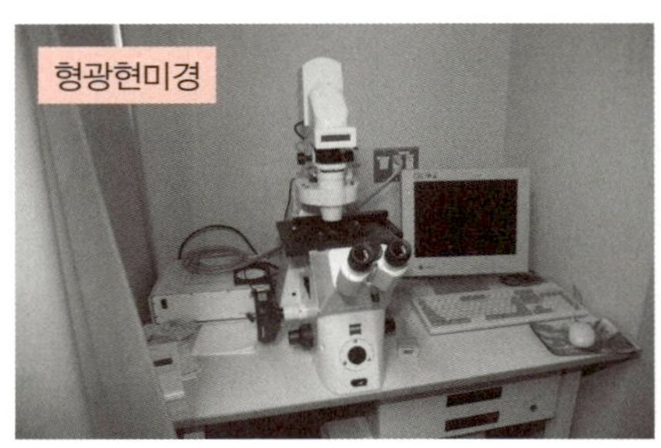


### ◆ 구조와 원리

형광현미경에는 표본의 상부에 있는 대물렌즈를 통해서 자외선을 조사하는 낙사형 형광현미경과 표본의 하부에 있는 대물렌즈를 통해서 자외선을 조사하는 도립형 형광현미경 등이 있는데, dish 등에 살아 있는 세포를 관찰하기에는 도립형 형광현미경을 사용한다. 낙사형은 표본의 상부에 있는 대물렌즈를 통해서 자외선이 조사되어 빛나는 형광 이미지가 대물렌즈를 통해서 관찰되기 때문에 dish의 뚜껑과 배지 등에 의해 초점이 맞지 않는다. 더불어 dish의 뚜껑과 배지 등에 의해 자외선이 반사되어 충분한 자외선이 도달하지 못해 형광을 내지 못한다. 도립형도 dish 바닥에서의 자외선의 감소는 일어나지만 낙사형에 비해 감소량이 적다.

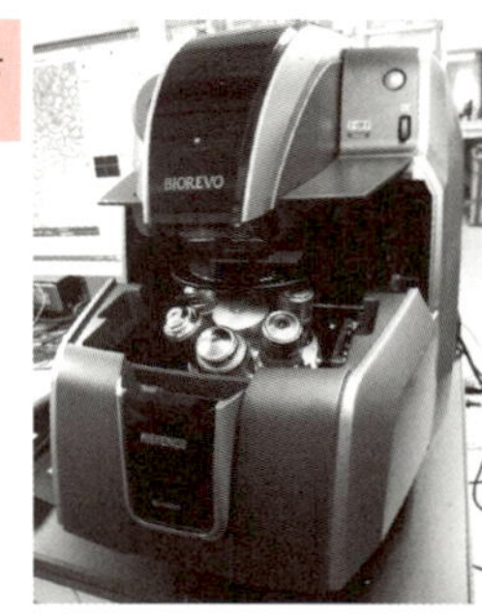


위 사진은 일반적으로 사용하는 형광현미경이다. 형광 이미지를 관찰하기 위해서는 암실에 설치해서 사용할 필요가 있다. 또 아래와 같이 암실이 필요 없는 형광현미경도 있다.

형광 현미경의 유지와 조작에는 숙련된 기술이 필요하기 때문에 여기에서는 조작을 선배에게 부탁해서 몇 가지 예를 보는 걸로 하자(형광 단백질을 발현시킨 세포 모습에 관해서는 **권두 컬러 그림 4** 참조).

## 6) 실험대 서랍

- 배양실에서 사용하는 각종 도구가 들어있다.
- 사용빈도가 높은 실험도구를 바로 꺼내기 쉽도록 궁리해서 수납하면 좋다.
- 서랍 제1단은, 그 책상에서 사용하는 빈도가 높은 것을 넣는다.
- 세포를 카운팅하는 현미경이 놓인 실험대 서랍에는 피펫맨, 혈구계수기 등을 넣어 둔다.

## 7) 서랍장

- 배지 병, trypsin/EDTA용 병, 피펫통 등의 멸균한 기구가 들어 있다. 서랍장의 문은 확실히 닫혀 있어야 한다.

### 8) 항온조

- 무균실에서 배지를 데우고 싶을 때 쓴다.

### 9) 원심기

- 세포를 원심분리하는 데 사용한다. 3000 rpm 정도의 저속원심기로 충분하다.
- 마이크로 원심기는 배양실에서 실험용 세포 회수 등에 사용한다.

**☞ 로터실은 자주 닦아 내어 청결하게 유지할 것**

- 배지가 새어나온 곳에 곰팡이가 번식하여, 회전 중에 포자를 흩뿌려서는 안 된다.
- 로터도 로터실(로터가 회전하는 장소)도 청결하게 유지할 것.

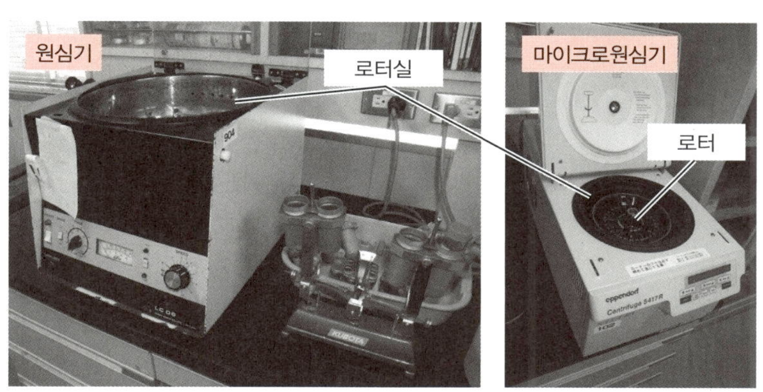


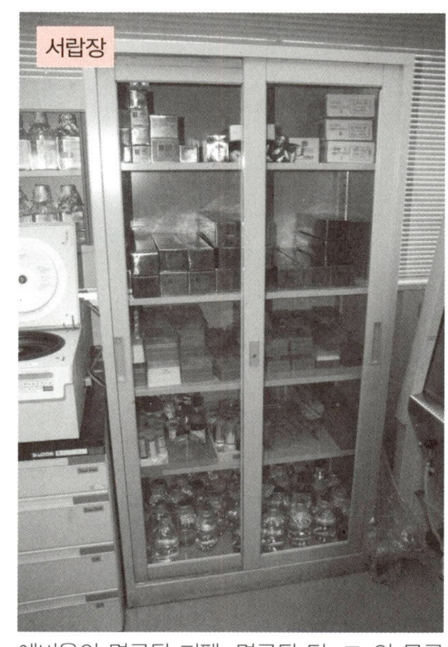


예비용의 멸균된 피펫, 멸균된 팁, 그 외 무균 상태에서 사용하고 싶은 물건은 먼지가 들어가기 어려운 문이 달린 서랍장 등에 보관해 둔다.

### 10) 기타

줄기세포 연구 등을 행하는 연구실에서는 cell sorter 등을 무균실 혹은 옆방에 놓아두는 경우도 있다. 또 세포에 DNA를 주입하는 electrophoration 장치나 micro injection 장치 등이 놓여있는 경우도 있다.

—————— 여기에서 견학 끝. 다음은 드디어 실습이다. ——————

**네, 수고하셨습니다.**

강의 부분과 무균실 출입 부분을 한 번 복습해도 실제 해 보지 않으면 실감나지 않는 것이 당연하다. 그것은 내일 실습에서 기대해보자. 내일 배양실에 들어갈 때 주의와 실습순서에 대해서는 반드시 예습해 두자. 경우에 따라서는 실제로 하지 않아도 머릿속에서 배양실 앞에 가서 문을 열고, 라고 순서를 떠올려 보자. 무균실의 출입 만에 대해서라도「어, 여기는 어떻게 했더라」라고 생각한 것이 나오면 그것은 공부 부족이 아닌, 충실하게 "주의 깊게" 순서를 머릿속에서 재현할 수 있다는 증거이다. 의문점은 나중에 간추려 선배에게 물어 확인해두자. 그럼 내일을 기대하라.

# 제1일 무균조작 기본을 몸에 익히자!

**오늘의 도달목표**

- 무균조작 기본을 마스터한다.
- 세포 관찰이 가능하도록 한다.
- 배지 교환을 할 수 있도록 한다.
  (실험동물이면 급여에 해당한다.)

**실습포인트**

- 다른 사람에게 민폐를 끼치지 않도록 배양실 입실 방법 등의 규칙을 지킨다.
- 무균조작의 기본(잡균 혼입을 최소한으로 하는 것)을 지킨다.
- 무균상태로 다루기 위해 무엇을 하면 좋을지 생각할 수 있도록 한다.
- 배양세포를 관찰하고, 상태를 확인한다.

세포배양을 수행하기 위해서는 무균조작이 필수이다. 우선 배지 교환이라는 배양에 빠질 수 없는 작업을 통해서 무균상태 조작을 행하는 방법부터 배우자.

겨우 1일분의 실습에 비해 주의할 것이 많지만 처음부터 싫어하지 않게 되길 바란다. 이들의 대부분은 실제 선배에게 배울 때는 말로 주의를 듣거나 혹은 보면 알 수 있는 것이다. 쓰자면 길지만 실제로는 그렇게 대단한 것은 아니기 때문에 놀라지 않길 바란다. 조금 익숙해지면 머리를 거의 쓰지 않아도 손이 멋대로 움직이게 되는 정도의 내용이다.

처음에는「숨쉬기도 주저된다」정도로 긴장할 지도 모른다. 그래서 좋다. 처음부터 긴장감이 없어도 곤란하다. 어쨌든 배양실에 들어가 무균조작의 첫걸음을 실제로 해 보자.

## 실습 1 배지 교환

세포를 배양할 때는 배지가 필요하다. 배지에는 세포에 있어서 필수적인 아미노산, 비타민이나 glucose, 때로는 지질 등의 영양소 외 무기염류나 증식에 필요한 성장인자 등 많은 요소가 포함되어 있다. 세포를 배양하면 세포는 필요한 물질을 배지 중에서 받아들이고 불필요한 물질을 베지 중으로 방출하기 때문에 배지는 서서히 상태가 나빠진다. 배지를 방치하면 세포는 결국 사멸한다. 성장을 잘하는 세포로 유지하기 위해서는 적절한 빈도로 배지를 교환하는 게 필요하다. 물론 모두 무균조작으로 행할 필요가 있다. 결국, 배지 교환은 세포를 유지하기 위해 최소로 필요한 무균조작이다.

### ▶ 배양실(무균실)에 들어가기 전에 준비해 둬야 할 것

★ 실습서(본서)를 잘 읽고 할 것을 대강 머릿속에 넣어 조작을 이미지 트레이닝 해 둔다.
★ Protocol을 쓴다 → 쓰는 방법에 관한 주의점은 따로 쓴다.
★ 의문점을 정리해 둔다. → 선배에게 물어 둔다.
★ 피펫을 다루는 연습을 해 둔다.

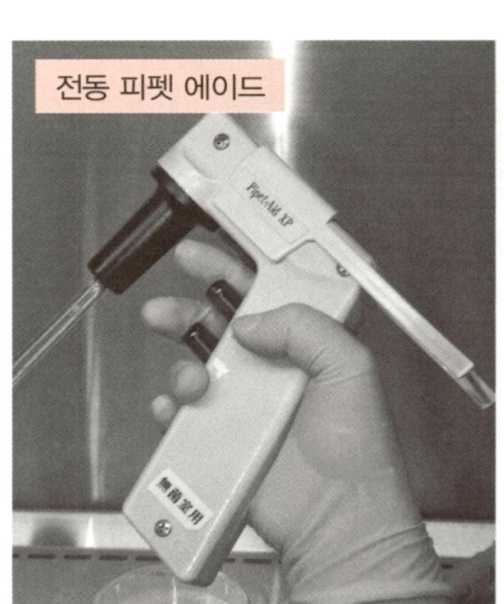

사진은 Drummond 사 제품

◆ 피펫의 무균조작을 미리 연습하여 둔다.

전동 피펫 에이드로 정확히 10 mL 혹은 5 mL을 채취하는 등의 간단한 일도 무균상태로 다루는 것을 염두에 두면, 시작은 의외로 어렵다.

**Step 8**을 참조하면서 물이 들어간 배지 병, 5 mL의 메스피펫, 빈 dish를 준비해서 배지 병에서 목표량의 물을 전동 피펫 에이드로 빨아 올려 다른 곳에 부딪히지 않도록 안정하게 유지하면서 dish에 넣는 연습을 해 보자. 이 조작은 가장 간단한 것이지만, 우선 선배가 하는 것을 보고 난 다음, 자신이 해 보는 것이 좋다.

### ◆ 전동 피펫 에이드

충전식 전동 피펫 에이드가 널리 사용된다. 액체를 흡입하는 속도와 나오는 속도를 조절할 수 있는 것이 편리하다. 여러 회사에서 전동 피펫 에이드가 나와 있는데, 구입하기 전에 반드시 데모 등으로 시험해 보는 쪽이 좋다. 회사 별로 사용법이 전혀 다르다. 손 힘을 사용하는 방식으로 속도를 조절할 수 있는 것이나 다이얼 조절로 속도를 조절하는 것이 있다(★1).

**Point**

★1 전동 피펫 에이드의 선택이 배양의 성공 여부를 가른다!

### ☞ 액체를 너무 흡입하지 않도록 주의

**전동 피펫 에이드는, 액체를 지나치게 흡입하면 모터 부분에 액체가 들어가 고장의 원인**이 되기 때문에 주의한다.

보통, 소수성의 filter가 있어 모터가 보호되지만, 구입할 때 확인이 필요하다. Filter는 한 개 만 원 정도 하기 때문에 주의한다. 스스로 유지보수가 가능하도록 선배에게 한번 가르쳐 달라고 해서 구조를 알아두자. 아래는 그 한 예이다.

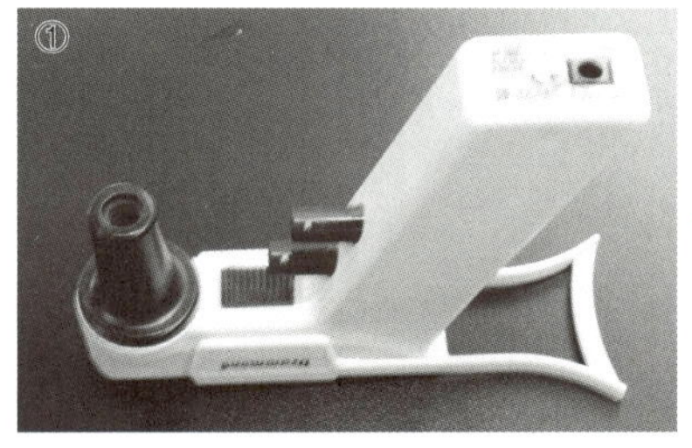


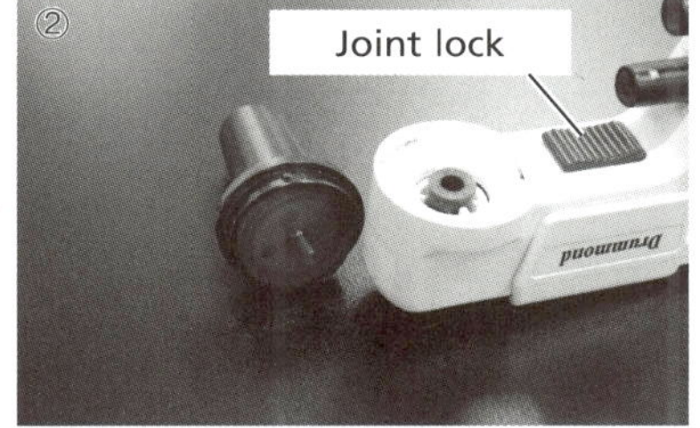


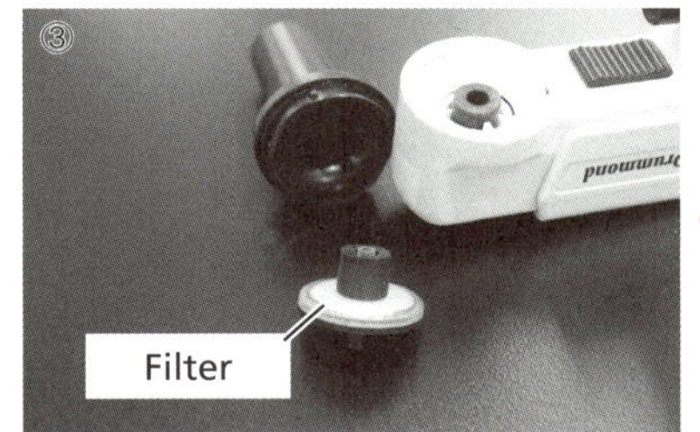

① 실험대에 피펫을 꽂는 입구가 위로 향하도록 둔다.
② 펫 에이드의 joint lock를 해제해서 피펫의 고정장치 입구를 돌려 떼어냄.
③ Filter와 고무 joint를 빼낸다. 배지 등의 흡입에 의한 고장은 이 filter를 교환함으로써 고칠 수 있다.
④ 피펫의 고정 장치 입구 안이 있는 피펫 유지에 꼭 필요한 rubber insert를 빼낸다. 피펫의 삽입이 느슨해졌을 때는 이것을 교환한다. 피펫으로 액체를 흡입하고 정지된 상태에서 액체가 방울방울 떨어지면 교환한다.

용수철이나 자잘한 부품을 잃어버리지 않도록 주의한다. 또, 억지로 힘을 가하거나 하지 않도록 신경 쓴다. 배터리는 노트북처럼 충전식이기 때문에 수명이 있다. 사용가능 시간이 극단적으로 짧아지면 새로운 것으로 교환하자.

### 피펫 에이드 사용의 필요성

이전에는 메스피펫을 입으로 불었는데, 사람에게서 배양세포로의 오염방지(**사전강의 4「공기 이외의 오염원」** 참조)를 위해서, 반대로 배양세포에서 사람으로 감염을 막기 위해서 현재는 피펫 에이드가 필수품이다. 동물세포(그 중에서도 사람세포)에는, 미지(때로는 알려진)의 병원 미생물을 포함하는 잠재적인 가능성이 있어서 오늘날에도 배양세포에 미생물 오염이 전혀 없다고 증명할 수단이 없다. 상당히 오랫동안 실험실에서 계속 배양된 세포의 경우에는 경험적으로 안전성이 높다고 생각되지만, 동물이나 사람에서 수립된 세포에서는 안전성을 보증할 근

거가 없는 것을 알아두자. 다양한 종류의 피펫 에이드가 있는데, 전동식이 쓰기 쉽다.

## 처음부터 혼자 실험할 때의 장단점

선배에게서 배울 때 얼핏 합리적으로 보이지 않는 부분이 있더라도 그것은 앞선 이의 연구와 노력의 결과로 나온 것으로서 쓸데없는 실패나 착각을 반복하지 않기 위해 우선 충실히 연습하는 것이 상책이다.

익숙해지지 않은 시점에 내 방식을 고집하는 것은 쓸데없는 경우가 많다. 특히 정확하게 하는 것이 귀찮다는 이유로 생략하는 것 등은 당치도 않다.

대강의 과정을 안 뒤라면 더욱 연구를 계속하는 것도 중요하고, 유익한 연구 방법의 개량도 물론 해야 할 것이다. 다만 같은 연구실에서는 조작이나 방법을 가능한 한 통일시켜 두는 것이 바람직하다. 같은 조작으로 같은 결과가 나오도록 하기 위함과 새로 배우는 사람이 혼란을 겪지 않게 하기 위함이다. 독립가능하다면 내 방식을 크게 발휘해보자.

## 실험노트

이 책의 실습에서는 목적을 쓰지 않아도 명확하지만, 모든 실험에는 목적이 있다라는 전제하에서 일단 써 두자.

\# 0001 배지교환 연습 2010 年 4 月 19日( 월 )

만든 날짜를 쓴다. (2010년 3월 19일에 만든 5번째 병)

**목적** 무균조작 연습으로서 배지교환을 한다.

FBS : fetal bovine serum (소 태아 혈청)

**준비**
- ☐ 배지 DMEM ( 2010 - 3 - 19 - 5 ) 10% FBS lot. ( Hyclone 7M0528 )
- ☐ 60 mm dish 1장의 세포
  세포명 : ( TIG-3
  2010-4-15 plated, Subconfluent, 45 PDL )

혈청의 lot 번호를 써 놓는다(회사명, lot 번호).

Plating한 날짜, 상태, 계대수 등을 기입

Confluent(dish에 세포가 가득 찬 상태) 바로 전 상태

정상세포의 경우 분열 횟수에 한계가 있으므로 몇 번 분열한 세포인가를 써 놓는다.

**조작** ( 10 : 30 )

시작한 시간을 기입

배지를 흡입해낸다. ➡ Step ⑤ ～ Step ⑦
↓
배지 4 mL을 첨가한다. ➡ Step ⑧
↓
37℃ incubator에 되돌려 넣는다. ➡ Step ⑨

( 10 : 55 )

끝난 시간을 써 넣는다 (기록하여, 다음에 고찰할 때 참고로써 사용한다. 예를 들어 시간이 너무 오래 걸렸다면 세포손상의 원인이 될 지도 모른다. 조작과정에 긴 시간이 걸리는 경우에는 요소요소에 시간을 써 놓도록 한다).

**메모**

그 외에 깨달은 것을 적어두자.

실제 protocol의 개요를 위에 나타냈다. 오늘 실습은 실로 간단·단순한 것이다(동물실의 생쥐에 먹이를 주는 것과 같다). 아래에서 실제 조작을 설명하겠지만, protocol에 쓰여 있지 않은 주의할 점이 얼마나 많은지 알게 될 것이다.



## 새롭게 준비할 것

- 배지

이미 만들어진 것이 냉장고에 들어 있다(처음에는 선배에게 받는다). 스스로 만드는 경우에는 **특별실습 3-1**을 참조.

- 배양세포(60 mm dish 3장)

$CO_2$ incubator에 배양되어 있다(처음에는 선배에게 받는다). 오늘의 실습에는 1장만을 사용하고, 남은 2장은 복습용으로 준비한다.

- 배양실에 준비되어 있는 기기, 실험기구

복잡한 실험을 할 때에는 필요한 기구, 실험 도구를 미리 메모하여, 준비되지 않은 것이 있는지, 다른 사람이 사용 예정인 것과 겹치지는 않는지를 만일을 위해 조작개시 전에 확인하는 것이 좋다.

## 가지고 들어갈 물건

- 실험노트(protocol)[a]
- 폐기물 통: 사용한 물건을 넣을 autoclave 가능한 봉지, 멸균통 등
  - Step⑩의 해설 「**쓰레기 처리**」 참조. Autoclave에 대해서는 **특별실습 2-1**을 참조.

ⓐ 조작 순서를 한 장의 종이에 정리해서 자석 등으로 클린벤치에 붙여 두면 편리하다.

## Step 1 전실에서 준비

❶ 실험복으로 갈아입는다[b].
- 먼지를 가지고 들어가지 않는다.
- 신발은 배양실 전용으로 갈아 신는다.

ⓑ 적어도 먼지가 붙은 실험복은 벗는다. 평소 실험복을 입지 않고 실험한다면 배양실에서는 전용 실험복을 입는다.

❷ Protocol에 날짜와 시간을 기입한다.

❸ 37℃의 항온조를 준비한다(미리 스위치를 켜 놓지 않으면 시간을 낭비한다)[c].

ⓒ 많은 사람이 공동으로 사용하는 경우에는, 누가 사용할 예정인지 알 수 있도록 해 두면 좋다. 항온조가 켜 있을 때에는 지금부터 누군가가 사용할 예정인지, 단지 스위치를 끄는 것을 잊어서 켜져 있는 것인지를 알지 못하기 때문이다.

❹ 냉장고에서 배지 병을 꺼낸다.
- 냉장고 문이 확실히 닫힌 것을 확인한다[d].

ⓓ 멋대로 사용하는 사람이 있으면 모두가 피해를 입는다.

❺ Protocol에, 사용할 배지(만든 날짜, 들어 있는 혈청의 lot 번호 등)를 기입한다.

❻ 배지 병을 항온조에 넣는다.
- 용액을 따뜻하게 할 때, 차갑게 할 때의 기본적인 "상식"을 지킨다[e].

ⓔ 병 안의 액면과 항온조의 액면 높이가 대략 동일하도록 한다. 가끔 흔들어서 섞는다.

- 뚜껑을 덮고 있는 알루미늄 호일이 물에 닿지 않도록 신경 쓴다ⓕ.
- 배지 병이 넘어지지 않도록 주의한다ⓖ,ⓗ.
- 가끔씩 흔들어서 섞어준다ⓘ.
- 따뜻해지면 오랫동안 방치하지 않는다ⓙ.

⬇

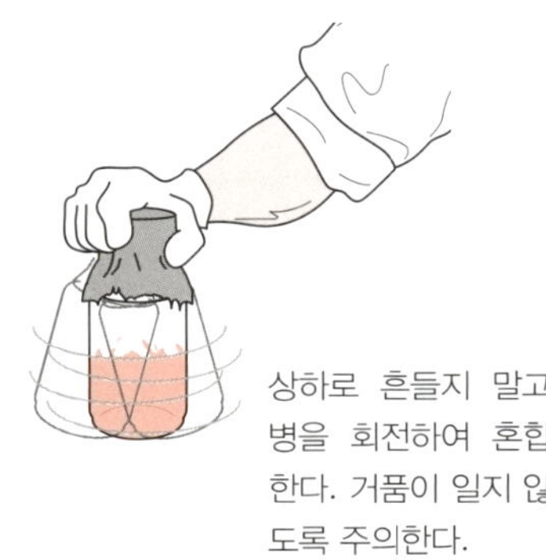

상하로 흔들지 말고 병을 회전하여 혼합한다. 거품이 일지 않도록 주의한다.

❼ 손을 잘 씻는다ⓚ.

- 비누로 잘 씻는다(클린벤치 안에 들어가는 팔꿈치까지 잘 씻는다)ⓛ.
- 크레졸 세척액(원래 약 50%, 이것을 50~100배 희석하여 사용한다)에 손을 담근다ⓜ.
- 크레졸 세척액에 담가 두었던 수건을 잘 짜서 손을 닦는다.

❽ 배지를 항온조에서 꺼낸다.

- 꺼낸 병의 표면을 살균제에 담가 두었던 수건으로 깨끗하게 닦는다(알루미늄 호일 표면은 아무래도 잘 닦여지지 않는다).
- 배지가 흔들려도 뚜껑 내면에 닿지 않도록

ⓕ 항온조의 물은 무균상태가 아니다. 알루미늄 호일은 병뚜껑에 먼지가 묻지 않도록 씌워 둔 것이다.

ⓖ 특히 병 안의 용액이 적을 때는 넘어지기 쉬우므로, 시험관 꽂이 등으로 바닥을 높여 둔다.

ⓗ 필요에 따라 추(무거운 물건)를 사용한다.

ⓘ 정치해 두는 것만으로는 병 전체가 따뜻해지는 데 시간이 걸린다. 뚜껑 내면에 배지가 묻지 않도록 주의하며 흔들어 섞는다. 뚜껑에 배지가 묻으면 오염(contamination: 잡균이나 곰팡이가 혼입하는 것을 말한다)의 원인이 된다.

ⓙ 배지 성분의 분해·노화를 막기 위해.

ⓚ 시계 등을 풀고, 옷소매를 팔꿈치 위까지 걷어 올린다.

ⓛ 체모가 많은 사람은 특히 신경을 써서 씻는다. 실험에 임하면서 팔꿈치까지의 털을 제모한 학생이 있었다. 기합이 들어가 있다.

ⓜ 이것은 매일 아침 새로 만들어야 한다. 오랫동안 교환하지 않아 손을 담구기 싫을 정도로 더러워져서는 곤란하다.

## Step 2 무균실에 입실

❶ 필요한 것을 가지고 무균실에 들어간다.

1) 배지ⓐ
2) Protocol(오늘 순서가 쓰인 실험노트)
3) 폐기물 용기ⓑ

❷ 클린벤치 옆 책상에 배지 병을 놓는다.

❸ Glove를 착용한다ⓒ.

손끝에 여유가 남지 않도록 꼭 맞는 사이즈의 것을 착용한다. 여유가 남으면 손끝에 물건이 닿아도 알아차리지 못해서 오염의 원인이 된다.

❹ Protocol을 클린벤치의 보기 쉬운 곳(바깥 쪽)이나 옆 책상에 둔다.

ⓐ 배지 병 같이 깨지기 쉬운 것을 운반할 때의 일반적인 "상식"

1) 병 윗부분을 잡고 흔들흔들하면서 운반해서는 안 된다(눈에 보이지 않기 때문에 다른 것에 부딪히는 원인이 된다).
2) 반드시 몸 앞에 지니고 운반한다(위험한 것을 운반할 때도 마찬가지).
3) 배지가 뚜껑 내측에 묻지 않도록, 흔들지 말고 운반한다.

ⓑ 나중에 autoclave하기 쉽게 전용 봉지나 스테인리스 통을 사용한다(Autoclave의 설명은 **특별실습 2-1** 참조).

ⓒ Glove는 장착하기 쉽도록 안에 파우더가 들어 있는 것과 파우더 없는 것이 있다. 무균조작에는 파우더가 없는 것을 선택하길 바란다. 최근 것은 얇고 미끄러지기 어렵게 파우더 없이도 장착하기 쉬운 것이 나와 있다. 물론 많이 쓰는 것이라 비용을 고려해 선택해야만 한다. 수술용 glove를 구입하면 하나씩 개별포장이 되어 있어 무균성은 높지만 배양조작에는 그 정도의 것은 필요하지 않다.

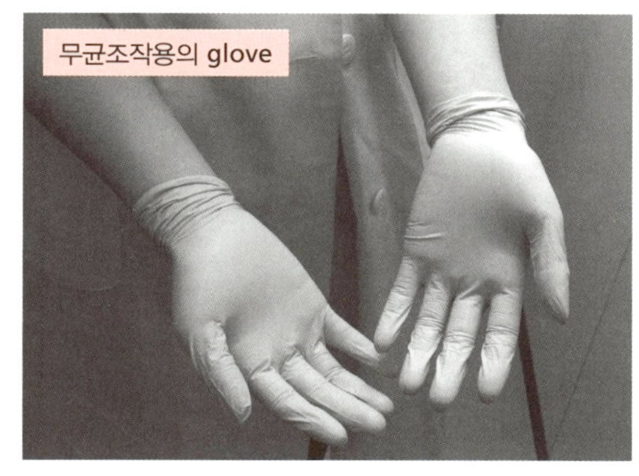


Glove 중에서도 유리병 등은 미끄러지지 않아도 tube의 뚜껑이 미끄러지기 쉬운 것이 있기 때문에 샘플을 받아 시험해 보고 나서 구입하자.



## Glove 벗는 법

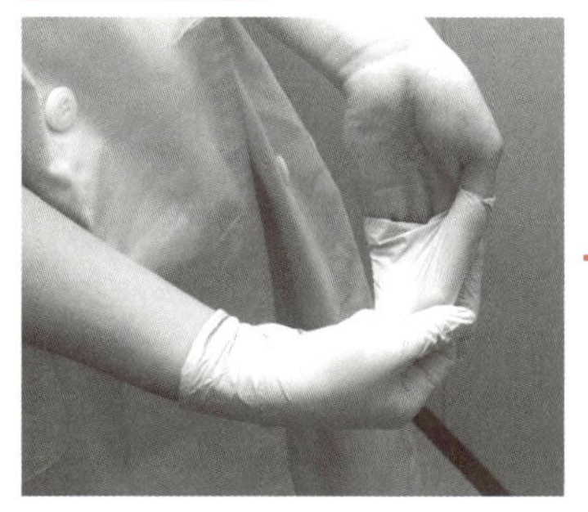

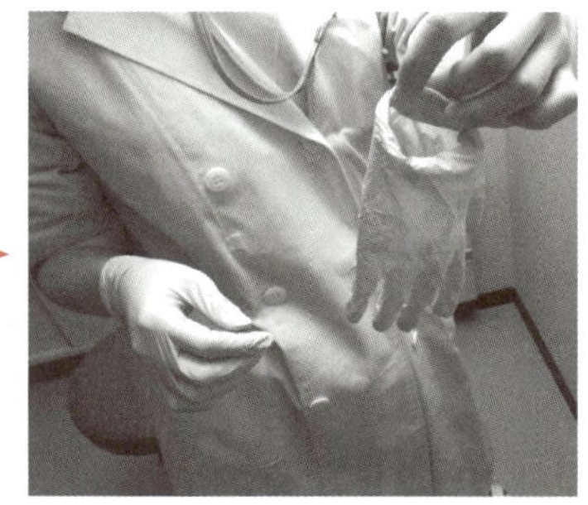

한번 착용한 것을 다시 한 번 착용할 때는 조금 궁리할 필요가 있다. 재사용하는 경우는 glove 내부가 밖으로 나오도록 벗는다.

## Glove 재착용의 방법

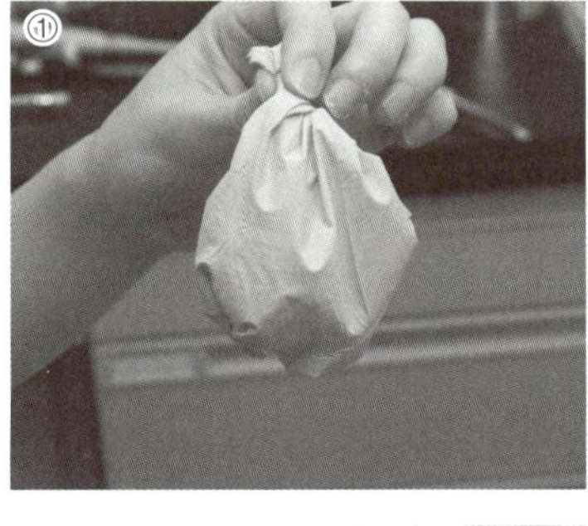


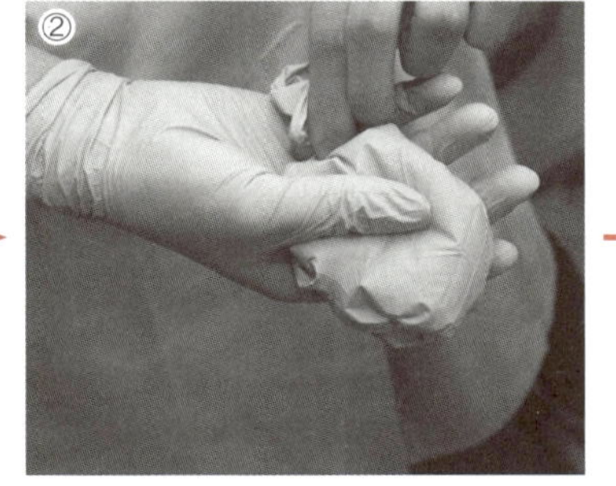


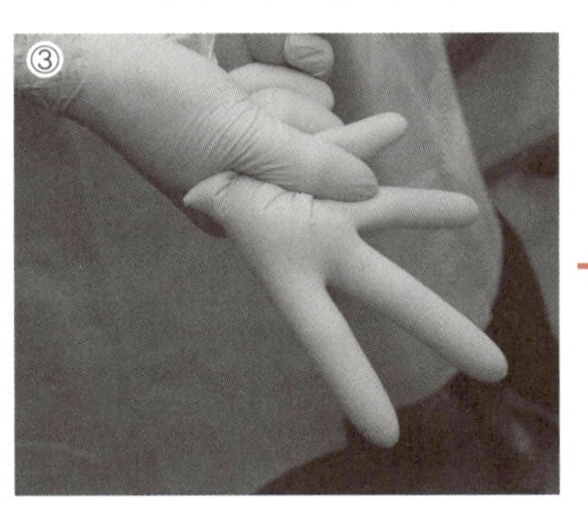


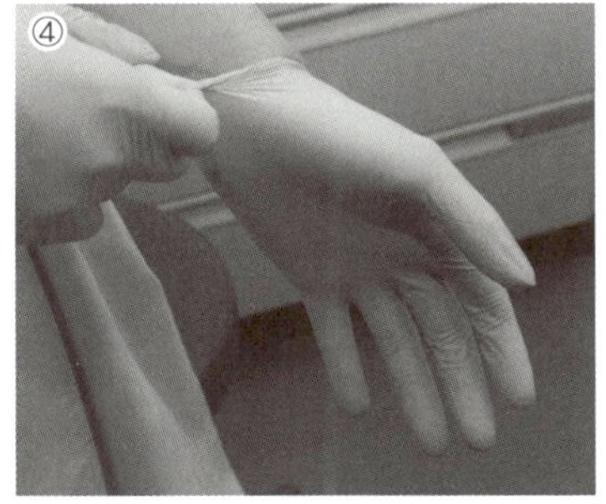


① Glove 내부가 밖으로 나오도록 벗은 glove는 뒤집어서 (내부가 겉으로 되돌아온다) 공기를 적당히 넣어 풍선처럼 만든다.

② Glove의 풍선을 공기가 새지 않도록 주의하면서 손바닥 위에 둔다.

③ 엄지로 눌러 glove의 모든 손가락 부분이 나오도록 한다. 입으로 부풀리는 방법도 있지만 glove의 안쪽에 습기가 찰 수 있기 때문에 권하지 않는다.

④ Glove는 손가락 끝에 빈 공간이 생기지 않도록 확실하게 착용한다.

Protocol은 자석 등으로 보기 쉬운 위치에 붙여 사용한다.

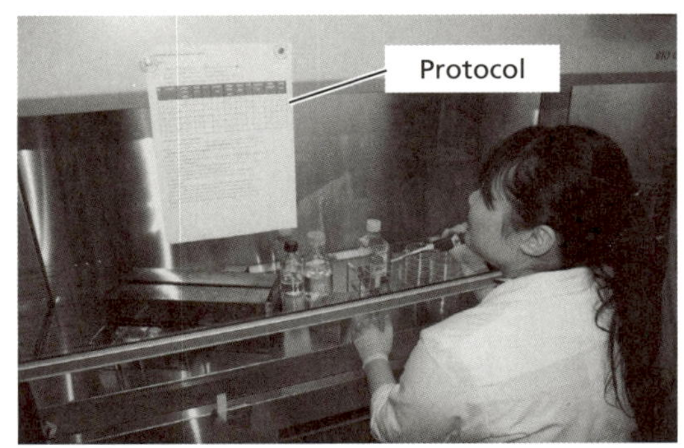


❺ 필요한 멸균 피펫이 충분히 있는지를 확인한다[d, e].

ⓓ 오늘 필요한 것은, 파스퇴르피펫과 5 mL 메스피펫이다. 피펫 수가 부족한 경우는 새로운 멸균 피펫 통을 서랍장에서 꺼내 둔다.

ⓔ 피펫 통을 열지 않고 내부의 피펫 수를 어떻게 추정할 수 있을까?
1) 익숙해지면 통을 들었을 때 무게로 알 수 있다.
2) 통을 가볍게 흔들어 보면 알 수 있다(메스피펫이 부러지지 않을 정도로만 흔든다).

## Step 3 클린벤치 준비

❶ 이전 사용 후 잘 정리되어 있는지를 체크한다.
1) 살균등이 켜져 있다.
2) 필요 없는 물건이 방치되어 있지 않다.
3) 가스 cock이 잠겨 있다 등[a].

❷ 살균등을 끈다.

❸ 형광등을 켠다.

❹ 문을 연다(먼저 fan을 켜서는 안 된다)[b, c].

❺ Fan을 켠다[d].

❻ 클린벤치 작업대를 잘 짠 알콜솜 혹은 티슈로 닦는다(동시에 손끝도 닦는다).

❼ Aspirator의 고무 tube(손에 쥔 경우)에 70% 알콜을 분무해서 멸균[e]해 둔다.

❽ 가스의 모든 밸브를 연다.
- 가스의 모든 밸브는 안전을 위해 2개로 되어 있다[f]. 하루의 시작으로 1차 밸브(벽이나 바닥에 있다)를 열고, 2차 밸브(클린벤치에 있다)는 사용할 때마다 개폐한다.

❾ 가스버너에 불을 붙인다(최근에는 자동점화)[g].

ⓐ 버너 cock을 잠그는 것을 잊었다(혹은 느슨하게 잠겨 있다)는 것을 모르고 개폐장치를 열면, 가스가 분출하게 된다. 또한, 이러한 때에는 중간 개폐 장치까지의 가스관 내에 공기와 가스 혼합 기체가 들어 있는 경우가 많다. 한동안 가스를 분출시키지 않으면 불이 붙지 않는다. 혼합기체는 점화하면 폭발하므로 요주의.

ⓑ 문을 여는 정도는 어느 정도가 좋을까? 상당히 위에 까지 열어도 좋지만, 얼굴에 바람이 와 닿는 정도로 열면, 작업 중에 눈이 건조해진다(콘택트렌즈는 더욱 쉽게 건조해진다). 문을 조금 밖에 열지 않으면 클린벤치 내에 바람이 쉽게 빠져나오지 못하므로, 턱 높이 정도까지 연다.

ⓒ 먼저 fan을 켜면 공기가 빠져나갈 곳이 없어서 fan에 부담이 걸린다.

ⓓ Fan을 켜지 않고 버너에 불을 붙이면 천정이 탄다.

ⓔ 가스버너에 불을 붙이기 전에 해둔다(불이 붙지 않도록).

ⓕ 귀가하기 전에 모든 밸브를 잠그자. 요즘의 클린벤치는 솔레노이드 밸브가 달려 있어서 클린벤치의 모든 밸브를 열고, 동시에 솔레노이드 밸브의 개폐 스위치를 켜지 않으면 사용할 수 없게 되어 있어서 가스 누수에 대한 안정성이 향상되어 있다. 그러나 방심은 금물이다.

ⓖ 작업이 끝난 후 점화용 불의 가스를 잠그는 것을 잊는 경우가 의외로 많다. 최근에는 점화용 불이 없이 발 스위치를 밟으면, 가스의 솔레노이드 밸브가 열림과 동시에 불이 붙는 타입의 것이 있다. 이것이라면 발 스위치를 밟지 않는 한 가스가 누출되지 않고 점화도 되지 않는다.

⑩ 발 스위치를 밟아 불꽃을 크게 하여 봄으로써 공기량을 조절한다[h].

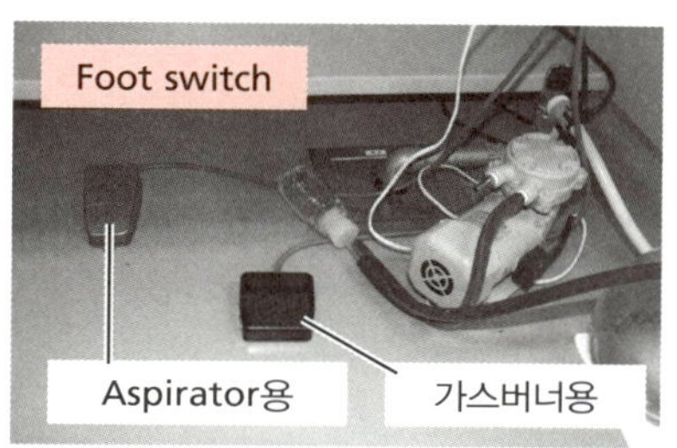


가스버너용과 aspirator용의 foot switch가 있기 때문에 오른발과 왼발 어느 쪽을 사용할지를 정해 둔다. 어느 쪽이라도 무방하다.

ⓗ 약한 붉은 색의 불꽃이 아니라, 푸른색 불꽃(온도가 높다)이 되도록 한다.

### 살균등에 관한 Q&A

**클린벤치의 살균등을 켜 놓지 않았을 때는?**

스위치를 넣고 잠시(1시간 정도) 두어 클린벤치 내를 살균한다. 살균등이 켜지지 않을 때는 새로운 살균등으로 교체하는데, 새로운 살균등은 전체를 알콜솜으로 닦아 먼지 등을 잘 제거한 뒤, 말리고 나서 설치한다. 물론, 그 후는 잠시 점등해서 클린벤치 내를 살균한다. 낡은 살균등은 형광등과 같이 폐기물로 처리해 버린다.

**살균등을 켠 채로 작업하면 어떻게 될까?**

배지를 흡인해낸 후의 세포에 지접 자외선이 닿으면, 짧은 시간이라도 DNA가 손상을 입어 세포가 죽는다. Dish 뚜껑이나 배지를 통과하여 세포에 자외선이 미치는 경우는 없지만, 배지 중의 성분이 분해·변질될지도 모른다. 사람의 피부에 직접 닿으면, 상당히 검게 탄다. 실제 코(클린벤치 문을 너무 열어서)나 팔이 검게 탄 학생이 있다.

## Step 4 필요한 것을 클린벤치에 넣는다.

❶ 다시 한 번 배지 병의 전체 및 바닥을 알콜솜(혹은 알콜을 뿌린 티슈)로 닦는다[a].

❷ 배지 병의 알루미늄 호일을 벗겨내 클린벤치에 넣는다[b].

- 배지 병 입구에 씌운 알루미늄 호일 또는 비닐 테이프(둘 다 있는 경우는 둘 다)를 조심스레 벗긴다. 알루미늄 호일은 클린벤치의 밖으로 꺼내고 비닐 테이프는 클린벤치에 넣고 나서 조심스레 벗긴다. 비닐 테이프를 재이용할 때는, 실험에 방해가 되지 않도록 유리문 안쪽에 붙여 둔다.

ⓐ 클린벤치 내에 잡균의 혼입을 방지하기 위하여. 측면은 조금 전에 닦았지만, 밑바닥은 한 번 책상 위에 놓았기 때문에 오염되어 있을지도 모른다.

ⓑ 알루미늄 호일의 바깥쪽은 잡균이 붙어 있다고 생각하고 클린벤치의 바깥에 둔다. 알루미늄 호일은 안쪽이 아래쪽을 향하도록 둔다(잡균이 안쪽에 떨어지지 않도록).

❸ 병뚜껑을 열기 전에 뚜껑 부분을 가볍게 화염멸균한다(1초 이내로 충분)ⓒ.

ⓒ 플라스틱이나 고무가 변질될 정도로 화염멸균을 해서는 안 된다(당연한 일).

- 병을 화염멸균할 때는 병에 들어 있는 액체의 양에 주의한다. 가득 차 있는 병을 기울이면, 병뚜껑에 액체가 들러붙어 버려 오염의 원인이 된다.

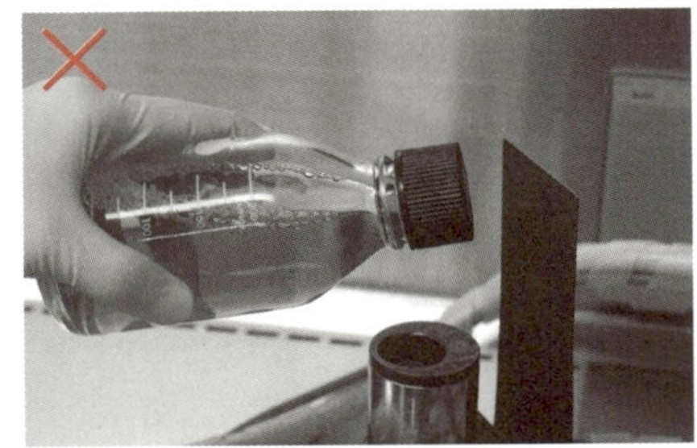

- 병뚜껑은 살짝 멸균하는 걸로 충분한데, 병을 360° 돌려 전체를 멸균한다. 익숙해지면 한손으로 가능하지만, 손을 바꿔 돌려도 괜찮다.

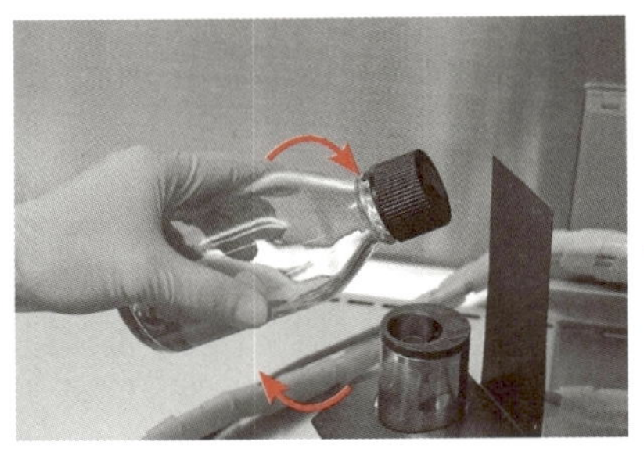

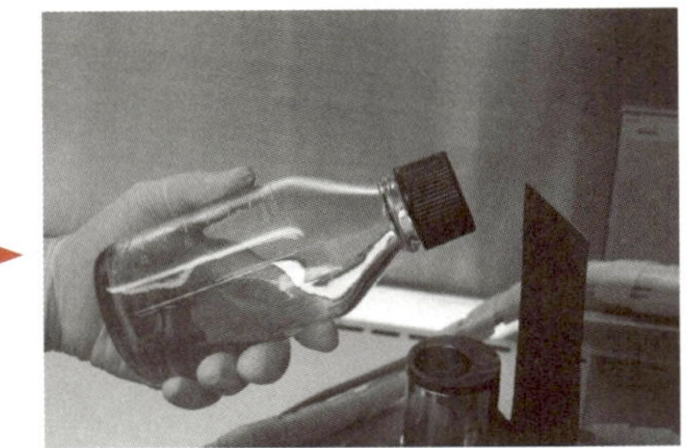

같은 사진으로 보이지만, 손을 돌리는 것에 의해 병 입구를 구석구석 화염멸균할 수가 있다.

❹ 배지 병뚜껑을 약간 열어둔다.

- 뚜껑은 가능한 한 상부를 쥔다. 하부를 쥐면 오염의 원인이 된다. 상부라고 해도 끝부분은 아니고 상부의 1/2 이상을 쥐도록 신경 쓴다.

❺ 왼손으로 병을 쥐고, 오른손으로 뚜껑을 열어 발 스위치를 밟아 불을 붙여 병 입구를 화염멸균한다(★1).

- 여기에서도, 병 입구 전체를 화염멸균하듯이 360° 돌려 화염멸균한다.

**Point**

★1 병 입구는 360°로 화염멸균하자!

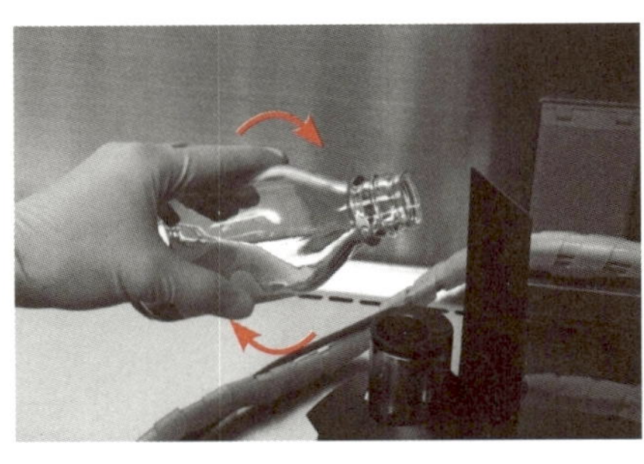

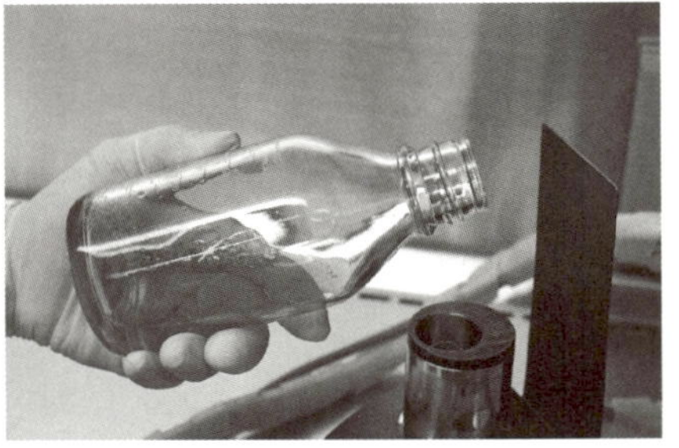

❻ 뚜껑을 병 위에 올려 놓는다(완전히 닫지 않는다).

## 병의 화염멸균법

### 어느 정도 멸균하면 되는가?

표면의 잡균을 불로 죽이는 것 뿐이므로 1~2초 정도로 충분하다. 병 입구가 뜨겁게 될 때까지 가열하여 죽이는 것으로 잘못 생각하는 사람이 가끔 있다. 병 입구가 젖어 있으면 이야기는 다르지만 이런 일은 없을 것이다.

### 불꽃의 어느 부분을 이용하는가?

안쪽 불꽃의 바로 윗부분의 바깥쪽 불꽃 부위.

### 병 입구 전체를 멸균하기 위해서는 어떻게 하면 될까?

손목을 비틀어 병을 회전시킨다(뱅글뱅글 돌릴 필요는 없다, **STEP4** ❺의 사진을 참조).

### 액체가 입구까지 닿지 않도록 멸균하려면 어떻게 할까?

병을 상하로 움직이지 않는다(움직일 때는 천천히 한다).

### 뚜껑 안쪽에 배지가 묻어 있을 때는 어떻게 할까?

Aspirator로 잘 흡입한다(aspirator의 취급은 **STEP 7**을 참조), 혹은 멸균이 끝난 예비 뚜껑이 있으면 새로운 걸로 교환한다.

뚜껑 안쪽에 액체가 묻어 있다면 병 입구에도 액체가 묻어 있을 것이다. Aspirator로 잘 흡입하고 불로 건조시킨다.

※ 이 정도로 귀찮기 때문에 뚜껑 안쪽에는 배지가 튀지 않도록 하는 것이 중요.

—————— 이걸로 준비가 되었다. ——————

## Step 5 Incubator에서 세포를 꺼낸다

❶ 70% 알콜솜으로 손(손가락만이라도)을 닦아 낸다[ⓐ,ⓑ].

❷ $CO_2$ incubator의 상태를 체크한다[ⓒ].

◆ 먼저 문을 열기 전에…

1) 온도는 정확한가? → 보통 37℃
2) $CO_2$ 가스 농도는 정확한가? → 보통 5%
3) 습도는 정확한가? → 표시가 있는 것이라면 90% 이상

◆ 문을 열어서…

4) 습도를 유지하기 위한 물은 충분히 있는가?
5) 이상한 냄새는 나지 않는가?[ⓓ]
6) 선반이나 dish에 한번 보아 알 수 있을 정도로 잡균 등이 생기지 않았는가?

◆ 단, 문은 가능한 한 빨리 닫을 것[ⓔ]

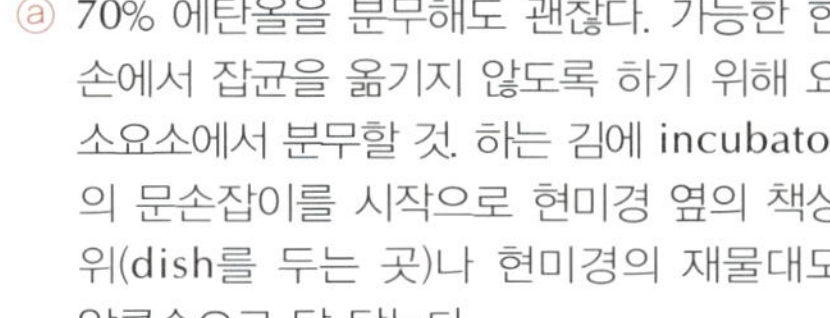

ⓐ 70% 에탄올을 분무해도 괜찮다. 가능한 한 손에서 잡균을 옮기지 않도록 하기 위해 요소요소에서 분무할 것. 하는 김에 incubator의 문손잡이를 시작으로 현미경 옆의 책상 위(dish를 두는 곳)나 현미경의 재물대도 알콜솜으로 달 닦는다.

ⓑ 충분히 건조시킨 후에 불을 다룬다. 70% 에탄올을 뿌린 채로 축축한 피펫을 화염멸균하다 털이 타버린 학생이 있었다. 털은 자라지만, 화상이라도 입으면 큰일이다.

ⓒ 자기가 세포를 배양할 때는 매일 확인할 것.

ⓓ 오염된 균이나 곰팡이에 따라서는 incubator 내의 냄새로 오염을 알아차릴 수도 있다.

ⓔ 온도, 습도, 탄산가스의 저하와 외부에서의 잡균의 침입을 막기 위해

❸ 자신이 쓸 배양 dish(이 실습에서는 60mm dish)를 1장 꺼낸다[f].

- 다른 사람의 dish에 접촉되지 않도록 한다.[g]
- Dish를 쥐는 법을 신경 쓴다[h].

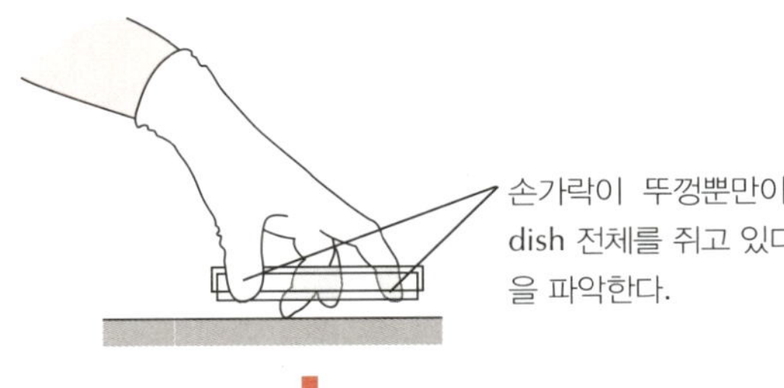

❹ Incubator의 문을 닫는다[i].

ⓕ Dish가 많이 있을 때에는 트레이를 사용하면 편리하다.

ⓖ Incubator내에서 dish가 뒤집혀서 배지를 흘리게 되면 큰일이다. 배지가 흐른 dish는 반드시 오염이 발생한다. 트레이에 흘리게 되면 다른 dish의 바닥에도 붙게 된다. 자칫 잘못하면 incubator에 들어있는 dish 전부를 들어내어 내부를 청소해야 되는 경우가 발생한다. 자기 것이 안쪽에 있을 때에는 앞쪽의 dish를 옆으로 밀어 놓든가 혹은, 앞쪽의 dish를 일단 밖으로 꺼낸다(놓을 장소는 알콜솜으로 잘 닦아 둔다).

ⓗ 처음에는 뚜껑만을 들어 올리는 등, 의외로 어렵다고들 한다(당황해 한다).

ⓘ 기종에 따라 다르나, 안쪽 문의 손잡이를 확실히 잠그지 않으면, 개방된 상태로 인식되어 $CO_2$ 가스가 보충되지 않는 경우도 있다(다른 사람의 세포에도 좋지 않은 영향을 준다).

## 해설 트레이로 dish를 옮길 때 주의사항

운반할 때는 팔꿈치를 몸에 붙인 상태로 운반한다. 실험실에는 여러 가지 물건이 놓여 있다. Dish를 운반하는 중에 팔꿈치가 무엇인가에 부딪치면, dish내의 배지를 흘리게 된다. 그렇게 되면 대개 오염이 발생한다[j].

트레이까지 배지를 흘렸을 때는 배지가 묻지 않은 괜찮은 dish를 새 트레이로 옮기고 더러워진 트레이는 개수대에서 세정하고 건조시킨다.

실험대 위에 물건을 놓을 때는, 밖으로 돌출되지 않도록 놓아둔다(아래 사진 참조). 무심코 부딪혀 뒤집히는 원인이 된다.

35 mm dish 등 작은 dish는 incubator에 들어가는 작은 알루미늄 트레이를 쓰면 편리하다(★1). 35 mm dish는 세포증식곡선을 작성할 때에 많이 plating하는 경우가 많기 때문에 작은 알루미늄 트레이를 쓰지 않으면 운반하기 어렵다. 또 세포를 plating해서 균일하게 분산시킬 때에 트레이에서 수행하면 깨끗하게 분산된다. 많은 dish를 동일조건으로 균일하게 plating하는 요령의 하나이다!

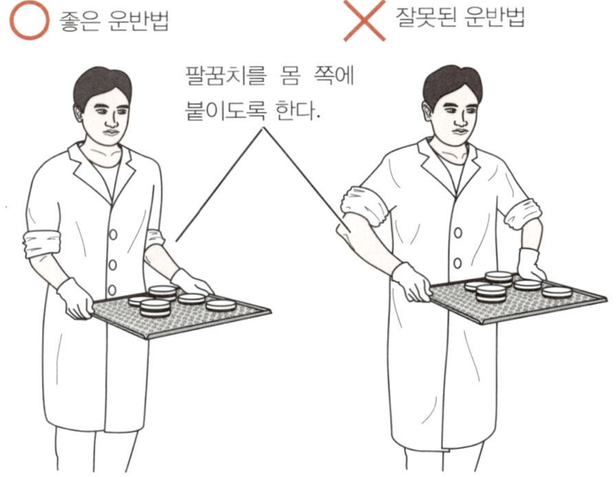


**Point**

★1 작은 dish는 작은 트레이에 두면 편리하다!

ⓙ 대단히 귀중한 세포이고, 아무래도 dish를 살리고 싶을 때는 dish를 클린벤치로 옮겨 dish에 붙은 배지를 aspirator로 가능한 한 흡입하고 닦을 수 있는 부분은 알콜솜으로 닦는다. 다만, 이걸로 살릴 수 없는 경우가 많고 오히려 다른 dish로 오염을 퍼트릴지도 모른다.

## Step 6 Dish 관찰

❶ Dish를 육안으로 점검한다.

- 곰팡이가 생기지 않았는지?
- 배지가 탁하게 보이지 않는지?[ⓐ]
- 세포가 떨어져 있지 않은가?(떨어져서 시트처럼 떠 있지 않은가?)
- 배지색은 정상인가?(해설 「**배지색은 중요**」를 참조)

⬇

❷ 현미경으로 세포를 주의 깊게 확인한다.

육안만이 아니라 위상차현미경으로 세포를 관찰하면 더더욱 상세하게 세포 배양 상태를 확인할 수 있다. 현미경의 취급 방법이나 관찰 포인트를 몸에 익히는 것도 중요하다.

### ◆ 현미경 관찰 준비

오늘 실습에서는 시료의 이동과 초점을 맞추는 것을 중심으로 현미경을 다루는데, 시간이 있으면 다른 것도 다뤄 보자[ⓑ].

① 시료(dish)를 놓을 재물대를 꼭 짠 알콜솜으로 닦는다. 가장 많이 다루는 나사도 닦아둔다.

② 재물대 중앙(구멍이 나 있다)이 대물렌즈의 중심축에 가까이 오도록 재물대를 이동시킨다.

③ 재물대에 dish를 놓는다.

④ 우선 40배로 관찰한다(대물 4배, 접안 10배).

### ◆ 세포 관찰의 포인트: 어디에 주목할까?[ⓒ, ⓓ, ⓔ]

1) 세포가 모두 같이 살아 있는가?
2) 모양이 변했거나 하지 않은가?
3) 이상한 덩어리는 없는가?
4) 둥둥 떠 있는 건 없는가? ⇒ 오염은 없는가?(★1)
5) 세포 분열상[ⓕ]이 많이 보이는가?[ⓖ](세포가 건강해서 왕성하게 증식하고 있는 증거)

**Point**

★1 오염을 발견한다!
- Plating한 다음 날 배지가 샛노랗고 작은 가루 같은 것이 많이 떠다닌다!
→ 효모의 오염 가능성이 크다!
- 장기간의 배양으로 dish 내측 면에 곰팡이가 생기기 쉽다!
- Incubator의 트레이가 더러우면 균이 dish 옆면에서 들어간다.

ⓐ 효모나 박테리아가 많이 있으면 탁해진다.

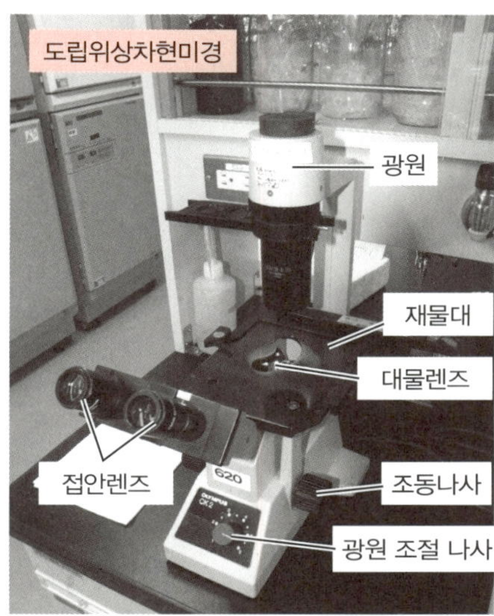


ⓑ 도립위상차현미경, 도립현미경에 대해 오늘은 전구의 교환, 평형 맞추기, 필터, 위상차 맞추기 등은 하지 않는다(할 수 있는 것으로 간주한다).
→ 전원 스위치, 밝기 조절, 배율 변경, 눈넓이 조절, 초점 조절, 검체 이동은 자기가 해 보도록 한다.

ⓒ 상태가 나쁜 세포를 사용한 실험이 옳은 결과를 낼 리가 없다. 자신이 사용하는 세포의 상황을 파악해 가는 것은 중요한 일이다.

ⓓ Dish 100장의 실험을 할 때에도 전부 이렇게 자세히 봐야 하는가?
→ 당연한 질문: 상황 · 목적에 따른다. 선별 검사를 하는 것도 있다.

ⓔ Dish 뚜껑 안쪽에 물방울이 생기고 흐리게 되어 있을 때는 보기 어렵다.
→ Dish를 클린벤치로 옮겨 뚜껑 안쪽을 버너로 살짝 화염멸균하면 흐린 것이 사라진다.

## ◆ 오염 예

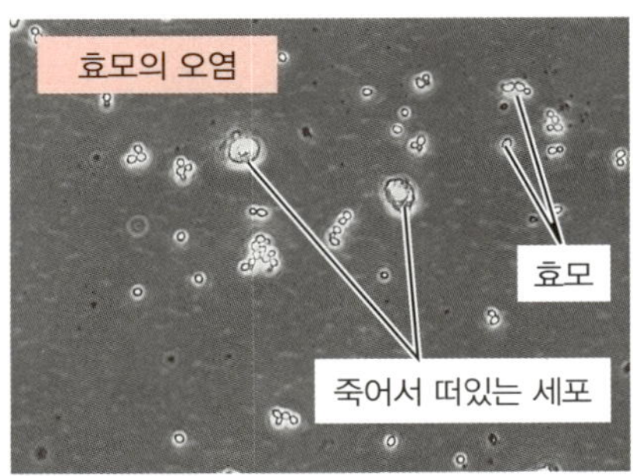

박테리아가 오염된 경우는 너무 작아서 이렇게 하나하나 보이지 않는다(단지 탁하게 보일 뿐이다).

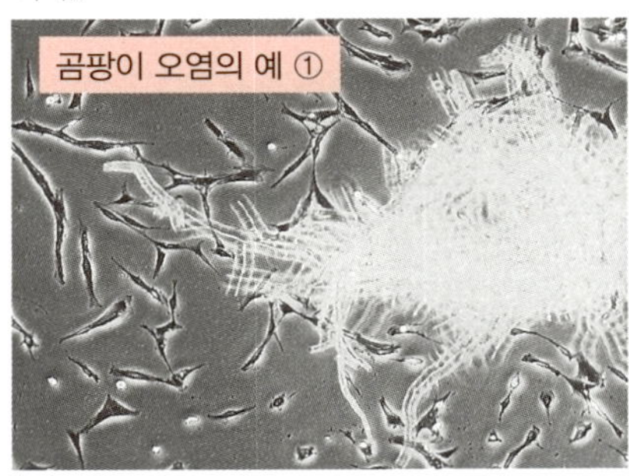

세포에 초점을 맞추고 있기 때문에 곰팡이가 어렴풋하게 보인다.

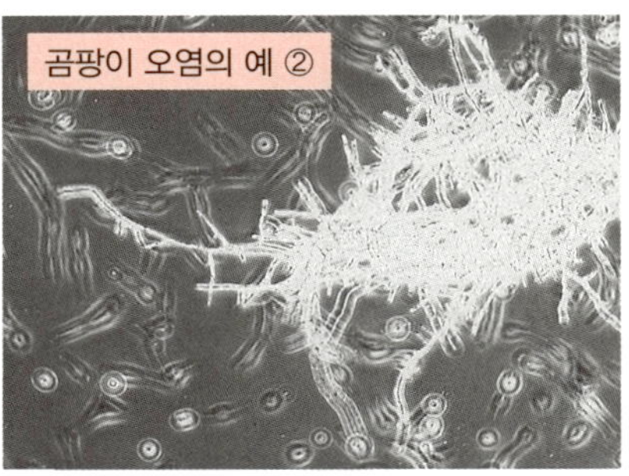

곰팡이에 초점을 맞추었기 때문에 균사 일부가 선명하게 보인다(세포 쪽은 흐릿하게 보인다).

ⓕ 분열기 세포는, 중심의 적도면에 집합된 염색체가 보인다(**사전강의 2** 참조).

ⓖ 어느 정도 있으면 많다고 하는 건가?
→ 당연한 질문: 세포에 따라 다른데 100배의 시야로 수 개~수십 개가 보이면 보통임.

〈초점을 맞추는 법〉

1) 옆에서 보면서 대물렌즈를 dish에 닿을 정도까지 올린다.
2) 현미경을 보면서 점차로 대물렌즈를 내린다[ⓗ].
3) 우선은 조동나사로 초점을 대략 세포에 맞춘다.
4) 미동나사로 세포에 초점을 맞춘다.
5) 쌍안 접안렌즈에서는 조절할 수 없는 접안렌즈 쪽에서 우선 초점을 맞춰두고, 이어서 다른 쪽의 접안렌즈를 돌려서 초점을 맞춘다.
6) 필요에 따라 재물대를 움직이는 레버를 돌려 시야를 바꾼다.
7) Dish의 넓은 범위를 관찰할 때는, 재물대 레버로는 이동의 범위가 좁기 때문에 손으로 dish를 움직인다.
8) 오염은 아닌지, 이상한 세포는 없는지 넓은 범위를 대충 관찰한다. Dish를 이동하면 초점이 바뀌기 때문에 그때마다 초점을 맞춘다.

- 필요에 따라 100배 혹은 그 이상으로 배율을 올려 관찰한다.
- 시간이 너무 걸리면 배지에서 탄산가스가 튀어나와 알칼리성(분홍색)으로 바뀌기 때문에, 필요한 최소한의 시간으로 관찰한다.

ⓗ 반대로, 관찰하면서 대물렌즈를 아래에서 위로 이동하면, 상이 보이지 않는 사이에 대물렌즈가 dish에 부딪힐 위험이 있다. 일반(도립이 아닌) 현미경에서는 대물렌즈를 아래에서 위로 움직이는 것이 표준이다.

〈초점을 바꾸면 순서로 아래의 것이 보인다.〉

- 배지 표면에 부유물이 보이는 것이 있다.
- 배지 부분에 부유물이 보이는 것이 있다.
- Dish의 밑면 아래쪽에 세포가 살아 있는 것이 보인다.
- Dish의 밑면 바깥쪽이 보인다[ⓘ].

ⓘ 종종 지문에 놀란다(이상한 게 보인다고 소란피우지 말 것). 밑면 바깥쪽에 곰팡이 균사가 보인 적도 있다.
곰팡이가 보이면,
1) 바로 알콜솜으로 닦아낸다. 닦여졌는지 어떤지 확인할 것(솜의 섬유와 구분할 것). 닦아내라고 하면 닦아내기만 할 뿐 확인하지 않는 사람이 있는데, 떨어지지 않으면 닦은 게 아니다.
2) 곰팡이를 닦은 뒤는 다른 솜으로 손도 잘 닦는다.
닦은 솜은 그 근처에 방치하지 않는다(곰팡이가 붙어있기 때문에, 나중에 autoclave하는 폐기물 용기에 넣을 것)

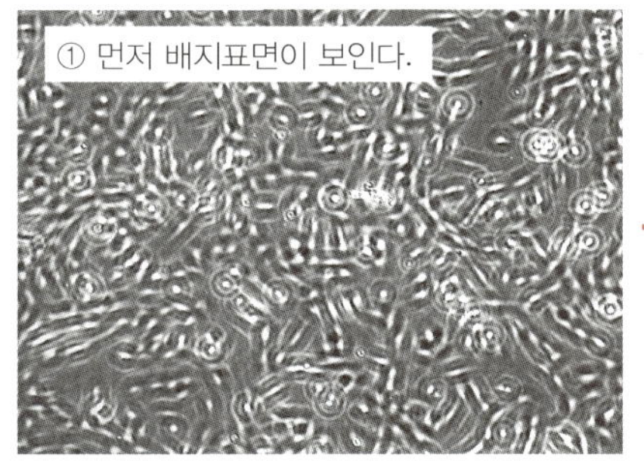

떠 있는 것이 보이는 경우가 있다.

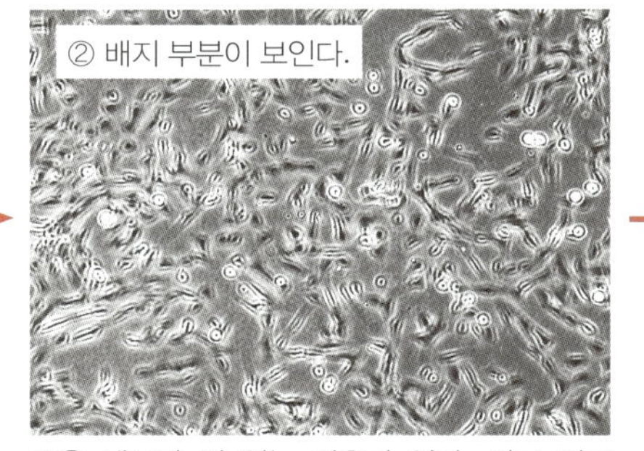

죽은 세포가 떠 있는 경우가 있다. 이곳 저곳에 떠서 둥글게 된 세포에 초점이 맞춰져 있다.

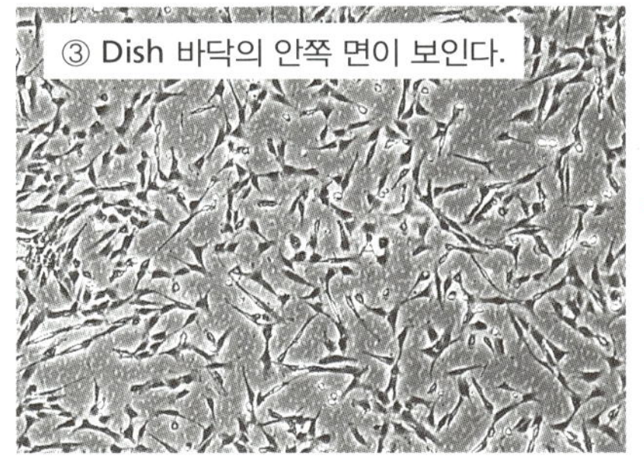

세포에 초점이 맞춰져 있다.

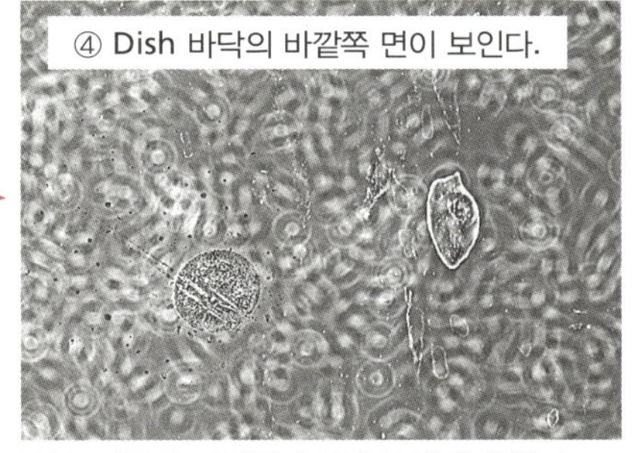

Dish 바닥의 바깥쪽에 초점이 맞춰져 있다.
Dish의 흠이나 오염된 것이 보인다[①].

❸ 현미경 스위치를 끈다.

❹ Dish를 클린벤치에 넣는다.

❷, ❸에서 정상적으로 배양이 진행되는 것을 확인한 dish 중에서 필요한(배지 교환을 행한다) 장수를 클린벤치에 넣는다.

## 배지색은 중요(pH 지시약으로서의 phenol red) ★2

**Point**

★2 배지색은 incubator의 $CO_2$ 공급상태를 확인하는 데 쓸 수 있다.

### 산성이면 황색이 된다.

- 세포가 젖산 등을 분비하기 때문에 배양시간이 지남에 따라서 서서히 배지색이 황색으로 변한다.
- 대사가 왕성한 세포는 배지가 빨리 황색이 된다.
- 암세포는 정상 세포보다 빨리 황색이 된다.
- 배지가 황색으로 되기(노폐물이 많은 상태)까지 내버려 두면 세포가 약해지기 때문에, 배지 교환을 게을리 해서는 안 된다.

### 알칼리성에서는 분홍색이 된다.

- 탄산가스 공급이 안 되는 경우
- 그 이외의 이유로 알칼리성이 되면 이상상태다.

### 정상(pH 7.4)의 색조를 머릿속에 잘 넣어둔다.

- 권두 컬러 페이지에 배지색조와 pH의 관계를 나타내는 사진(**권두 컬러-그림 1**)을 게재했다. 이것을 참고하길 바란다.

## 무색인 배지도 있다.

Phenol red는 estrogen과 유사한 작용을 한다고 알려져, 세포에 따라 또는 실험목적에 따라, 이 작용을 피하기 위해 phenol red를 첨가하지 않고, 거의 무색투명(비타민 B군 때문에 약간 황색)한 배지가 사용되는 경우가 있다.

## 오염을 찾는다.

아무리 주의를 기울여도 오염은 때로 일어난다. 가능한 한 빨리 발견해서 오염된 dish를 제거하여 다른 dish로 퍼지지 않도록 할 필요가 있다.

### 오염 발견 방법

- **냄새로 알 수 있다**: 오염이 심할 때는 incubator를 열었을 때, 곰팡이와 효모의 냄새나 부패한 냄새가 나는 일이 있다. 오염된 dish를 특정할 것.
- **배지색으로 알 수 있다**: 많은 dish 중에서 배지색이 특히 황색일 때, 특히 분홍색이 강할 때 오염의 의심이 든다.
- **균사가 보인다**: Dish 중에 곰팡이의 colony가 보일 수 있다[j].
- **Dish 바깥쪽에 균사가 보인다**: 그 부분을 만지지 않도록 하고 폐기한다. 선반까지 균사가 뻗었다면 dish는 모두 꺼내고 선반을 개수대에서 씻은 다음 건열멸균(**특별실습 2-2**를 참조)한다.
- **배지가 탁하게 보인다**: 입자 같은 게 둥둥 떠다녀 탁하게 보이는 것은 효모 등의 균류가 증식해 있을 일이 많다[k].
- **배지가 하얗게 탁해진다**: 박테리아 등이 오염되었을 때는 입자가 작기 때문에 배지가 하얗게 탁해지거나 혹은 유백색으로 보일 수가 있다.
- **현미경 관찰로 보인다**: 곰팡이 균사로 의심할 만한 실 형태의 부유물이나 효모라고 의심할 만한 입자, 박테리아를 의심할 수 있는 입자 등이 보일 수가 있다. 실 형태의 부유물은 멸균 피펫에서 낙하한 솜일 가능성이 있다. 작은 입자상의 부유물은 세포의 단편일지도 모른다. 세포 파편의 경우는 세포의 증식과 함께 부유물도 증가할 수가 있기(암세포 중에는 그러한 성질의 것이 있다) 때문에 오염과의 구별이 다소 어려운 경우도 있다. 2~3일 주의해서 관찰해서 균사가 늘어날 거 같으면 폐기한다. 오염인지 아닌지 가장 빠른 판정은 이러한 세포를 배양하고 있는 선배에게 물어보자.

ⓙ Colony가 작을 때는 균사가 끊어지지 않도록 aspiration해서 흡입하고 새 배지로 몇 회 dish를 세정하면 세포를 살릴 수가 있다. 다만, 다른 세포에 오염을 퍼트릴 원인이 될지 모르기 때문에 어떻게든 살리고 싶은 세포 이외에는 하지 말 것.

ⓚ Dish 바닥에서 쉽게 떨어져 떠다니기 쉬운 세포가 늘어나 있으면 오염이 없어도 배지가 탁하게 보인다. 이러한 세포를 배양하고 있을 때는 현미경으로 보면서 경과 관찰을 하면 오염과의 차이를 알 수 있다.

### 오염을 발견하면

오염된 dish는 발견하는 대로 폐기한다.

Incubator 내 오염이 심할 때는 안의 dish를 모두 꺼내 폐기하고 선반을 꺼내 개수대에서 씻어 말린 후 건열멸균(**특별실습 2-2**를 참조)한다. Incubator 내를 청소하고 내부 전면을 알콜솜으로 닦아서 멸균한다. 내부 공기를 섞어주는 소형 fan은 꺼내서 씻는다. 큰일이다. 위험은 가능한 한 적을 때 발견해서 제거한다.

## Step 7 배지 교환

❶ 파스퇴르피펫 및 10 mL 메스피펫 통을 천천히 거꾸로 하여 피펫을 앞쪽으로 꺼내 놓는다.

- 피펫 통을 수평이 되게 하여 뚜껑을 연다(통의 몸체는 움직이지 않도록 한다).
- 뚜껑 안쪽이 아래 혹은 옆 방향이 되도록 하여 둔다[ⓐ].

ⓐ 잡균이 위에서 떨어져 들어가는 것을 방지하기 위해.

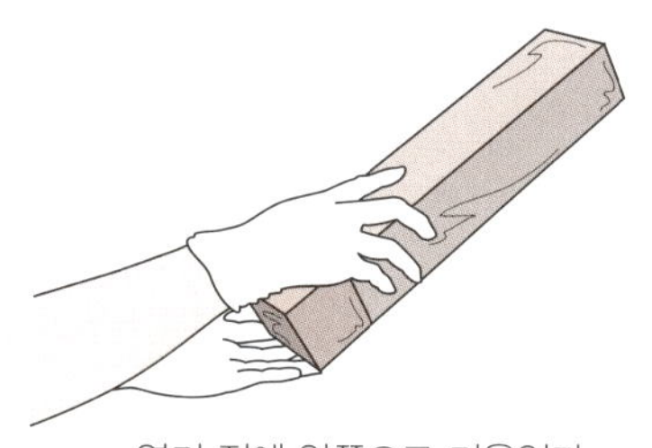

열기 전에 앞쪽으로 기울인다.

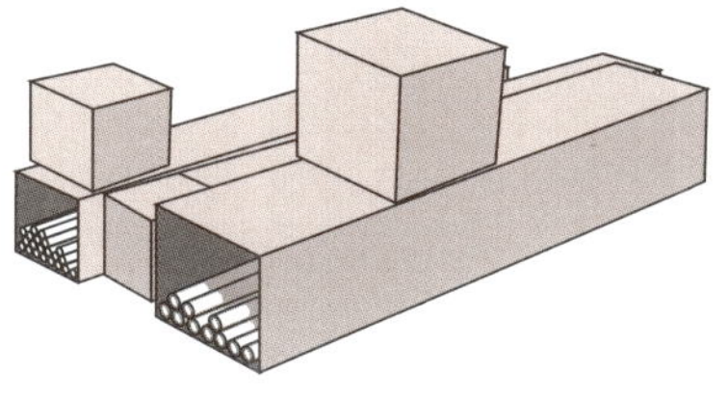

뚜껑은 아래쪽 방향 혹은 옆방향이 되도록 해 둔다.

❷ Aspirator 스위치를 켠다.

❸ 핀셋을 꺼내, 끝부분을 버너로 화염멸균한다[ⓑ].

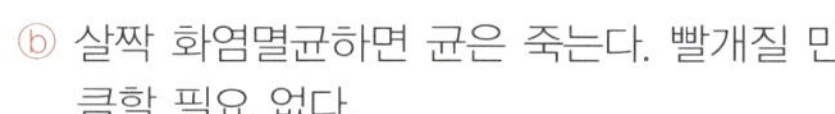

ⓑ 살짝 화염멸균하면 균은 죽는다. 빨개질 만큼할 필요 없다.

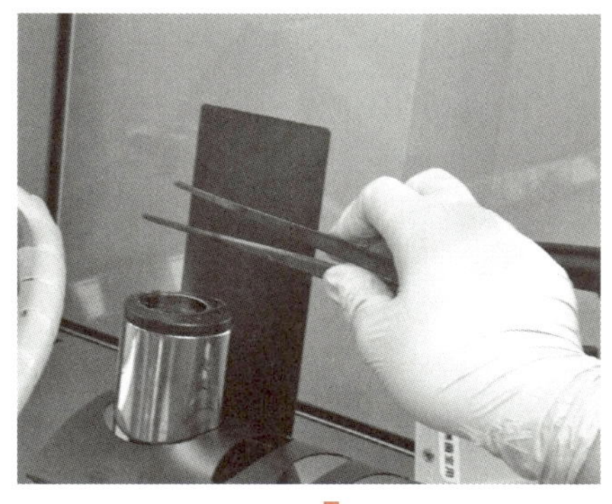

❹ 핀셋으로 파스퇴르피펫을 몇 cm 꺼낸다[ⓒ].

ⓒ 아무리 손을 씻고 알콜솜으로 닦아도, 손을 잡균의 원천이라고 생각할 것. 직접 손으로 꺼내면 다른 피펫에 손이 닿기 마련이다.

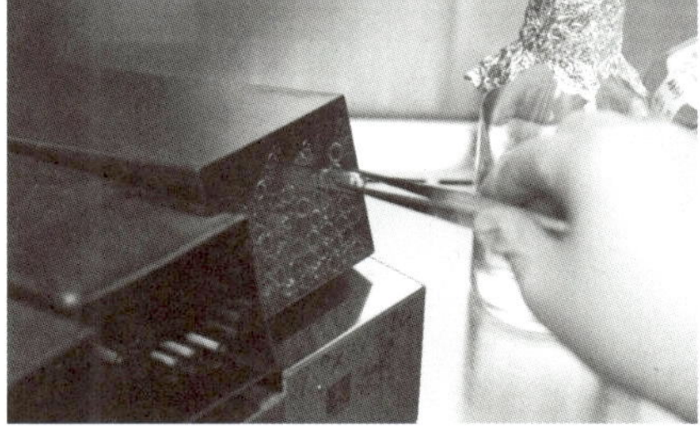

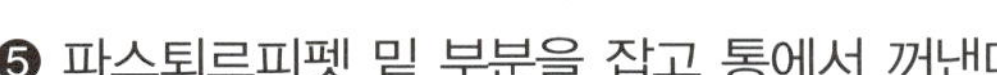

❺ 파스퇴르피펫 밑 부분을 잡고 통에서 꺼낸다.

- 이때, 피펫 끝이 다른 피펫 밑 부분에 닿지 않도록 한다[ⓓ].
- 이후, 피펫은 항상 밑 부분(밑 부분에서부터 몇 cm 정도의 범위)만을 잡을 것.

ⓓ 통의 뚜껑은 비어 있으므로 피펫 밑 부분은 낙하하는 잡균이 묻어 있을 가능성이 있다.

ⓔ 갈 때 1초, 돌아올 때 1초로 충분하다. 1초는 결코 짧은 시간이 아니다(의외로 길다). 한순간 피펫이 하얗게 되지만(증기가 발생하는 느낌), 바로 사라진다.

ⓕ 지나치게 화염멸균하면 피펫이 지나치게 뜨거워진다. 맨 처음에는 감각을 익히기 위해 화염멸균한 뒤에 어느 정도 뜨거운 지 시험해 보자. 물론 그 피펫을 사용하지 않도록.

❻ 파스퇴르피펫을 화염멸균한다[ⓔ, ⓕ].

- 불 속에 넣어 천천히 1왕복시킨다(왕복으로 2~3초 정도가 목표)

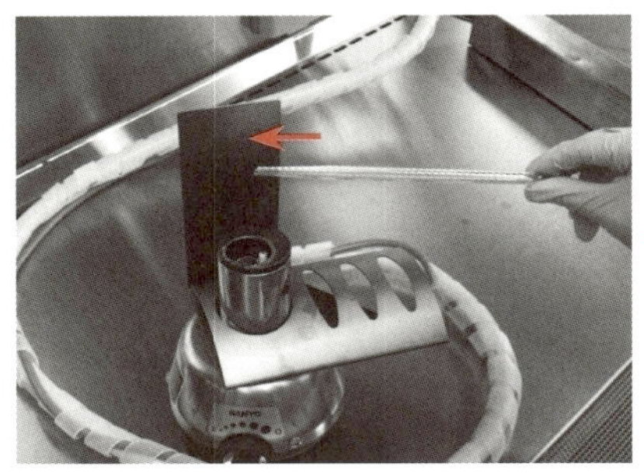

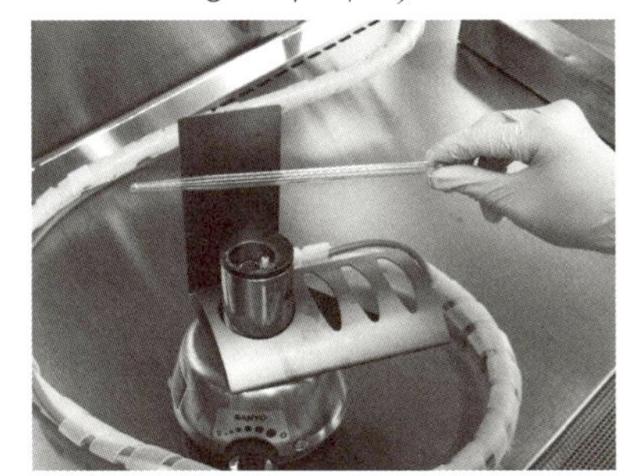

- 끝에서부터 화염멸균해서 손 쪽까지 오면 손목을 돌려 회전시켜 멸균하지 않은 쪽을 화염멸균한다.

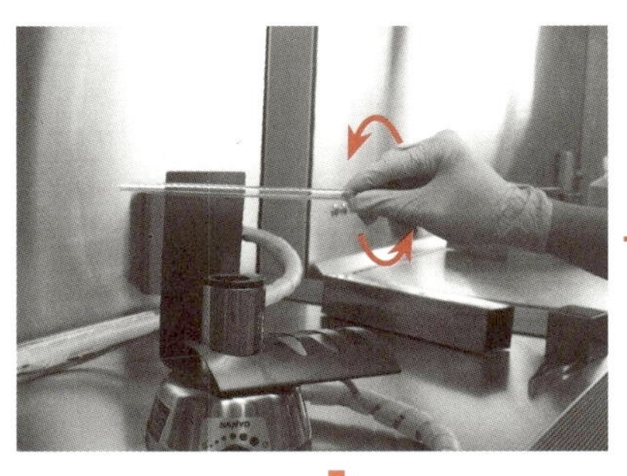

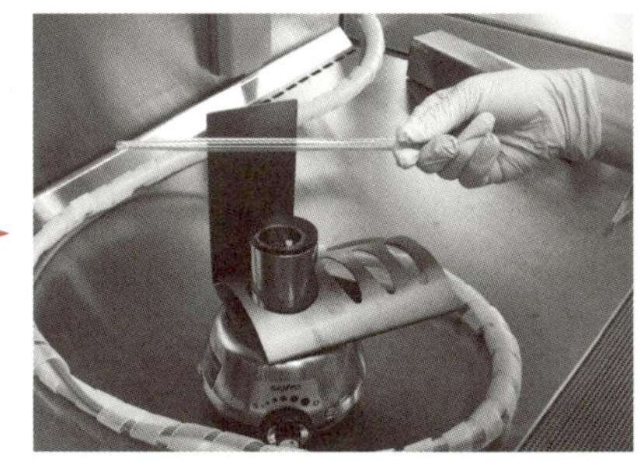

2개의 사진에서 손목의 차이에 주의

❼ 피펫을 왼손으로 바꾸어 잡아, 오른손으로 aspirator와 연결된 관을 들어, 피펫을 관에 끼운다[ⓖ].

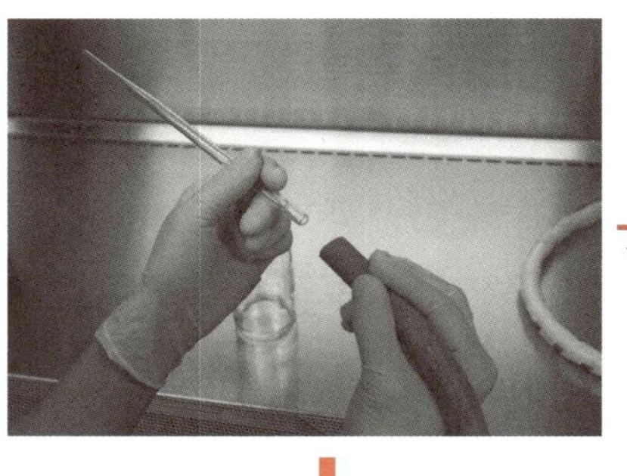

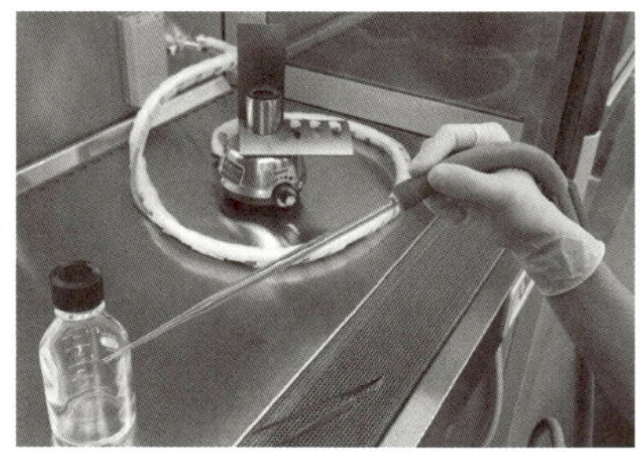

ⓖ 관은 미리 70% 알콜을 분무해서 멸균한다(**Step 3 ❼**).

❽ 왼손으로 dish 뚜껑을 들어낸다.

- 뚜껑을 두는 장소는 안쪽을 아래로 향하게 놓아둔다.
- 뚜껑을 바닥에 두지 않고 아래 그림처럼 뚜껑을 들어 올려 그 사이로 파스퇴르피펫을 넣어서 배지를 흡입하는 방법도 있다. 얼른 보면 어려워 보이지만 익숙해지면 쉽게 할 수 있게 된다.

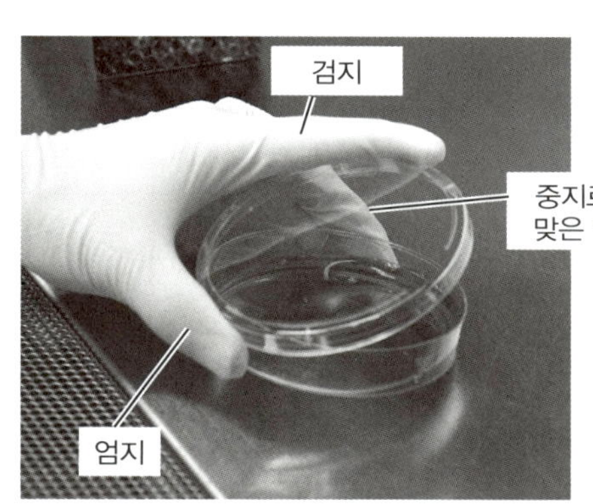


잘 잡은 방법

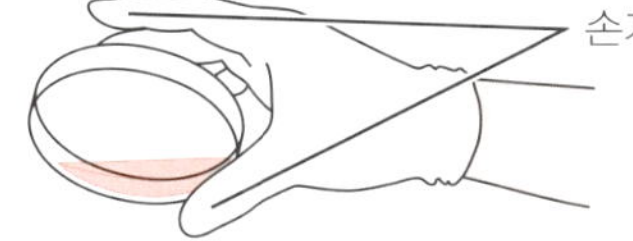


잘못 잡은 방법

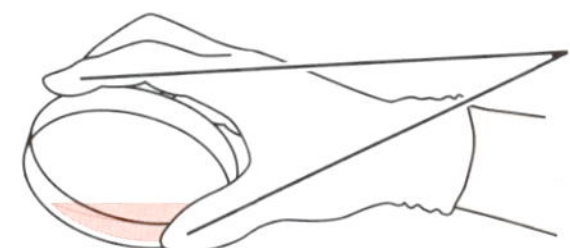

**Point**

★1 Aspiration 중에는 스위치를 절대로 끄지 말 것. 도중에 끄면 흡입한 액체가 역류하여 오염된다!

❾ Dish를 왼손으로 잡고, 약간 기울여, aspirator로 배지를 흡입한다(★1).

- 60 mm dish는 높이가 낮기 때문에 어렵지만, 손가락이 dish 가장자리까지 미치지 않도록 잡는다.
- Dish를 가볍게 돌려서 배지를 흔들어준다[ⓗ].
- 가능한 한 dish 벽면에 가까운 곳에서 흡입한다[ⓘ].
- 피펫을 벽면에 평행하게 접촉시키는 것은 피한다[ⓙ].
- 처음에는 수평에 가깝게 유지하고, 배지가 감소함에 따라 기울인다.
- 배지를 완전히 흡입하고자 할 때는, 그대로 2초 정도 흡입을 계속하여, 기울인 dish 밑바닥에 고인 배지도 흡입한다[ⓚ].

ⓗ 침전되어 있는 죽은 세포 등을 부유시켜 흡입해 내기 위하여.

ⓘ 피펫 끝으로 바닥면의 세포를 긁지 않도록 하기 위해.

ⓙ 피펫을 dish 벽면에 평행하게 갖다 대면 모세관현상으로 배지가 상승하여 dish의 가장자리까지 올라오게 된다. Dish 가장자리는 손이 닿을 가능성이 있기 때문에 잡균이 있을지도 모른다. Dish 가장자리까지 올라온 배지는 잡균에 접촉될지도 모른다. 평행하게 접촉하면 액체가 올라온다.

ⓚ 단 시간이 너무 걸리면 세포 표면이 건조해진다. 건조해지면 세포가 죽는다.

× 피펫이 dish 끝에 닿아 있다.

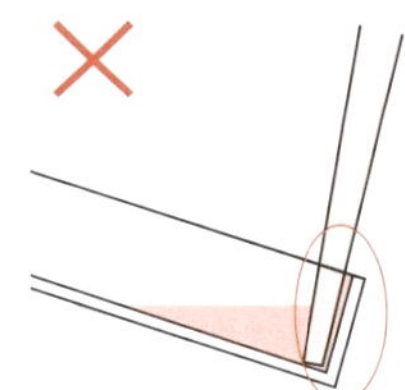

× 피펫과 dish 사이로 배지가 올라온다.

○

❿ Dish를 놓는다.

- 짧은 시간이라면 그대로 두어도 되지만, 시간이 걸릴 것 같으면 뚜껑을 덮어둔다.
- 뚜껑을 놓지 않고 쥐고서 실험하는 방법을 취하면 그때마다 뚜껑을 덮을 수가 있다 「❽의 사진 참조」.

⓫ 피펫 끝을 위로 향하게 하여 액체가 완전히 없어지도록 한다(몇 초로 충분).

⓬ 피펫을 관에서 빼내어, 피펫을 버리는 통에 넣어둔다.

⓭ Aspirator와 연결되어 있는 관을 hock에 걸어둔다.

⓮ Aspirator 스위치를 끈다.

## 피펫을 버릴 때

일회용 제품을 이용하는 여유가 있는 연구실에서는 이 부분은 무시해도 좋다.

피펫뿐만아니라, **재사용하는 것은 세정할 때까지 결코 건조시키지 않는 것이 기본원칙**이다.

배지 성분은 비교적 물에 잘 녹는 것이 많다고는 하지만, 일단 건조되면 세제를 사용하여 솔로 문질러도 잘 지워지지 않는 경우가 많다. 특히, 피펫은 내부를 문지르는 것이 불가능하므로, 건조되지 않도록 하는 것이 중요하다.

비교적 깊이가 있는 물통 등에 충분한 양의 세제를 녹인 물을 넣어두고, 이것을 피펫을 버리는 통으로 하여 사용한 피펫을 넣어 둔다. 피펫 전체가 물에 잠겨 있는 것이 바람직하다.

익숙해져서, 보지도 않고(확인하지 않고) 피펫을 던져 넣을 경우, 이미 피펫을 넣는 통에 들어 있는 피펫 구멍에 정확하게 꽂히는 경우가 종종 있다. 이렇게 되면 두 개의 피펫 모두를 못 쓰게 한다. 익숙해져도 하지 않도록 한다.

## 클린벤치 내 조작에 관해서

**Dish는 가능한 한 클린벤치 안쪽에 두고, 안쪽에서 작업한다.**

- 처음에는 앞쪽에서 조작하기 쉽지만, 앞쪽일수록 잡균에 접촉되기 쉽다.

**Dish 안쪽에 배지 병 등의 물건을 두지 않는다.**

- 물건 표면은 glove가 닿는다. 손은 잡균의 원천이므로(라고 생각하고), glove를 사용하더라도 닿은 물건 표면에는 잡균이 있다고 생각한다.
- 안쪽(혹은 위쪽)에서 붙어 나오는 무균공기에 의해 표면의 잡균이 떨어져 흘러와 dish에 들어갈 지도 모른다.

**뚜껑을 열어 놓은 dish 위로 손이나 물건을 움직이지 않는다**①.

- 이것도 마찬가지로 손 혹은 물건표면에서 잡균이 떨어지는 것을 막기 위해서이다.

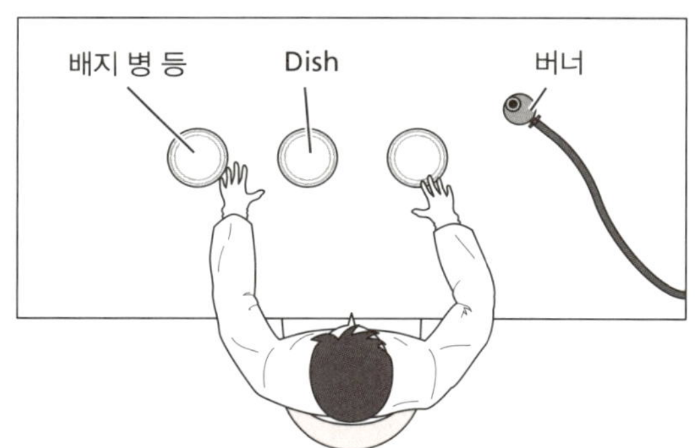


① Dish 뚜껑이 깨끗하지 않은 경우에는 ❽의 그림처럼 dish 뚜껑을 dish 위에 둔 채로의 조작은 위험할지도 모른다.

## Step 8 새 배지를 첨가한다

중요 ★ Aspirator로 배지를 흡입하고 나서 배지를 첨가하기까지 가능한 한 재빨리하지 않으면 세포가 마른다. 마르면 확실히 죽는다. 특히 실온이 높아 건조하면 세포도 빨리 마른다.



❶ 5 mL 메스피펫[a] 통을 천천히 거꾸로 하여 피펫을 앞쪽으로 꺼내 놓는다.

- 피펫 통을 수평이 되게 하여 뚜껑을 연다(통의 몸체는 움직이지 않도록 한다).
- 뚜껑 안쪽이 아래 혹은 옆 방향이 되도록 하여 둔다[b].

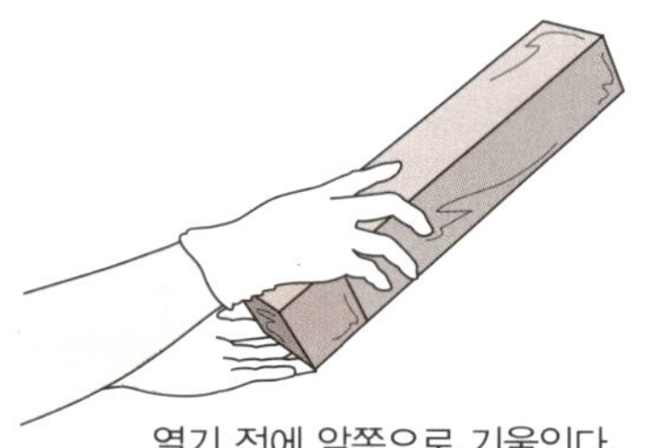

열기 전에 앞쪽으로 기울인다.

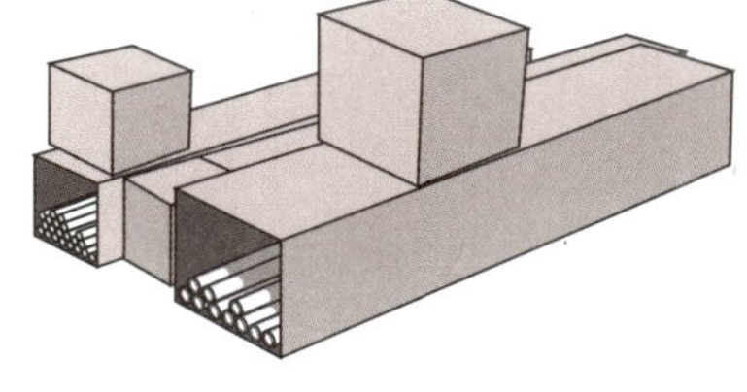

뚜껑은 아래쪽 방향 혹은 옆방향이 되도록 해 둔다.

ⓐ 배지를 흡입할 때와 달리, 배지를 첨가할 때는 계량 정확도가 높은 메스피펫을 이용한다.

ⓑ 잡균이 위에서 떨어져 들어가는 것을 방지하기 위해.

❷ Aspirator의 스위치를 켠다.

❸ 핀셋을 꺼내, 끝부분을 버너로 화염멸균한다[c].

ⓒ 살짝 화염멸균하면 균은 죽는다. 빨개질 만큼할 필요 없다.

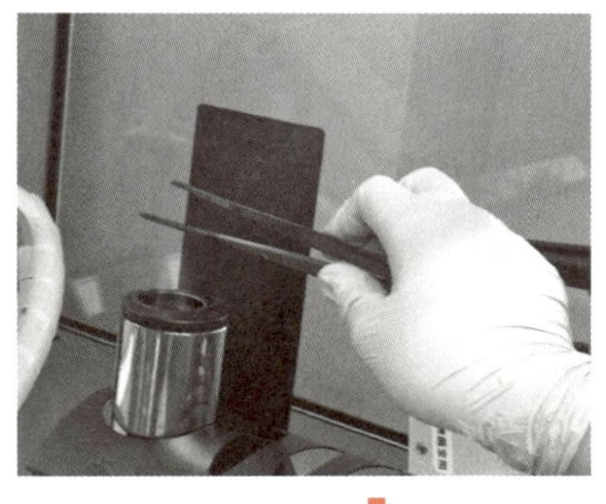

❹ 핀셋으로 5 mL 메스피펫을 몇 cm 꺼낸다[d].

ⓓ 아무리 glove를 끼고 알콜솜으로 닦아도, glove는 잡균의 원천이라고 생각할 것. 직접 손으로 꺼내면 다른 피펫에 손이 닿기 마련이다.

❺ 5 mL 메스피펫의 밑 부분을 잡고 통에서 꺼낸다.

- 이때, 피펫의 끝이 다른 피펫의 밑 부분에 닿지 않도록 한다[e].
- 이후, 피펫은 항상 밑 부분(밑 부분에서부터 몇 cm 정도의 범위)만을 잡을 것.

ⓔ 통의 뚜껑은 비어 있으므로 피펫의 밑 부분은 낙하하는 잡균에 묻어 있을 가능성이 있다.

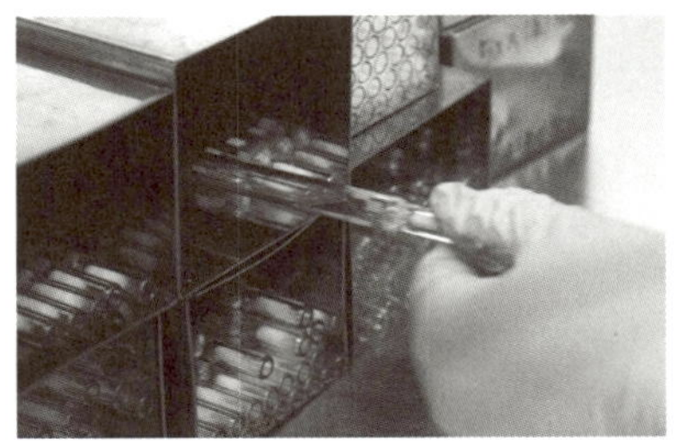

❻ 5 mL 메스피펫을 화염멸균한다[f, g].

- 불 속에 넣어 천천히 1왕복시킨다(왕복으로 2~3초 정도가 목표).

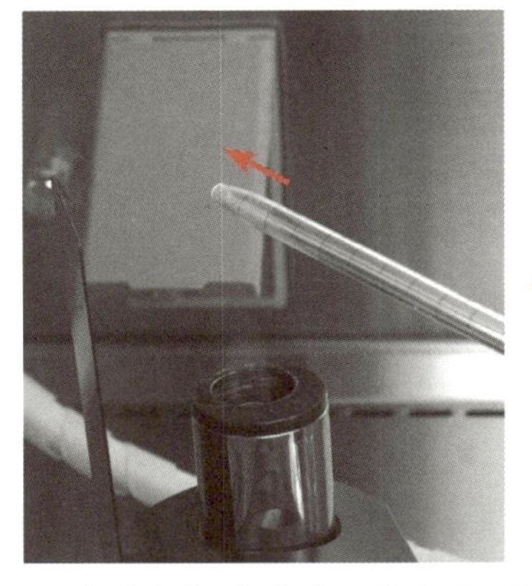

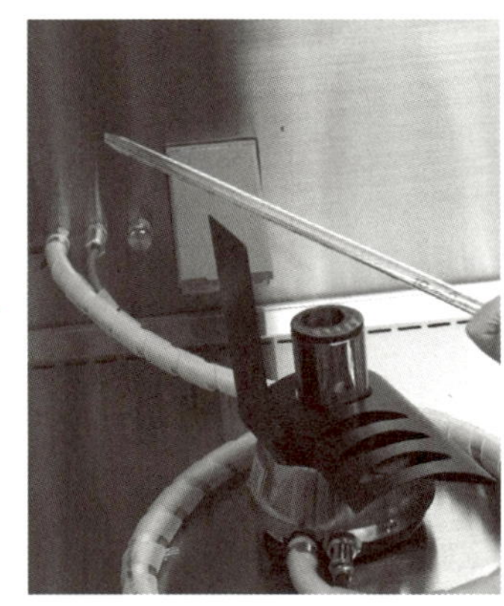

- 끝에서부터 화염멸균해서 손 쪽까지 오면 손목을 돌려 회전시켜 멸균하지 않은 쪽을 화염멸균한다.

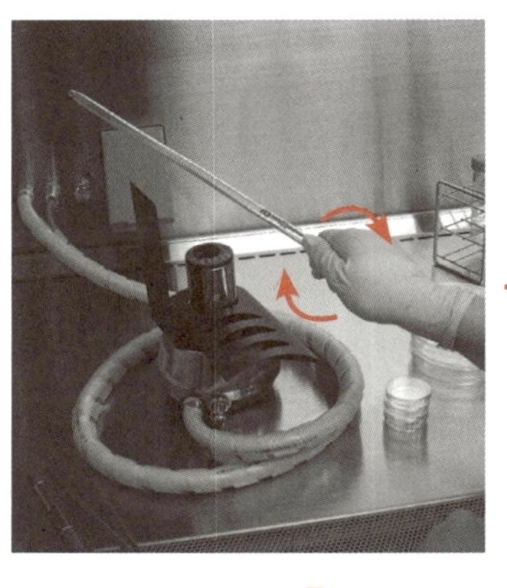

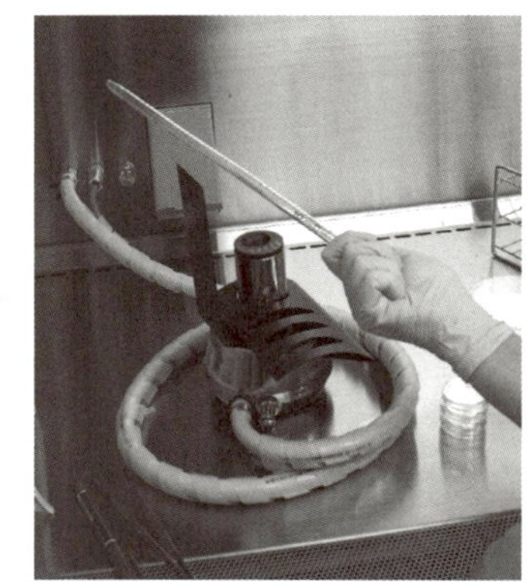

2개의 사진에서 손목의 차이에 주의

❼ 5 mL 메스피펫을 전동 피펫 에이드에 끼운다.

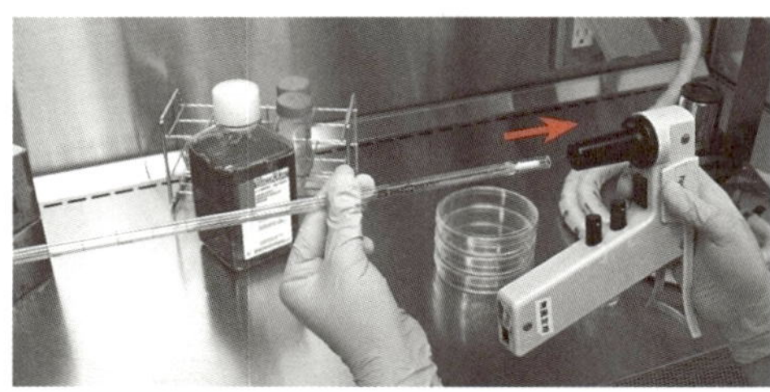

- 이때 피펫 끝에서 솜이 나와 있다면, 불꽃으로 순간 화염멸균해서 솜을 태운다[h].

ⓕ 갈 때 1초, 돌아올 때 1초로 충분하다. 1초는 결코 짧은 시간이 아니다(의외로 길다). 한순간 피펫이 하얗게 되지만(증기가 발생하는 느낌), 바로 사라진다.

ⓖ 지나치게 화염멸균하면 피펫이 지나치게 뜨거워진다. 맨 처음에는 감각을 익히기 위해 화염멸균한 뒤에 어느 정도 뜨거운 지 시험해 보자. 물론 그 피펫을 사용하지 않도록.

ⓗ 그렇게 하지 않으면, 피펫 에이드와 피펫이 밀착하지 않아서 액체를 흡입할 때에 공기가 딸려온다.

❽ 왼손으로 배지 병 뚜껑을 쥔다.

◆ 몇 가지 방법이 있는데, 어느 방법이든지 익숙해지면 된다.

1) 왼손으로 뚜껑을 들고 바닥에 두는 방법
  • 뚜껑은 안쪽을 아래로 향한다ⓘ.
2) 뚜껑을 바닥에 두지 않고 왼손으로 쥔 채로의 방법

ⓘ 가장 쉬운 방법이지만, 왼손으로 뚜껑을 닫을 때에 눈이 그쪽에 집중하기 때문에, 그 사이에 피펫 끝에서 공기가 들어가거나 배지가 떨어지기 쉽다.

뚜껑을 쥐는 법

검지와 중지 사이에 끼운다.

중지와 약지 사이에 끼운다.

❾ 왼손으로 배지 병을 쥐고, 조금 기울여, 메스피펫으로 4 mL 채취한다.

• 배지가 묻은 피펫 끝을 병 입구 부분에 닿지 않도록 해서 병에서 빼낸다ⓙ.
• 배지 병을 세운 상태에서 피펫을 조작하지 않도록. 피펫 에이드에서 잡균이 낙하할 가능성이 있기 때문이다.
• 배지 병의 액체량이 적은 경우 피펫이 병 깊숙이 들어가기 때문에 손으로 만진 부분이 배지 병 안까지 들어가지 않도록 피펫을 장착하거나 뺄 때에 주의할 필요가 있다.

ⓙ 입구 부분에 묻은 배지는 오염의 원인이 된다.

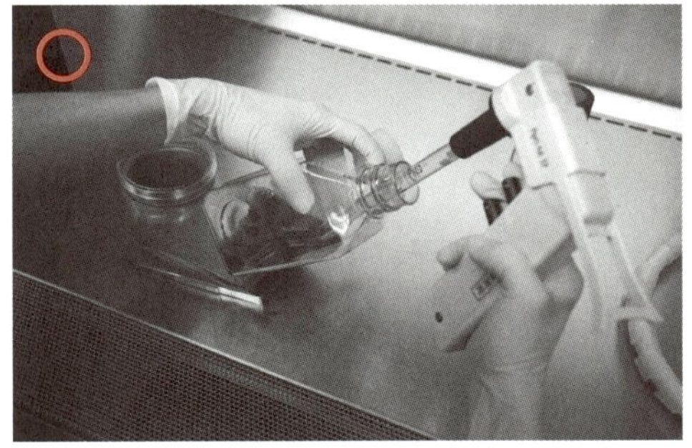

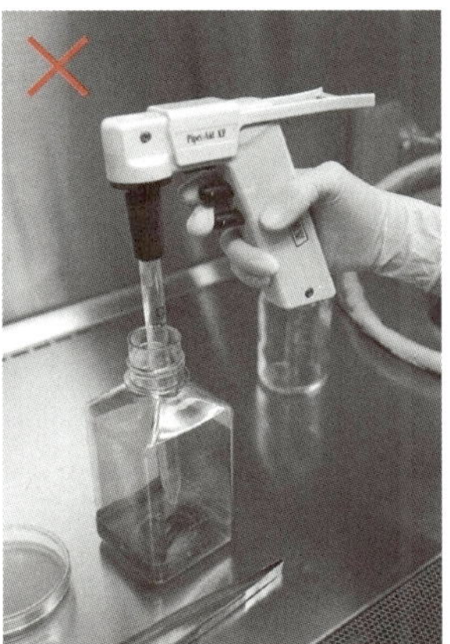

오른쪽에서는 피펫 에이드의 잡균이 낙하해서, 오염을 일으킬 가능성이 있다.

❿ 배지 병 뚜껑을 닫는다ⓚ.

⓫ 배지 병을 놓고, 왼손으로 dish 뚜껑을 들어내고 배지를 넣는다(★1)ⓛ.

• 세포가 살아 있는 경우의 배지 교환은, dish 벽에서 배지를 천천히 넣는다. 배지를 dish의 가운데에 넣으면, 세포에 따라서는 떨어져 버린다(아래 사진 참조).

**Point**

★1 배지의 첨가 방법
• 세포가 떨어지지 않도록 dish를 기울인다.
• 거품이 들어가지 않도록 피펫에서 액체가 나온 후에는 공기를 내뿜지 않는다ⓜ,ⓝ.

ⓚ 병에 얹어 둘 뿐.

ⓛ 2장의 dish에 배지를 첨가할 때는 10 mL의 피펫에 8 mL을 취하여 4 mL씩 넣어도 된다.

ⓜ 액체가 나온 다음 피펫에서 공기를 밀어내면 거품이 반드시 발생한다. Dish 가장자리까지 닿을 만한 큰 거품은 오염의 원인이 된다(Dish 가장자리는 손이 닿는다). 작은 거품이 많이 발생하여도 마찬가지.

ⓝ 거품을 제거하는 법.
큰 거품이나 작아도 많은 거품이 있으면, 피펫 또는 aspirator로 흡입한다. 핀셋을 화염멸균하여 거품에 갖다 대면 거품이 터지지만 물방울이 튀기므로 권장사항은 못된다.

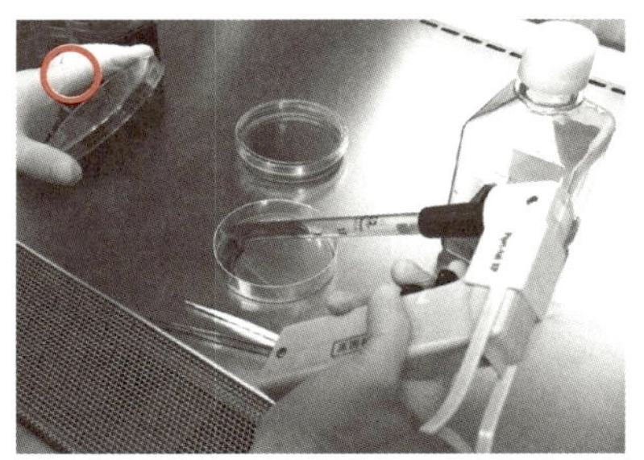

◆ 2장을 동시에 할 때(익숙해진 후에)

• Dish를 겹쳐 쌓은 상태로 배지를 넣을 때는 밑에서부터 순서대로 넣는다. 겹친 상태로 뚜껑을 연다. 뚜껑 가장자리에 손가락이 닿지 않도록 주의해서 넣는다. 익숙해지면 10장 정도의 dish를 겹친 상태로도 가능하다. 다만, 배지를 흡입한 후 세포가 마르지 않도록 재빨리 넣을 자신이 없으면 그만두는 편이 낫다.

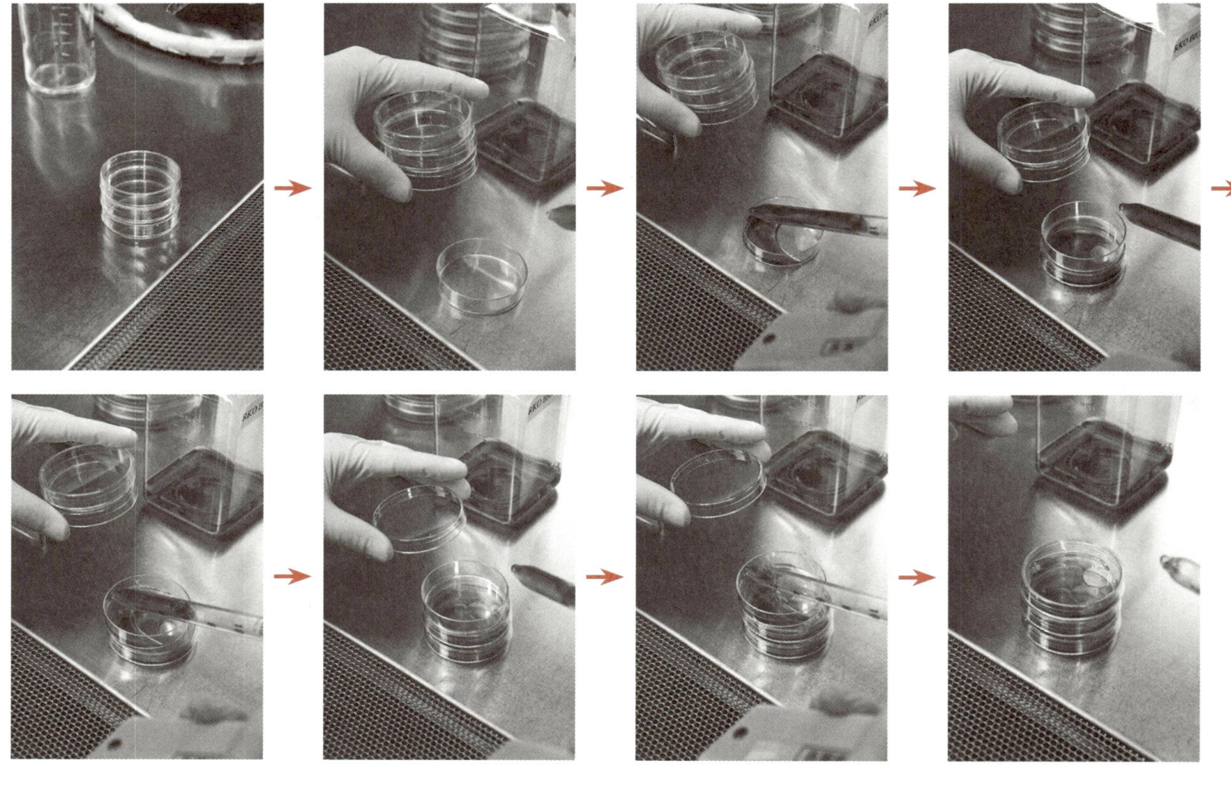

⑫ Dish의 뚜껑을 닫는다[o].

⑬ 피펫 에이드에서 피펫을 제거하여 피펫 버리는 통에 넣는다[p].

⑭ 배지 병 입구를 화염멸균하고, 뚜껑도 살짝 화염멸균한 다음 뚜껑을 닫는다[q].

ⓞ 뚜껑을 부딪히지 않도록

○ ×

우측 그림처럼 뚜껑과 몸체의 위치가 빗나간 채로 뚜껑을 덮으면 뚜껑이 몸체에 부딪힌다.

ⓟ 마지막까지 클린벤치나 바닥에 배지를 흘리지 않도록 주의한다.

ⓠ 뚜껑을 부딪히지 않도록. Dish를 부딪혀서 휙 뒤집히면 큰일이다.

## 한번 사용한 피펫은 배지 병으로 다시 옮기지 말 것!

세포가 자라고 있는 dish에 배지를 첨가하는 데 사용한 피펫은 다시 배지 병에 넣어서는 안 되고, 피펫을 버리는 용기에 버리는 것이 기본원칙이다(오늘의 실습에서는 한 번 밖에 배지를 첨가하지 않으므로, 필요 없는 주의이지만).

피펫 끝부분에는 떠있는 세포나, 때로는 모르는 사이에 dish에 붙어 있던 잡균이 묻어 있을지도 모른다. 그러한 피펫을 다시 배지 병에 넣는다면, 배지가 세포나 잡균으로 오염되는 원천이 된다. 일단 배지가 오염되면, 그 배지를 사용한 모든 실험에 치명적인 결과를 가져올 가능성이 있기 때문이다. 여러 가지 실험에 사용할 가능성이 있는 배지의 관리에는 최대한의 주의를 기울일 필요가 있다.

그러면 100장의 dish에 배지를 첨가해야 할 실험의 경우에도, 일일이 피펫을 교환하지 않으면 안 되는가? 그러한 실험을 할 때에는 배지 병을 1회나 2회 혹은 그 실험의 범위 내에서 모두 사용해 버리게 될 것이고, 그렇다면 오염이 되었다고 가정해도 그 실험 하나만이 잘못되리라고 생각한다면 하나의 피펫만을 사용하여도 문제가 없을 것이다.

## 배지를 흘렸다면

### 클린벤치에 흘렸을 경우

1) 양이 많을 때는 aspirator로 흡입한다.
   소량이면 잘 짠 알콜솜으로 우선 닦아낸다.
2) 다른 알콜솜으로 주위에서부터 중심부를 향해 잘 닦아 낸다(오염이 번지지 않도록).

### Dish 표면에 흘린 경우

위와 마찬가지로 알콜솜으로 잘 닦는다. 단, 완전히 닦아내지 못하고 배지성분이 남아 있으면, $CO_2$ incubator에 넣은 후에 습기를 빨아들여 곰팡이가 번식하는 원천이 된다.

### Dish 뚜껑과 dish 사이에 배지가 들어갔을 경우

오염의 위험성이 높으므로, 그러한 dish는 버린다. 어떻게 해서라도 사용하지 않으면 안 될 경우에는 알콜솜으로 잘 닦아내는 수밖에 없지만 바람직하지 않다.

### 바닥에 흘린 경우

마찬가지로 알콜솜으로 잘 닦는다. 흘린 것을 모르고 그 위를 걸어 다니면 배양실 전체에 배지성분을 오염시켜, 곰팡이나 잡균이 번식하는 원천이 된다.

# Step 9 Dish를 incubator에 넣는다

❶ Dish 뚜껑에 세포명, 소유자명, 그 외 필요한 정보를 기입한다[ⓐ,ⓑ].

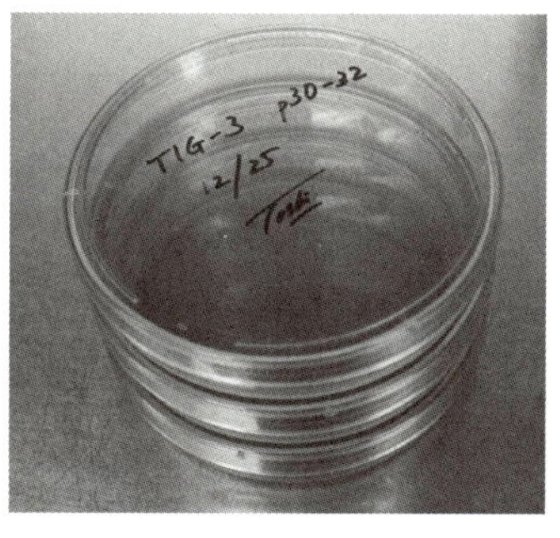


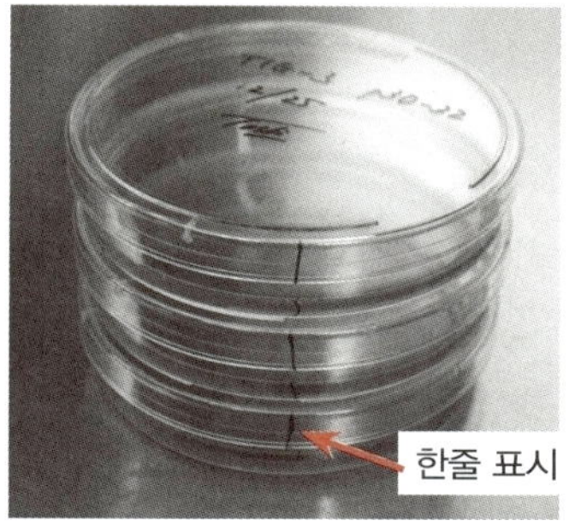


ⓐ 누구 것인지 모르는 dish가 incubator 안에 있어서는 안 된다. 다만 오늘 연습에서는 이미 기재되어 있을 것이다.

제1일 무균조작 기본을 몸에 익히자!

❷ 세포에 이상은 없는 지 현미경으로 관찰한다[ⓒ].

- 현미경의 재물대를 알콜솜으로 닦아낸 다음에 dish를 올려놓는다.
- 보고 난 후에는 현미경 스위치를 끈다[ⓓ].

❸ Dish를 incubator에 넣는다[ⓔ].

❹ Protocol에 실험 종료 시간을 기입한다.

❺ 피펫 통의 뚜껑을 닫는다(종종 잊으므로 주의).

❻ 배지 병을 클린벤치에서 들어낸다.

- 들어내기 전에 뚜껑을 확실하게 닫는다.
- 한번 가볍게 화염멸균하다(뚜껑 부분만)[ⓕ].
- 뚜껑 주변을 비닐 테이프로 감아도 좋다.
- 병을 꺼내면 알루미늄 호일을 씌운다.

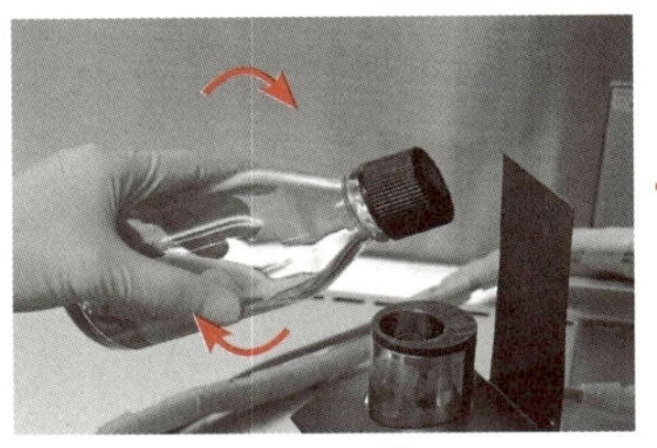

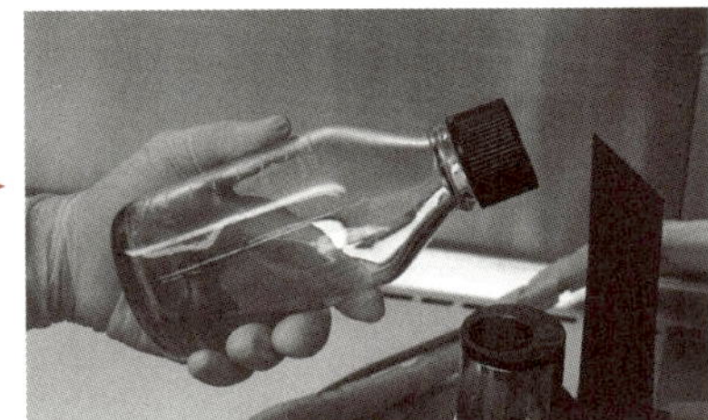

❼ 클린벤치를 종료한다.

- 가스버너를 끈다(점화용 불, 버너의 양쪽 모두를 잠글 것).
- 가스의 개폐장치를 잠근다.
- 클린벤치 내를 알콜솜으로 닦는다(안쪽에서 바깥쪽으로)[ⓖ].
- 클린벤치 앞면의 유리 바깥쪽도 알콜솜으로 닦는다[ⓗ].
- Fan을 끈다.
- 문들 닫는다.
- 형광등을 끈다.
- 살균등을 켠다.

ⓑ Dish 100장의 실험을 할 때에도 각각의 dish에 기재해야 하는가?
→ 대량의 세포를 plating하는 실험에서는 몇 십 장의 dish에 세포 이름을 쓰는 사이에 세포가 약해져 버릴 것이다. 이럴 때는 사진처럼 가장 위의 dish에만 이름을 쓰고, 이 이외에는 매직으로 실선을 표시 한다(**왼쪽 사진**). 복수 샘플이 있을 때는 「2줄 선」「3줄 선」 등을 그리면 된다. 다만, 계대(**제2일 실습 1**을 참조)를 행하는 원 세포는 반드시 정식 이름을 쓰는 버릇을 들이자. 누군가 위치를 바꾸어 알 수 없게 되면 실험을 망치게 된다.

ⓒ 오늘 조작으로 일어날 수 있는 이상은 배지를 흡입하거나 첨가하거나 할 때에 세포가 부분적으로 떨어질 염려가 있는 점이다. 물론 이상한 것이 배지 중에 떠 다녀서는 곤란하다.

ⓓ 신경을 쓰는 무균조작이 끝나면 긴장이 풀어져 잊는다.

ⓔ Dish를 운반할 때의 주의할 점은 앞의 서술(**Step 5**)과 같다.

ⓕ 손에서 뚜껑으로 옮겼을 가능성이 있는 균을 죽이기 위해서.

ⓖ 배지의 비말은 의외로 멀리까지 날아갈 가능성이 있기 때문에 넓은 범위를 닦아둔다.

ⓗ 이마가 닿아 피지가 붙거나 타액이 비산하는 경우가 적지 않다.

## Step 10 뒷정리

❶ 배지를 냉장고에 넣는다.

❷ 쓰레기(오늘은 알콜솜 뿐)를 버린다[ⓐ, ⓑ].

❸ 배지를 흡입한 폐액용기의 세정(이것은 액체가 어느 정도 모여 있는가에 따라 다르지만, 1일 1회 정도로 충분)[ⓒ]

ⓐ 다음 페이지 해설 「쓰레기 처리」를 참조할 것.

ⓑ 쓰레기가 적을 때는 다른 사람의 쓰레기 봉투와 합치거나 하는 등을 궁리한다.

ⓒ 폐액용기에 크레졸 세척액을 넣는 경우는 폐액처리 전용용기에 모은다. 크레졸 세척액을 넣지 않은 경우는 사용자가 반드시 사용할 때마다 버리고 폐액용기를 세정한다.

↓

❹ 사용한 피펫의 세정[d]

↓

❺ 손이 거칠어지는 사람은 핸드크림을 잘 발라 둔다.

↓

❻ Protocol을 정리한다.

ⓓ **특별실습 2-4**를 참조할 것.



이상의 조작은 처음에는 30분 혹은 그 이상 걸릴지도 모른다. 너무나 주의할 부분이 많아서, 처음에는 서투르기 마련이다. 익숙해지면 5분이나 10분 정도로 충분하다(단순히 먹이를 주는 것이기 때문에). 여러분의 선배는 이런 조작들을 거의 무의식적으로 손을 움직이면서 할 것이다. 간단한 작업이래도 배지를 흘리거나 하는 등의 다양한 실수를 일으키기 쉽다. 세포가 말라 죽었다, 오염이 일어났다 등의 것은 매일 관찰하면 알 수 있다(오염이 심하면).

## 쓰레기 정리

원칙적으로 세포에 닿은 것, 세포를 포함하는 것은 미생물의 오염이라고 생각해서 멸균해서 버릴 것. 예를 들면 피펫은 세제를 포함하는 물에 충분히 집어넣어 미생물을 변성, 용해시킨다(완전하지는 않지만). Aspirator로 흡입한 배지는 살균액(크레졸 등)을 포함한 폐액용기로 회수하고 나서 폐액전용 회수용기에 저장하고 폐액처리를 한다. 크레졸을 넣지 않은 경우는 autoclave해서 버린다.

그 외 일회용 실험기구, 용액은 모두 autoclave bag에 회수하고 실험종료 후 autoclave하여 미생물을 죽이고 나서 씻거나 버리거나 한다. 재사용하지 않는 유리병이나 유리 flask 등도 autoclave bag에 넣어 autoclave 후에 버려도 되지만 다시 다른 스테인리스 통에 넣어 autoclave해도 된다. 액체물이 많을 때는 멸균 통으로 autoclave 후에 액체와 그 밖의 것을 나눈다.

바이러스나 유전자치환 DNA 같은 biohazard 염려가 있는 것을 사용한 경우에 대해서는, 규정대로 처리하게 되는데 이 책을 이용하는 초보자의 영역을 뛰어넘기 때문에 상세한 것은 기술하지 않는다. 다만, 오염된 경우와 같이 소재불명의 미생물의 혼입이 밝혀진 경우에는, biohazard에 준하여 취급하는 것이 안전하다. 예를 들면, 피펫도 보통 피펫을 버리는 통에 넣지 않고 autoclave bag에 넣는다. 배지 등도 aspirator로 흡입하지 않고 배지 회수용 작은 병(물론 멸균되어 있는 것) 등을 준비해서 이걸로 회수해 autoclave bag 또는 통에 넣는다. Autoclave를 사용하여 멸균한 뒤 폐기할 것들은 폐기하고, 재사용하는 실험도구는 씻는다. 피펫처럼 끝이 뾰족한 것을 autoclave bag에 넣는 경우, 봉지가 찢기지 않도록 주의한다. 많은 대학에서는 실험폐기물로 처리하는데 폐기물의 분류·구분은 충실하게 지킬 것.

### Autoclave 사용상의 주의

**Point**

★1 배양하면서 나온 쓰레기는 당일날 autoclave한다!

★2 Autoclave 사용 중에는 누가 쓰는 지 이름을 써 둔다!

★3 Autoclave에 너무 많이 채우지 말 것!

배양 등으로 나온 쓰레기는, 가능한 한 사용한 당일 autoclave한다(★1, 또한 autoclave에 관해서는 **특별실습 2-1**도 참조할 것). 다양한 크기의 autoclave bag이 시판되기 때문에 사용하는 autoclave 크기에 맞는 크기를 사용한다. 또, 누가 쓰레기를 autoclave하는지 알 수 있도록 뚜껑에 메모를 붙여 이름을 써 두는 것도 중요하다(★2). 이어서 사용하고 싶은 경우나 어떤 실수가 일어났을 때에도 메모로 알린다.

Autoclave는 쓰레기 처리뿐만 아니라, 다양한 시약의 멸균에도 사용한다. 사용하기 위해 멸균하는 것은, 실온까지 온도가 내려온 후 개폐하는 것이 원칙이지만, 쓰레기 등이라면 어느 정도 온도가 내려가면(압력은 1기압이고 온도는 50℃ 이하), 개폐해도 된다.

Autoclave에 쓰레기를 너무 많이 집어넣으면 온도 센서의 파손이나 밸브의 고장이 일어나 수리하는 데 거금의 비용이 발생한다(★3). Autoclave를 하면 플라스틱류는 녹아 변형될 뿐이다. 이것은 당연하지만, 억지로 autoclave를 걸어 쓰레기를 빼 낼 수 없을 뿐만 아니라 온도 센서가 파손되어 망가진 경우가 있었다. 아무쪼록 신경 쓰길 바란다.

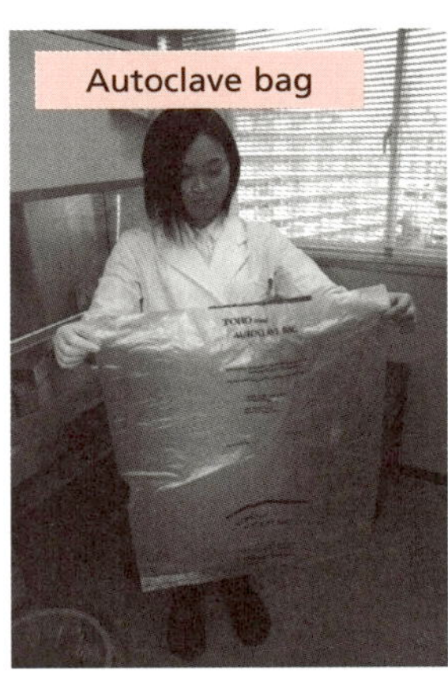

## ▶복습

클린벤치가 비어 있다면 2번 더 연습해 보도록 한다. 오늘의 실습이 실험노트 # 0001이기 때문에 실험노트 # 0002, # 0003이 된다(다음날 실습은 # 0004부터 시작한다). 조작 연습뿐이라면 세포를 배양하고 있지 않은 빈 dish를 사용해도 되지만, 가능하면 세포가 자라고 있는 dish를 사용하는 것이 바람직하다. 처음에는 연습을 하면 할수록 익숙해져, 시간이 점점 단축되는 것을 자신도 알게 된다(알게 되기를 바란다).

## 내일 준비

1) 내일 실습에 대해 예습한다.
2) Protocol을 작성한다.
3) 의문점 등을 지도자에게 잘 물어 둔다.
4) 조작순서나, 주의해야 할 곳을 잘 생각하여 기억해 둔다.
5) 실험순서를 생각하면서, 처음부터 마지막까지 기억해 본다.
6) 선배가 조작하고 있으면, 방해가 되지 않도록 하면서 잘 보아 둔다.

내일 실습은 오늘 실습내용을 잘 알고 있다는 전제하에 행하게 되므로, 주의점을 잘 복습하여 둔다. 실습은 원리도 중요하지만 무엇보다 익숙해지는 것이 중요하므로, 머릿속에서 조작을 여러 번 반복해 본다.

## 상식으로서 공부해야 할 것

상세한 것은 다른 책 혹은 연구실에서 하는 방법을 배우는 것으로 하고, 다시 한 번 사전강의를 훑어보고 기본적인 사항을 확인해 두자.

**네, 수고하셨습니다.**

긴장이 풀려서, 피곤이 밀려온다. 처음에는 「단순히 먹이 교환만으로 이렇게 피곤한가?」라고 생각될 것이다. 그러나 끝나고 보면, 의외로 할 수 있을 것 같다고 생각하지 않았는지? 3번 정도 배지 교환을 반복 해보고 나면 「이 정도는 어떻게든 할 수 있다」라고 생각하게 된다. 그것으로 충분하다. 무균조작은 「어떻게든 할 수 있다」는 자신을 가지고 다음으로 넘어가자.

# 계대 방법과 세포수 계측법을 몸에 익히자!

**오늘의 도달목표**

- 계대(세포를 계속 기른다)의 방법을 몸에 익힌다.
- 세포수를 목적에 맞는 방법으로 셀 수 있도록 한다.

**실습포인트**

- 무균조작의 기본(잡균의 혼입을 최소한으로 하는 것)을 지킨다.
- 세포 상태를 정확히 확인하면서 조작을 행한다.
- 균일하고 변덕이 없는 정밀도가 높은 조작을 하는 것을 명심한다.

이제는 배양실 출입도, 무균 조작도, 그렇게 어려운 일이 아니라는 자신감이 조금은 생겼다. 어제에 비하면 긴장감은 있지만, 불안감은 많이 줄어들었다. Dish에서 배양한 세포를 분리하여 또 다른 dish에 배양하는 기본 중의 기본이 되는 조작에 들어가 보자. 이것만 할 수 있다면, 세포를 배양할 수 있게 되므로 시작해보자.

오늘 실습의 주의점도 실제로 선배에게 배울 때는 말로 주의 받을 수 있을 정도의, 혹은 보면 알 수 있을 정도의 것들이다. 쓰면 길지만, 실제로는 전혀 대단한 일이 아니므로, 놀라지 않기를 바란다. 조금만 익숙해지면 거의 생각하지 않고도 저절로 손이 움직이게 될 만한 정도의 내용이다.

## 실습 1 세포 계대

여기서는 세포배양의 "기본 중의 기본"인 계대에 도전해 보자. 또한 계대 학생실습을 촬영한 영상이 이 책의 Online Supplemental Data로서 Yodo사 HP상에 공개되어 있으므로 보충으로 활용해 주길 바란다(**http://www.yodosha.co.jp/jikkenigaku**).

★ 아래의 단어는 이번 실습의 키워드이기 때문에, 사전강의를 읽고 의미를 확실히 이해해 두자!

→ contact inhibition / confluent / pile-up / PDL / passage

### 1 계대를 행하기 전에 알아두어야 할 것

▶ **계대 희석률을 결정하는 데는 몇 가지 원칙이 있다.**

#### 1) 계대법이 정확하게 지정되어 있는 경우

마우스의 3T3세포처럼 3일 마다 $3 \times 10^5$ 세포를 60 mm dish에 plating하는 것이 정해져 있는 경우에는 정확하게 그것을 따른다(이 방법을 따르지 않으면, 세포의 성질이 확실하게 변한다. 정확히 따른다 할지라도, 세포의 성질이 변하는 경우가 가끔 발생한다).

#### 2) 분열횟수(PDL)의 측정을 필요로 하는 경우

사람의 정상 세포처럼, 세포분열 횟수가 제한된(세포가 노화된다) 경우, 몇 번 분열한 세포인가에 따라 세포의 성질이 다르기 때문에, 4배 혹은 8배 등 상당히 정확한 희석배율을 정하여 plating한다. 정상세포의 경우, 너무 많이 희석하면 세포의 부착능력이나 증식이 나빠지는 경우가 많기 때문에 가능한 한 8배나 16배 정도까지의 희석으로 그치는 것이 무난하다.

### 3) 암세포의 경우

일반적으로 암세포는 증식을 잘하기 때문에, 희석을 많이 하여도 문제가 되지 않는 경우가 대부분이지만, 세포마다 성질이 다르기 때문에, 각각의 성질에 따르는 것이 무난하다. 너무 많이 희석하여 계대하면, 일부 세포만이 선택되어 집단으로서의 성질이 변화해 버릴 수도 있다. 암세포처럼 계대수를 신경 쓰지 않는 세포에서도 유전자를 도입하거나 하는 경우에는 도입후의 계대수(passage)를 카운트해 둘 필요가 있다. 유전자에 따라서는 표현형이 나타나서 안정되기까지 시간이 걸리는 경우 등이 있기 때문이다.

### ▶ 계대 간격, timing에도 몇 가지 원칙이 있다.

일반적으로, 정상에 가까운 세포는 contact inhibition(dish를 가득 채울 정도로 증식하면 증식이 정지한다) 성질이 있으므로, 이러한 성질을 유지하기 위해서는 dish에 가득하게 되기 전에 혹은 가득하게 되면 곧바로 계대하는 것이 일반적이다(3T3세포는 그러한 성질이 두드러지게 나타나는 예이다). Confluent(dish에 가득한 상태) 상태에서 계속 배양하면, confluent한 상태에서도 증식하는 세포가 점차로 증가하여 contact inhibition 성질이 없어지게 된다.

정상 섬유아세포처럼 세포외기질인 collagen 등을 합성·분비하는 세포는 confluent한 상태가 되면 세포의 결합조직을 구성하는 단백질의 합성·분비가 상승하게 된다. 이 경우 trypsin 등으로 세포를 분리시키는 것이 어렵게 되어, sheet 상으로 떨어질 뿐, 단세포의 현탁액으로 되지 않는다.

암세포는 그 정도로 신경을 쓰지 않아도 되는 것이 보통이지만, confluent하게 자란 것을 계속해서 배양하면 세포가 여러 층으로 증식하기 때문에 단일세포로 분리하여 분산시키기 어렵게 된다. 따라서 너무 빽빽하게 증식하기 전에 계대하는 것이 좋다.

어떠한 경우든, 계대 전날에 배지교환을 하여 세포를 원기 왕성하게 한 후에 계대하는 것이 바람직하다.

## 2 무균실에 들어갈 때에 준비해야 할 것

- ★ 실습서를 잘 읽고, 할 일을 머릿속에 정리해 둔다.
- ★ 실험노트를 쓰고 오늘 행할 무균조작을 머릿속에 그려 본다.
  → 준비할 것, 세포를 위한 최적의 순서, 세포를 plating하는 방법
- ★ 의문점을 정리하여 둔다(선배에게 물어둔다).
- ★ 피펫 취급방법을 연습한다.

### ▶ 피펫조작 연습

2 mL의 고마고메피펫에 고무 캡을 씌워 조작하는 등의 일은 매우 쉬운 일이다. 다만, 무균조작인 것을 의식하면 긴장해서 의외로 애먹거나 끝부분을 흔들거나 해서 병이나 dish에 부딪힐 수도 있다.

여기에서는 물이 들어간 병, 2 mL 고마고메피펫, 빈 dish를 준비해서 병에서 목적하는 양의 물을 흡입하여 안정을 유지한 채(끝부분에 공기가 들어가지 않도록, 끝부분에서 액체를 떨어트리지 않도록), dish에 넣는 연습을 해보자(**Step 4 ❻** 이후를 참조). 우선 선배가 하는 것을 본 후, 스스로 해 보자.

## 실험노트

\# 0004 세포 계대 연습 2010 年 4 月 20日 ( 화 )

**목적** 세포 계대법 연습

**준비**

- [ ] 배지 DMEM ( 2010 - 3 - 19 - 5 ) 10% FBS lot. ( Hyclone 7MO528 )
- [ ] PBS(–) ( 2010 - 4 - 12 - 6 )
- [ ] Trypsin/EDTA ( 2010 - 3 - 22 - 3 )
- [ ] 60 mm dish 1장의 세포
  세포명: TIG-3 ( 2010-4-15 plated, 2010-4-19 MC, Confluent, 45 PDL)
- [ ] 배양실에 준비되어 있는 기기, 실험기구
- [ ] 사용이 끝난 물건을 넣을 autoclave bag, 혹은 멸균통

medium change (배지교환)를 의미

**조작** ( 9 : 50 )

세포를 배양하는 dish를 incubator에서 꺼낸다.
↓
배지를 흡입한다.
↓
PBS(–) 2 mL로 2회 washing
↓
Trypsin/EDTA를 2 mL 첨가한다.
↓
실온 or 37°C

➡ Step ① ~ Step ④

현탁할 것

↓
배지 2 mL을 첨가하여 suspension
↓
0.5 mL 씩 2장의 dish에 plating (약 8배 희석)
↓
잘 섞어서, 37°C의 $CO_2$ incubator에

➡ Step ⑤, ⑥

( 10 : 20 )

### 새롭게 준비할 것

- 60 mm dish 3장의 세포
  - 오늘 실습에서는 1장만을 사용한다. 2장은 다음에 사용한다.
- PBS(–)
  - 냉장고에 보존되어 있는 제조된 것을 사용한다. 만드는 법은 **특별실습 3-3**을 참조
- Trypsin/EDTA
  - 냉장고에 보존되어 있다. 만드는 법은 **특별실습 3-3**을 참조

## Step ① 전준비

❶ 실험노트에 날짜를 기록한다.

❷ 냉장고에서 배지와 PBS(–)를 꺼내 37°C의 항온조[ⓐ]에 넣는다.
- 냉장고의 문은 꼭 닫는다.

ⓐ 설정온도는 세포의 종류나 목적에 따라 변경한다.

❸ Trypsin/EDTA 용액을 냉동고에서 꺼낸다.

- 냉동고의 문은 꼭 닫는다[ⓑ].

❹ Trypsin/EDTA 용액을 항온조에 데워서 녹인다(해설 「Trypsin/EDTA의 해동법」 참조, ★1).

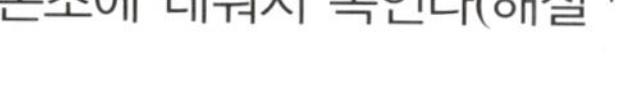

❺ 실험노트에 사용하는 용액의 lot 번호 등을 기입한다(해설 「왜 lot 번호까지 기록해 두는 걸까」 참조).

❻ Trypsin/EDTA 용액이 데워지면 모든 시약을 항온조에서 꺼낸다.

ⓑ 문이 닫힌 것을 확인하지 않으면, 냉장고 안의 것이 녹아 다른 사람에게 정말로 민폐가 된다. 문 주변에 얼음이 붙어 있는 경우에는 특히 신경 써서 문을 닫지 않으면, 제대로 닫히지 않는 경우가 있다(정기적으로 얼음을 제거하여야 한다).

**Point**

★1 Trypsin/EDTA 용액은 너무 데우지 않는다! 사용하기 직전에 데워 녹인다. 자주 사용할 때는, 4°C 보존해도 괜찮다(1개월 이내 사용을 목표로 한다).

## Trypsin/EDTA 융해법

### 해동시 주의점

- 항온조에 방치하지 말고 자주 흔든다. 얼음이 빨리 녹고 온도가 빨리 일정하게 되도록 신경 쓴다.
- 얼음이 녹으면 재빠르게 항온조에서 꺼낸다(Trypsin이 자가 분해하는 것을 피하기 위해).
- PBS, 배지, trypsin/EDTA는 37°C가 될 때까지 기다리지 않아도 된다. 실온 정도까지 데워지면 된다. 다만, 실험에 따라서는 조작하는 동안 배지 온도를 정확히 유지할 필요가 있다. 그 경우에는, 클린벤치 옆에 항온조를 두고, 배지 온도를 유지한다.

### 차가운 채로 사용해서는 안 되는 이유

- 차가운 용액이 세포에 닿으면 세포가 dish에서 뭉텅이로 떨어지는 경우가 있다.
- 사용 중에 병 바깥쪽에 물방울이 생겨, 클린벤치 내에 물방울이 떨어지게 된다.
- 당연한 것이지만 trypsin은 온도가 높을 때 효력을 잘 나타낸다. 언제나 실온 혹은 37°C에서 일정하게 실험하는 쪽이 재현성이 좋다.

## 연구실에서 정리해 만들어 관리한다!

배지나 trypsin/EDTA 용액을 자주 사용하는 연구실에서는, Lot를 정해서 20병 정도를 만든다. 배지는 500 mL 병이 많지만 trypsin은 대개 100 mL 병으로 만든다. 원액을 희석하기만 하면 되는 것은 클린벤치 안에서 고농도 trypsin 용액과 PBS(−)를 멸균한 비커에 섞어서 filter로 여과멸균해서 만들어 새로운 lot 번호를 할당해 관리한다. 제작기록은, 연구실 독자의 배지·trypsin/EDTA 제작기록 노트 등, 연구실 규칙을 따라서 이전의 lot 등을 기록해 둔다.

Lot 표기의 예) 2010-01-06-1: 2010년 1월 6일에 만든 1번째 병

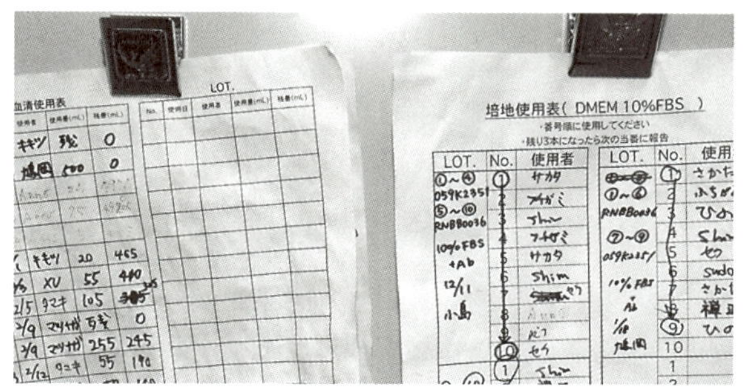


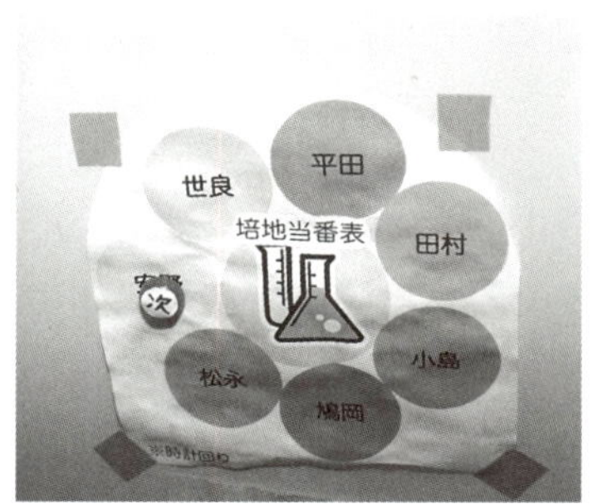

### 왜 lot 번호까지 기록해야 하는가.

Lot 번호에 따라 품질에 차이가 있어, 실험결과에 영향을 미치는 경우가 있다. 결과를 고찰할 때에 참고가 된다. 구입한 제품의 lot를 기재하는 것도 같은 목적이다. 자기가 만든 경우라도, lot에 따라서는 "잘못 만든 것"도 될 수 있다.

이후, 배양실에 들어가는 방법이나 incubator에 들어 있는 세포를 꺼내기까지는 사전강의와 제1일에 있기 때문에 참고할 것(자세히 언급하지 않는다 해서 허술하게 하지 말 것).

## Step 2 무균실에 입실

❶ Glove를 착용한다.

↓

❷ 냉장고에서 배지와 PBS(–)를 꺼내 37°C의 항온조[ⓐ]에 넣는다.

↓

❸ 클린벤치의 준비(제1일 실습 1 Step 3)

↓

❹ 필요한 것[ⓑ]을 클린벤치에 넣는다(제1일 실습 1 Step 4).

ⓐ 설정온도는 세포의 종류나 목적에 따라 변경한다.

ⓑ 새로운 60 mm dish를 클린벤치에 넣는다.

여기까지는, 제1일 배지교환의 항과 같으므로, 잊어버린 사람은 그쪽을 참고로 할 것.

### 새 dish 취급법

- 새로운 dish는 투명한 비닐봉지에 들어 있다.
- 비닐봉지 안쪽은 무균상태이다.
- 봉지를 열고나서, 가능한 다른 dish에 접촉되지 않도록(여러 번 말하지만, 손은 무균상태가 아니다) 필요한 만큼의 dish를 꺼낸다.
- 나머지는 밀봉하여 보관한다.
- 일단 꺼낸 dish는 사용하지 않았더라도 봉지에 다시 넣지 않는다(제1일째 주의한 것처럼, 공동으로 사용하는 것의 오염을 최대한 피하기 위해).

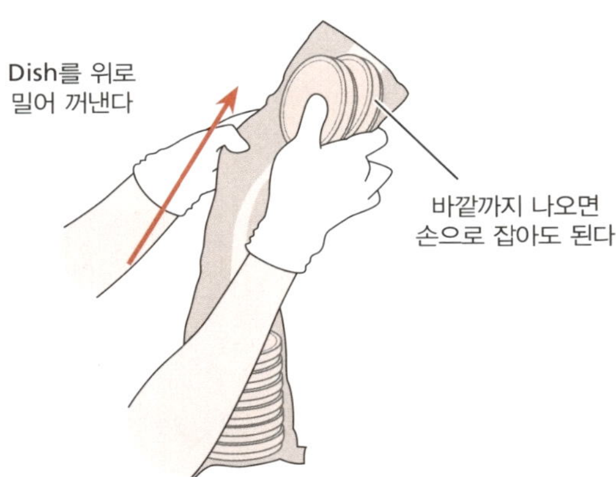


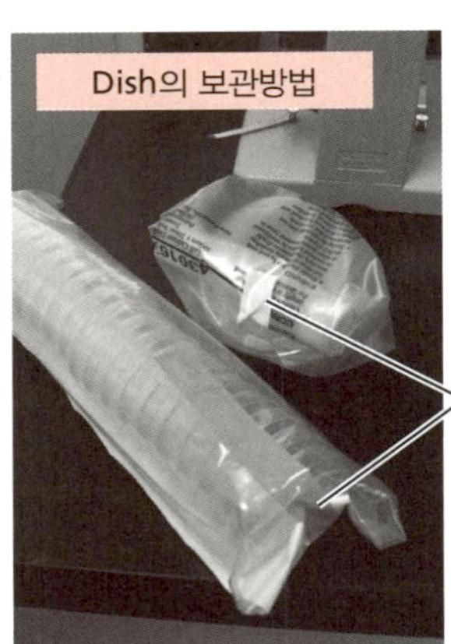


———— 이걸로 준비가 되었다. ————

## Step 3 세포의 확인과 배지 준비

〈제1일 실습 1 Step 5를 참조〉

❶ 알콜솜으로 손을 닦는다(★1).

★1 70% 에탄올을 glove에 분무해서 건조시키는 방법이 좋다. 반드시 건조시키고 나서 작업할 것.

❷ $CO_2$ incubator의 상태를 체크한다.

- 체크 포인트: 표시온도, 체감온도, $CO_2$ 농도, 습도, 보습용의 물, 배지의 색
- $CO_2$ 농도가 괜찮은 지 어떤지는, 배지색으로 판단할 수 있다. Incubator에서 꺼내 색의 변화를 관찰해 보자.

  **빨강색**(병에 든 배지색) → $CO_2$ 농도가 낮다.

  **주황색** → 양호

  **노란색** → $CO_2$ 농도가 높다. 혹은 세포가 증식하여 배지를 소모하여 산성으로 기울어 있다.

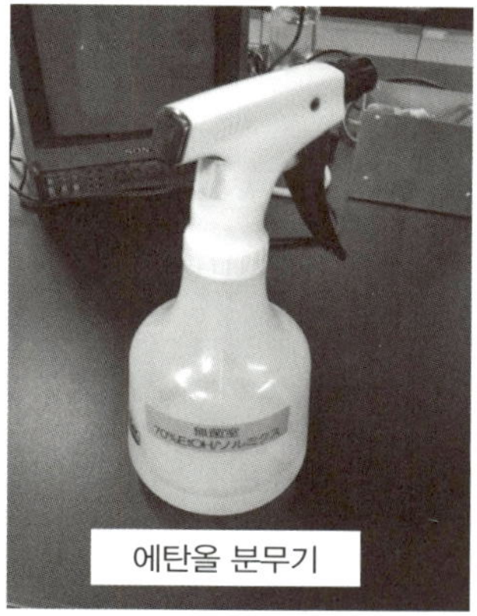

에탄올 분무기

❸ 60 mm dish를 $CO_2$ incubator에서 1장 꺼낸다.

〈제1일 실습 1 Step 6을 참조〉

❹ Dish를 육안으로 점검한다.

- 배지의 탁함, 이물, 곰팡이는 없는가?

❺ 세포를 현미경으로 주의 깊게 관찰한다[ⓐ].

❻ 현미경 스위치를 끈다[ⓑ].

❼ Dish를 $CO_2$ incubator로 바로 되돌려 놓는다[ⓒ, ⓓ].

❽ 클린벤치 안에서 PBS(−), trypsin/EDTA의 병뚜껑을 들어 입구를 화염멸균하여 가볍게 뚜껑을 닫아 둔다.

❾ 10 mL의 메스피펫을 꺼내서 새로운 dish 2장에 배지 4 mL씩 넣는다(제1일 연습1 Step 8 참조)[ⓔ].

❿ ❾의 dish를 $CO_2$ incubator에 넣어둔다[ⓕ].

ⓐ **제1일 실습 1 Step 6 ❷** 참조

ⓑ 종종 잊기 때문에 주의한다.

ⓒ 이대로, 클린벤치에 넣어도 괜찮지만 세포는 "추위를 타기" 때문에, 세포를 꺼내 놓는 시간이 가능한 한 단시간이 되도록 한다.

ⓓ 빨라도 ❽❾가 끝나고 나서 다시 세포를 꺼내도록 하자.

ⓔ 여기서 다시 세포 계대를 행하는 dish에 배지를 넣어두어 세포를 꺼내 trypsin 처리해서 떨어진 후, 바로 세포를 plating할 수 있도록 해두면 좋다.

ⓕ 계대 조작을 재빠르게 행할 수 있게 되면 $CO_2$ incubator에 넣어두지 않아도 된다.

## 해설 미리 관찰해 두었다가 실험을 시작해야만 한다

- 증식이 좋지 않은 세포를 사용한 실험에서 좋은 결과가 나올 리 없다.
- 자신이 사용하는 세포의 상태를 잘 파악하여 두는 것은 대단히 중요하다.
- 오늘 실습에서는 거의 dish에 가득 자란 세포를 사용한다.
- 균일하게 자라고 있는가?
- 중심부는 빽빽하고, 가장자리가 듬성듬성하다면 plating 방법이 좋지 않다. 이러한 경우에는, 중심부와 가장자리에 있는 세포의 증식 상태에 차이가 있어, 생리적으로 균일한 집단이라고 할 수 없다. 세포를 분리해 낼 때, 가장자리에서는 trypsin이 너무 많은 효력을 나타내어 세포가 녹기 시작하여도, 중앙부의 세포는 전혀 떨어지지 않는 등의 경우가 발생할 수 있다.
- 그밖에 곰팡이가 세균의 오염 등은 없는지 확인한다.

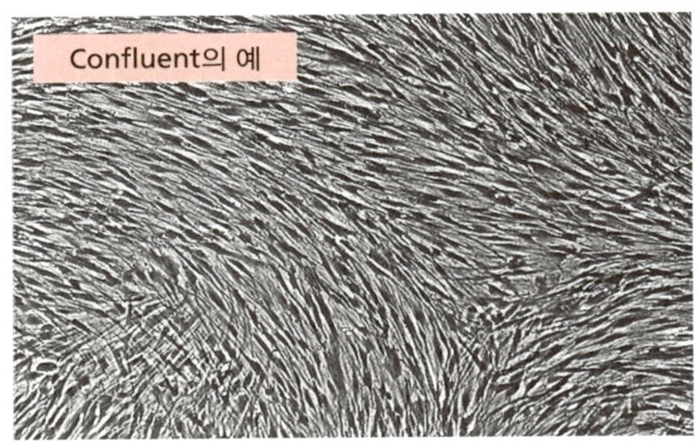

가늘고 긴 섬유아세포가 거의 균일하게 자라 있다.

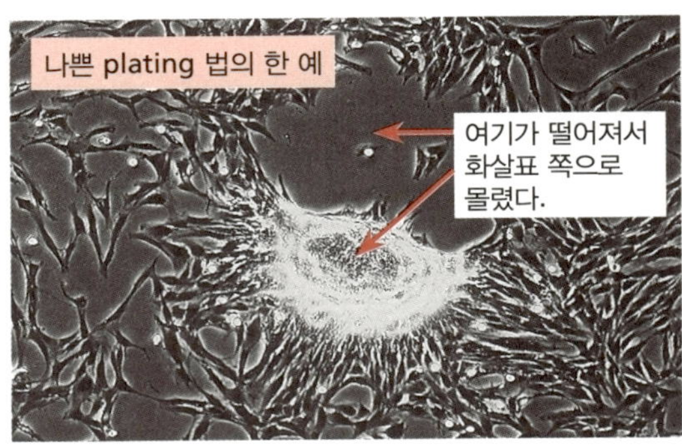

일부분이 높은 농도로 plating된 경우, 그곳만이 먼저 증식하여, 세포끼리 밀접하게 서로 당김으로써, 결국에는 배양용기에서 떨어진다.

## Step 4 세포를 떼어낸다

세포를 떼어내는 조작은 세포에 가장 damage를 줄 가능성이 있는 조작이다. 배지를 washing하는 방법이 나빠 혈청이 조금 남아 있으면, trypsin/EDTA의 효과가 안 들어서 세포가 떨어지기 어렵게 된다. 그러한 조건에서 trypsin/EDTA를 첨가해서 장시간 두는 것은, 세포가 떨어지는 효과가 적을 뿐만 아니라 세포의 damage가 크다. Trypsin/EDTA의 효과가 불충분할 때, 피펫팅에 의해 기계적으로 세포를 떼어내려고 하면, 세포를 심하게 손상시킨다. Trypsin/EDTA의 효과는 세포에 따라서 크게 차이가 있고, 같은 세포라도 듬성듬성할 때와 dish 가득 차 있을 때는 trypsin/EDTA의 효과에 큰 차이가 있다. 경험을 축적하는 방법 외에는 없다. 또, 배지나 washing에 사용한 PBS 등을 잘 흡입하는 것은 중요하지만 너무 시간이 걸리면 세포가 말라 버리기 때문에 주의한다.

★ 제1일 실습을 다시 읽고 피펫의 준비에서 배지를 흡입하기까지의 조작을 확인해 둔다.

〈배지를 흡입한다.〉

ⓐ **제1일 실습 1 Step 7**을 참조

❶ Aspirator 스위치를 켠다.

⬇

❷ 피펫 통에서 파스퇴르피펫을 꺼낸다.

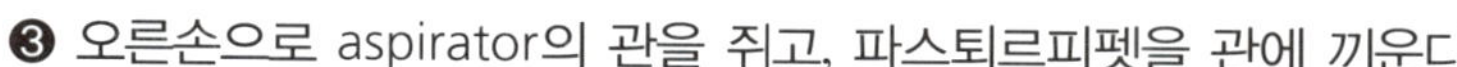

❸ 오른손으로 aspirator의 관을 쥐고, 파스퇴르피펫을 관에 끼운다.

❹ 왼손으로 dish 뚜껑을 쥐고 aspirator로 배지를 흡입한다(★1).

❺ Dish를 놓고 피펫을 제거하고 aspirator의 스위치를 끈다.

**Point**

★1 Aspirator 중에는, 도중에 절대로 스위치를 끄지 말 것. 도중에 끄면 흡입한 액이 역류해서 오염이 된다!

〈세포를 떼어낸다.〉

❻ 2 mL 고마고메피펫[b]을 멸균 통에서 꺼내, 화염멸균한다.

ⓑ PBS(−)에 의한 washing 등에서는 정확한 양을 취할 필요가 없기 때문에 고마고메피펫을 사용해도 된다.

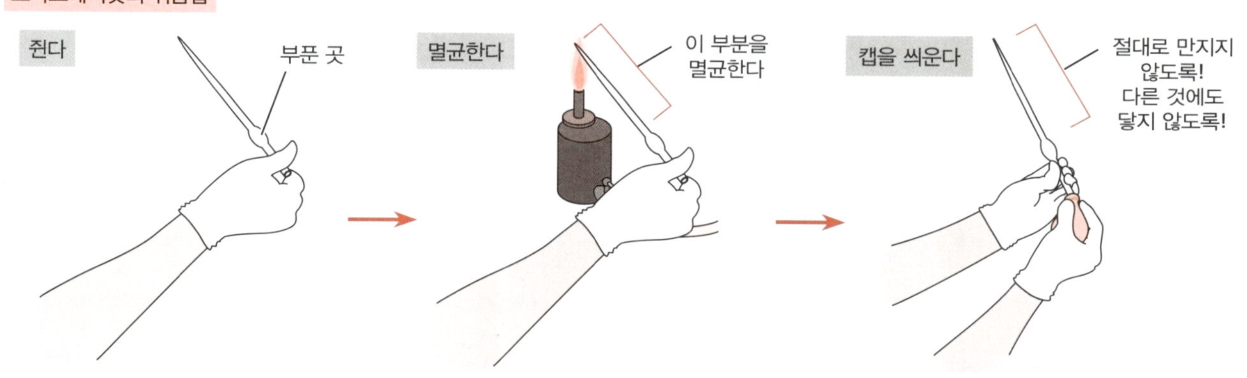


시약이나 병에 닿을 가능성이 있는 부푼 곳보다 앞 부분은 만지지 말 것!

1~2초씩 불꽃 속을 왕복시킨다.

여기에서도 부푼 곳보다 앞 부분에 닿지 않도록 주의한다.

❼ 2 mL 고마고메피펫을 왼손으로 바꿔 쥐고 오른손으로 캡을 씌운다. 피펫 끝에 솜이 조금 나와 있다면 불꽃으로 태워 버리고 나서 캡을 씌운다.

❽ 왼손에 피펫을 바꿔 쥐고 왼손가락으로 PBS(−) 병뚜껑을 끼워 손가락이 배지 병 입구 위를 지나가지 않도록 해서 들어올린다.

❾ PBS(−) 병을 기울여서 피펫이 병 입구에 닿지 않도록 하는 동시에 너무 깊숙이 넣지 않도록 주의하면서 PBS(−)를 약 2 mL 취한다[c].

❿ Dish 뚜껑을 들어올려서 dish 내측의 벽 중앙부 주변에서 천천히 PBS(−)를 넣는다. Dish 중앙에서 똑똑 떨어트리거나, dish 벽에서라도 기세 좋게 넣으면 세포가 떨어지는 경우가 있기 때문에 주의한다[d].

⓫ Dish를 가볍게 돌리면서 기울여, 부착되어 있는 죽은 세포나 혈청 성분을 PBS(−)에 분산시킨다[e].

⓬ ❶~❺와 같은 방법으로 파스퇴르피펫을 꺼내 aspirator로 PBS(−)를 흡입한다.

ⓒ 사전에 고무 캡을 2 mL(더해서 조금 더 많이)만 쥐어서 피펫을 병에 넣을 수 있도록 익숙해져야 한다. 적게 쥐면 2 mL을 흡입할 수 없어서 다시 쥐어야 한다. 너무 지나치게 쥐면 배지를 2 mL 취한 후 오른손으로 일정한 힘으로 계속 쥐지 않으면 피펫 끝에 공기가 들어가거나 배지를 흘리는 원인이 된다.

ⓓ 여기에서는 PBS(−)를 쓰는데, trypsin/EDTA 용액을 쓰는 경우도 적지 않다. PBS(−)로 washing 한 경우는 aspiration을 잘 하지 않으면 trypsin/EDTA를 첨가했을 때 농도가 옅어져 효과가 나빠지는 경우가 있다.

ⓔ 의외로 섞기 어렵다. 적어도 2~3회는 섞는다.

⓭ 다시 한 번 2 mL 고마고메피펫으로, PBS(−)를 첨가하여 세포를 washing 하고 aspirator로 흡입한다(하는 방법은 ❻~⓬와 같음)[f].

⬇

⓮ 2 mL 고마고메피펫을 꺼내서 trypsin/EDTA를 첨가한다.

⬇

⓯ 가볍게 dish를 돌려서 액체를 균일하게 분산시킨다.

⬇

⓰ 현미경에서 관찰한다.

⬇

⓱ Trypsin이 작용해서 세포가 떨어졌는지 어떤지를 확인한다. 효과가 나쁜 것 같으면 incubator에 넣어 데운다(★2)[g]. Trypsin이 충분히 작용하는 경우는 Step 5로 넘어간다.

ⓕ 조금 남아있는 혈청 성분이 trypsin의 효과를 저해하는 경우가 있다. 단, 세포의 종류에 따라서는 감수성에 있어 커다란 차이를 보이므로, PBS(−)에 의한 washing은 한번으로 충분한 경우부터 3회 정도까지 필요한 경우가 있으므로, 사용하는 세포에 따라서 변경할 것. 세포에 따라서는 PBS(−)가 아닌, trypsin/EDTA로 washing하는 쪽이 좋다. 이 step은 세포에 따라서는 생략해도 된다.

**Point**

★2 Dish 옆을 가볍게 두드리면 trypsin 효과가 좋아진다. 데우기 전에 시험해 보자.

ⓖ (Incubator에 넣은 경우) 1분 후에 현미경으로 관찰한다. 충분히 효과가 있는 것 같으면 Step 5로 넘어간다.

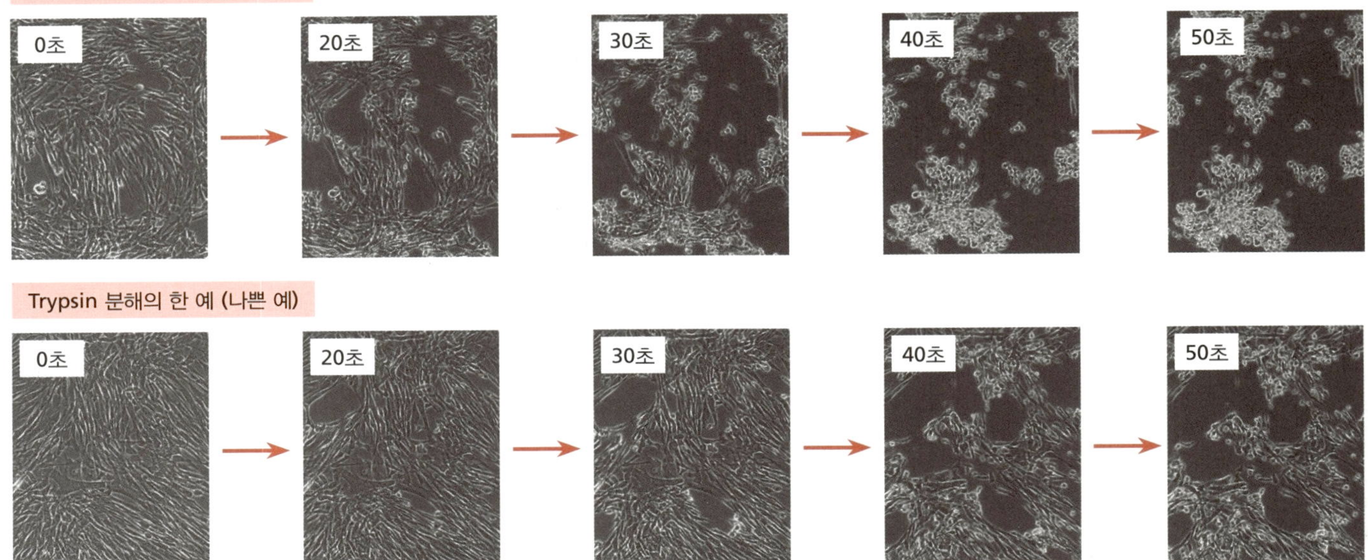


같은 밀도의 사람 섬유아세포 TIG-3세포에서 PBS(−)의 washing이 좋은 경우와 나쁜 경우를 비교한 것.
나쁜 예에서는 trypsin 분해 후에도 모든 세포가 둥글게 되지 않아 불충분한 것을 알 수 있다.

## 세포를 떼어내는 방법을 관찰해보자

**세포의 모양이 둥글게 되면 매우 작은 것에 놀랄 것이다.**

• 보통은 매우 편평하게 늘어져 배양용기 벽에 부착하여 있기 때문에, 크게 보이는 것이다.

**세포 종류에 따라서 trypsin/EDTA에 대한 감수성은 크게 차이가 난다.**

• 떨어지기 쉬운 세포는 PBS(−)에 의한 washing이 1회로 충분한 경우도 있다. 빠른 세포는 몇 초 내로 떨어지고, 느린 세포는 37℃ $CO_2$ incubator 내에서 10~15분 정도 방치하지 않으면 떨어지지 않는 것도 있다.
• 일반적으로, trypsin/EDTA가 충분히 효과가 있으면, dish 전체에서 세포 하나하나가 차례로 둥글게 되며, dish를 가볍게 흔들면 배양용기에서 분리 된다(가장 이상적인 경우).
• Dish와의 접착이 약한 세포의 경우, 세포끼리의 접착이 분리되지 않은 상태에서 dish에서

떨어지기 시작한다. 이러한 경우에는 세포가 한꺼번에 sheet 상으로 분리되어, 단일세포의 현탁액으로 되지 않는다(**사진 ⑤ 참조**).

- Confluent로 자란 후에도 방치해 둔 세포 역시, 일반적으로 세포끼리의 접착이 강해지기 때문에, 단일세포로 되기 힘들다(confluent로 되기 직전에 계대하는 것이 바람직하다).
- 중층으로 증식한 암세포도, 단일세포로 되기 어려운 경우가 있다.
  뭉쳐서 분리된 세포는 아무리 처리시간을 연장해도 단일세포로 되지 않는다.
  이러한 세포를 새로운 dish에 plating하여도 세포 덩어리가 dish에 부착하여(부착하지 않는 경우가 더 많지만), 그곳만 처음부터 세포밀도가 높게 된다. 아무리 해도 균일하게 plating하는 것은 불가능하다(**사진 ⑥**).



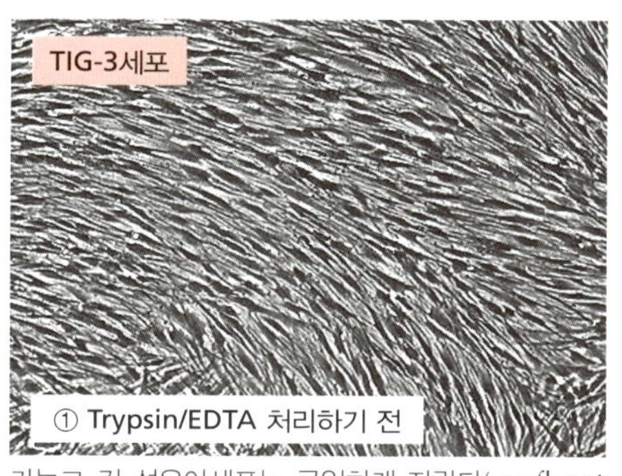


① Trypsin/EDTA 처리하기 전

가늘고 긴 섬유아세포는 균일하게 자란다(confluent 상태)

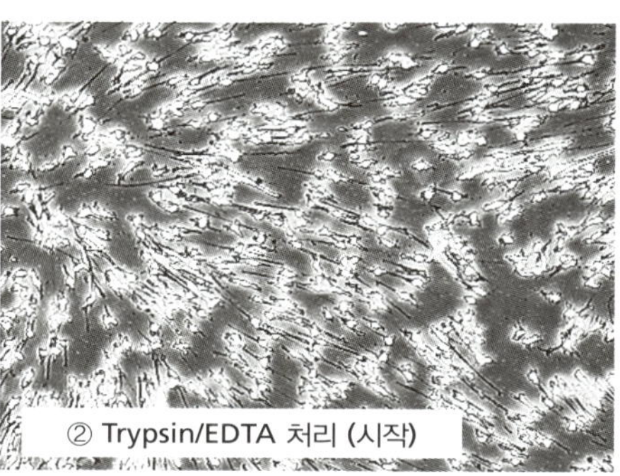

② Trypsin/EDTA 처리 (시작)

꽤 효과 있다. 둥글게 된 세포가 많다. 또 가늘고 긴 형태로 붙어 있는 것이 많이 있다.

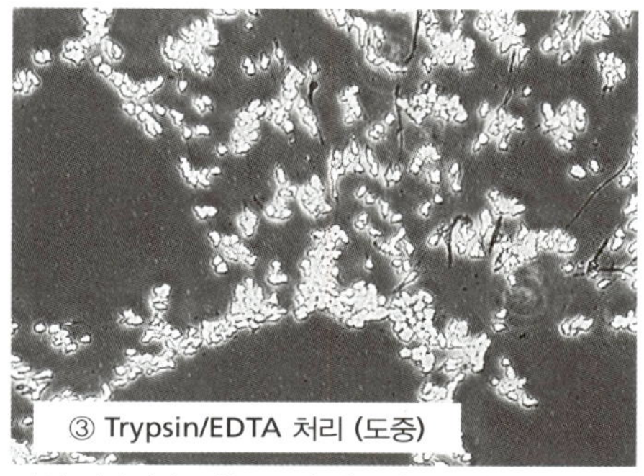

③ Trypsin/EDTA 처리 (도중)

거의 떨어졌다. 가늘고 긴 세포가 조금만 있다. 둥글게 되면 세포가 작게 보인다.

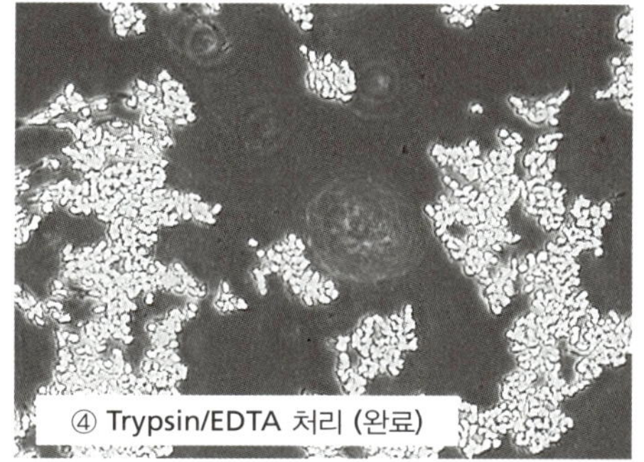

④ Trypsin/EDTA 처리 (완료)

충분히 효과가 있다. 배지(혈청이 들어간)를 넣어 trypsin/EDTA의 효과를 중지시키자.

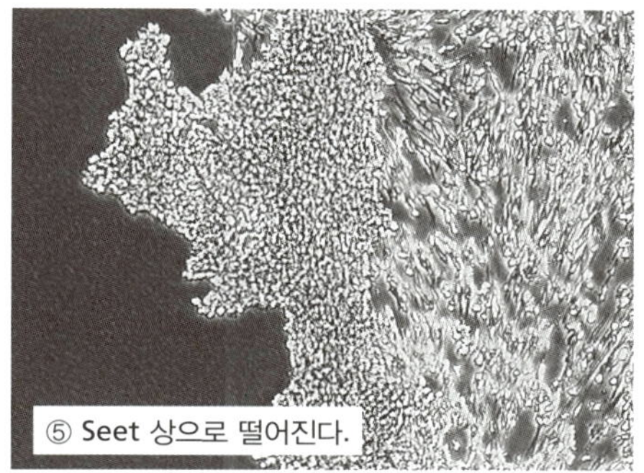

⑤ Seet 상으로 떨어진다.

Confluent로 계속 두면 세포끼리, 세포와 세포 외기질의 접착이 너무 강해져 trypsin/EDTA를 처리하면 세포와 dish가 먼저 떨어지기 때문에 sheet 상으로 떨어져 버린다.

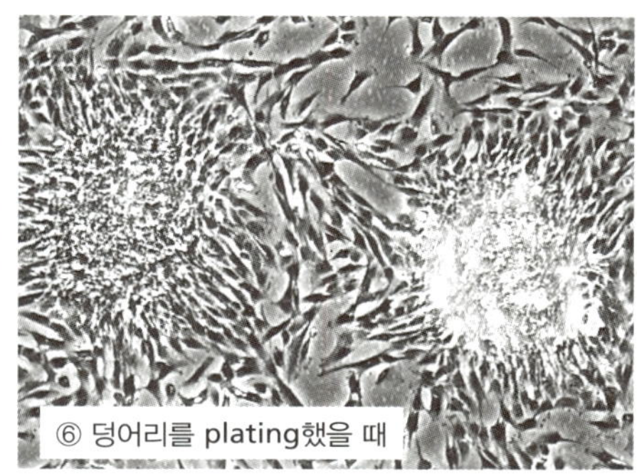

⑥ 덩어리를 plating했을 때

**처리 정도는 세포의 종류에 따라 현저하게 다르다.**

- 일반적으로 dish를 가볍게 흔들었을 때에 50~80%의 세포가 분리될 정도까지 처리하는 것이 바람직하다.
- 세포에 따라서는 현미경에서 관찰이 안 될 정도로 빠르게 분리되는 경우가 있다.
- 세포에 따라서는 가볍게 dish를 흔드는 정도로는 대부분의 세포가 부착되어 있다가(분리되지 않는다), 나중에 가볍게 피펫으로 배지를 피펫팅하면 완전히 단일세포로서 회수가 되는 경우도 있다(이러한 경우 분리될 때까지 dish를 계속해서 흔들면, 세포가 분해되어 용해되어 버린다).
- 본인이 사용하는 세포가 어떤 거동을 나타내는지는, 시행착오를 거쳐 몸에 익히는 수밖에 없다.

**익숙해지면 일일이 현미경으로 관찰하지 않아도 세포가 떨어지는 모습을 육안으로 관찰할 수 있게 된다(육안으로도 세포가 보인다).**

- Dish 바닥을 아래에서 바라보면, 처음에는 세포가 바닥에 완전히 부착되어 있어 빛이 잘 통과하므로, 거의 아무것도 없는 것처럼 보인다. 그러나 세포가 둥글게 되면, 빛의 통과가 방해되어 바닥이 부옇게 흐린 것처럼 보인다.
- Dish를 가볍게 흔들면, 세포 하나하나가 부유해서, 용액과 같이 움직이는 것이 보인다.
- 당연한 일이겠지만, dish를 가볍게 흔들 때, 배지가 dish 뚜껑에 닿을 정도로 흔들면, 오염이 발생하므로 절대로 이런 일은 피해야 한다.

**세포 분산이 잘 되지 않을 때**

- 덩어리가 된 세포현탁액을 단일세포현탁액으로 만드는 것은 불가능하다. 꼭 그렇게 하고 싶을 때에는, 세포현탁액을 배지로 희석한 후에 50 mL 원심관 등에 옮겨, 배지를 첨가하여 희석한 후 몇 분간 방치하여 큰 덩어리가 가라 앉으면, 상층의 단일세포현탁액을 회수하여 사용한다(세포의 회수율이 낮아지는 것은 어쩔 수 없다). 혹은 덩어리가 있는 채로 dish에 plating하여, 계대를 반복하면서 점차로 덩어리를 줄여 나가는 방법도 단일세포로 분산되는 것을 가능하게 한다.

##  배지를 추가해 trypsin 작용을 억제한다

❶ 세포가 충분히 떨어지면 dish를 클린벤치로 되돌린다.

↓

❷ 새로운 2 mL 고마고메피펫을 꺼내서 배지를 2 mL 취하여 세포현탁액에 더해 가볍게 피펫팅한다(잘 섞는 걸로 trypsin 작용을 억제한다).

- 거품을 일으키지 않도록 피펫팅한다(★1, ★2)[ⓐ].
- Dish 바닥에 붙어 있는 세포를 떼어낸다[ⓑ,ⓒ].

**Point**

★1 여기가 세포배양 계대의 가장 어려운 부분이다. 피펫팅에서 가장 주의할 곳! 피펫팅을 할 때는 dish 뚜껑은 클린벤치에 안쪽을 아래로 향하게 해서 둔다. Dish를 기울여 쥔다. 다만 손가락이 dish 상부에 있는 것은 NG (다음 페이지 사진 )

★2 Trypsin 처리 후는 세포가 어느 정도의 덩어리로 떨어져 나온다. 이 덩어리를 푸는 것도 피펫팅의 목적이므로, 세포가 거의 단일하게 되는 최소한의 횟수로 행한다.

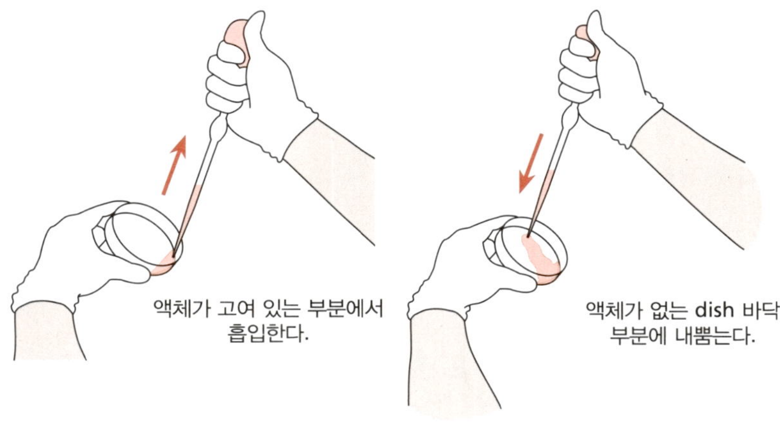


ⓐ 2 mL 정도만 피펫의 고무 캡을 눌러 거의 모든 양의(약간은 dish에 남는다) 용액을 흡입한 다음, 뿜어낸다. 피펫에서 공기를 뿜어내지 않도록 한다. 이러한 감각을 익히게 되면, 액체를 강하게 뿜어내어도 거품은 생기지 않는다.

ⓑ Dish 바닥에 세포가 붙어 있는 경우는 dish를 조금 기울여, 배지가 고인 곳에서 배지를 흡입하여 배지가 없는 dish 바닥에 배지를 뿜어낸다. Dish의 위치를 약간 회전시켜, 같은 방법으로 바닥의 다른 부분에도 배지를 뿜어낸다. 이렇게 피펫으로 배지를 바닥 전체에 뿜어내어, 바닥에 부착되어 있는 세포를 분리한다. 잘 분리되지 않는 세포는 피펫 끝부분을 dish에 직각으로 하여 강하게 배지를 뿜어낸다.

ⓒ 이 조작은 5 mL의 메스피펫과 전동 피펫에이드를 사용하여도 좋다(주의점은 같다).

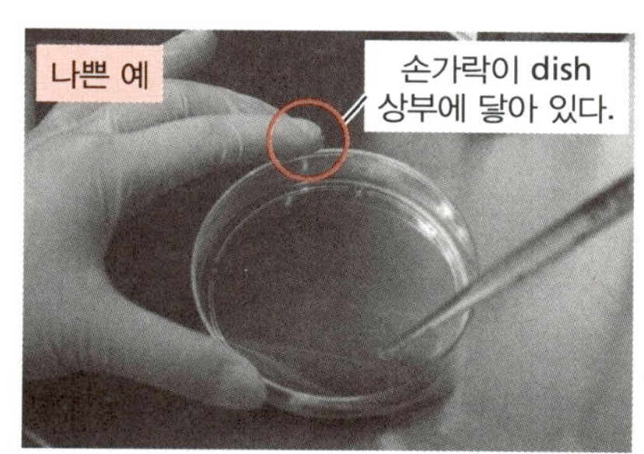


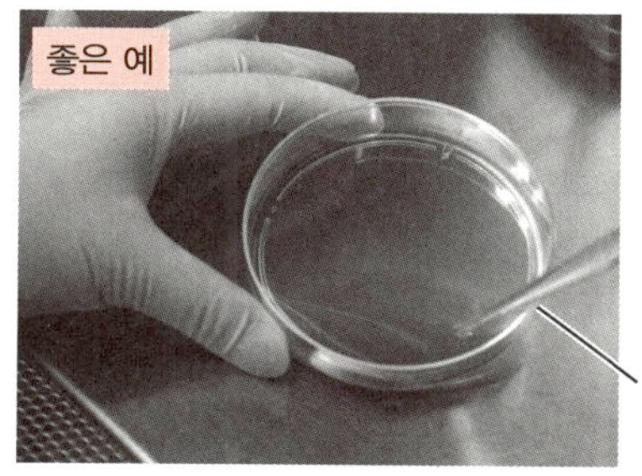


❸ Step 3의 ❿에서 준비한 새 dish 2장(배지 4 mL 씩 들어있다)[d]을 $CO_2$ incubator에서 꺼낸다.

ⓓ 익숙해지면, 이 step에서 새 dish를 준비해도 된다.

❹ Dish 2장에 세포현탁액 0.5 mL을 dish 전체에 똑똑 떨어트려 plating한다[e].

ⓔ 원래 dish에서 자란 세포를 약 8배 희석으로 계대한 것이 된다.

❺ 세포를 바로 dish에 균일하게 분산시킨다.

- 분산의 요령: dish 뚜껑에 배지가 튀지 않도록 신경 씀과 동시에 원을 충분히 그리도록 섞는다. 우측 회전과 좌측 회전을 제각각 4회 행한다. 다음으로, 가로방향, 세로방향으로 제각각 4회 섞는다.

세포를 섞는 법 Plate를 아래의 순서로 돌린다.
(①④ 모두 뚜껑에 액체가 튀지 않도록 해서 제대로 섞는다.)

❻ Dish 뚜껑에 세포명, 소유자명, 그 외 필요한 정보를 기입한다[f].

ⓕ **제1일 실습 1** Step 9를 참조

## 떼어낸 부분과 떨어지지 않은 부분의 구분방법

- Dish 바닥이 클린벤치 내의 형광등에 반사되어 보이도록 dish를 기울이면, 세포가 깨끗하게 분리된 곳은 반짝반짝 빛나 보이지만, 아직 세포가 부착되어 있는 곳은 거칠거칠하게 보인다. 배지를 뿜어낼 때마다. 거칠거칠하게 보이는 그 곳이 반짝반짝 빛나 보이게 되는 것을 알 수 있다.
- 물론, 배지가 dish에서 튀어 나갈 정도로 강하게 피펫팅을 해서는 안 된다(처음에는 이것이 의외로 어렵다).

## 피펫팅에 의한 세포 손상

- 피펫팅은 세포에 손상을 주는 것은 틀림없는 일이므로, 필요한 만큼만 피펫팅하는 것이 바람직하다.
- Trypsin 처리가 충분하지 않을 때는, 아무리 강하게 피펫팅하여도 분리되지 않는다(세포에 상처를 줄 뿐이다).
- 좋은 상태의 세포로 유지하기 위해서는, 이 부분에서 세포 손상을 최소한으로 줄이고, 생육이 좋은 균일한 단일세포현탁액을 만드는 것이 필수적이다.

### 희석에 대해서

- 피펫의 눈금은 정확하지 않으므로 정확하게 희석되지는 않지만, 단순히 세포를 유지하기 위한 것뿐이라면 이것으로 충분하다.
- 세포 종류에 따라서는(예를 들면, 3T3세포 등) 일정한 스케줄로 세포수를 정확하게 계대하지 않으면 안 되는 것도 있다. 이러한 경우에는, 현탁액의 세포수를 카운트하여 정확하게 희석하고, 메스피펫으로 정확하게 plating한다(다음에 연습한다. **실습 2-2 1「살아있는 부유세포를 카운트한다」** 참조).
- 정식 실험에 사용하는 세포도 정확하게 plating하지 않으면 결과가 일정하게 나오지 않는다(정확하게 plating하는 것도 다음에 연습한다. **제3일 실습 1「세포현탁액의 정확한 분주」** 참조).
- 오늘 실습은 세포현탁액을 만드는 조작에 익숙해지는 것을 중심으로 하였으므로, 일단 세포수를 정확하게 하는 것은 무시한다.

### Dish에 균일하게 퍼트리기 위해서는

Dish 전체에 세포가 균일하게 분산되도록 plating하기 위해서는, 상당한 요령이 필요하다. 이러한 것들은 수작업이므로 사람에 따라 여러 가지 방법이 있다.

1) Dish 내의 배지를 우측, 좌측, 전후·좌우로 각각 4회씩 흔든다.
2) Dish의 10곳 정도에 세포현탁액을 조금씩 떨어뜨린 다음, 천천히 dish를 전후·좌우로 흔든다.
3) Dish를 절대로 회전시키지 말고(회전시키면 세포가 중심부에 모여든다), 전후·좌우로만 흔드는 것이 좋다라는 사람도 있다.

그 외, 연구자에 따라 여러 가지 방법이 있을 것이다.

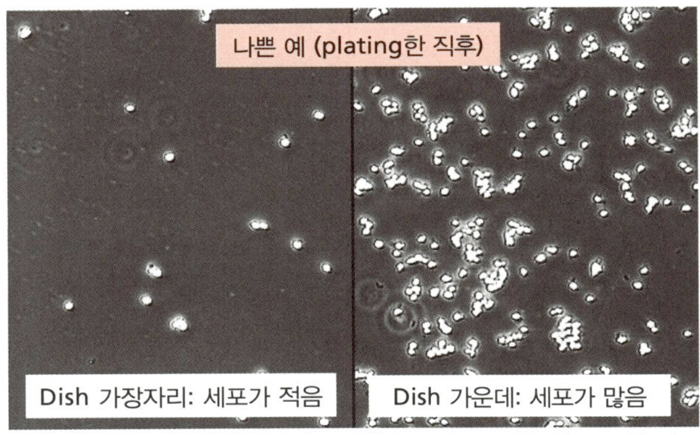


방금 plating함 (세포가 아직 dish에 붙어 있지 않다). Plating한 세포가 균일하지 않으면 다시 한번 흔들어 균일하게 하고 나서 incubator에 넣도록 한다.

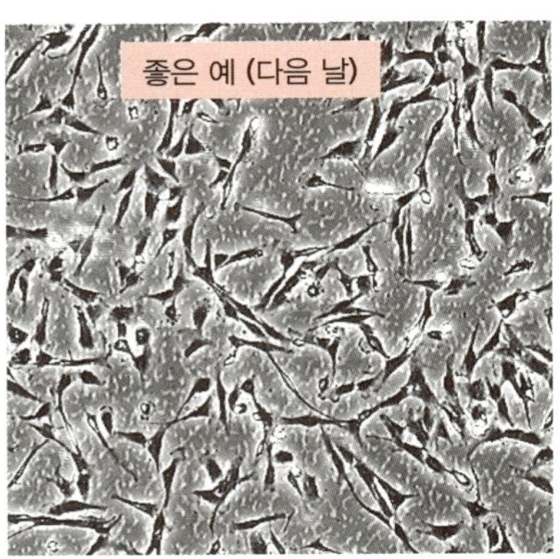


Plating한 다음날. 균일하게 plating되어 있다. 세포가 제각각 잘 뻗어 dish에 붙어 있다. 둥글게 떠 있는 세포는 거의 없다.

오늘 실습에서는 사전에 dish에 배지를 넣고, 여기에 세포현탁액을 넣어 계대하였다. 많은 dish에 세포를 plating할 때는, 먼저 적당한 크기의 병에 배지를 측정하여 넣어두고, 여기에 필요량의 세포현탁액을 첨가하여 세포희석액을 만들어, 그것을 dish에 plating하는 것이 일반적이다.

해설

### Trypsin/EDTA의 반입에 대해서

오늘 실습하는 방법에서는 0.25 mL의 trypsin/EDTA가 새 dish의 배지 4 mL 중에 들어가게 된다. 여기에 사용한 세포의 경우에는 trypsin/EDTA가 거의 나쁜 영향을 미치지 않지만, 경우에 따라서는 배지 중의 유효 칼슘 농도를 저하시키고, 또 무혈청 배지에서 배양하는 경우에는 trypsin이 세포를 분해하여 버린다. 이것을 피하기 위하여, 세포현탁액을 1,000 rpm에서 5분 정도 원심분리하여, 세포의 pellet만을 회수한 후 필요한 양의 배지에 현탁하여 dish에 plating한다.



## Step 6 세포 관찰과 뒷정리

❶ 세포에 이상은 없는지 현미경으로 관찰한다.
- 세포가 dish 내에 균일하게 분산되어 있는가?
- 큰 덩어리가 없고, 단일세포로 분산되어 있는가?

❷ 현미경 스위치를 끈다.

❸ Dish를 incubator에 되돌려 놓는다.
- 운반 중에 배지가 흔들려서 세포가 중심부에 모일 가능성이 있을 때는, incubator에 넣기 바로 전에 한번 더 잘 분산시킨다.

❹ 배지 병 입구와 뚜껑을 가볍게 화염멸균하여 뚜껑을 닫는다.

❺ 피펫 통의 뚜껑을 닫는다[a].

❻ 배지 병을 클린벤치에서 꺼내 알루미늄 호일로 덮는다.

❼ 클린벤치를 종료한다.

❽ 실험노트에 종료시간을 쓴다.

❾ 뒷정리를 한다.
- 배지, PBS(−)를 냉장고에 되돌린다.
- Trypsin/EDTA를 냉동고에 되돌린다[b].
- 쓰레기를 버린다.
- 사용이 끝난 실험기구(오늘은 세포현탁액이 들어간 dish)를 넣은 통을 autoclave한다(autoclave가 끝나면 내용물을 버리고 통을 씻어둔다).
- 배지를 흡입한 폐액용기[c]와 사용한 피펫을 세정한다.

❿ 손이 거칠해지는 사람은 핸드크림을 바른다.

⓫ 실험노트를 정리한다.
- 세포의 계대 기록을 붙인다.

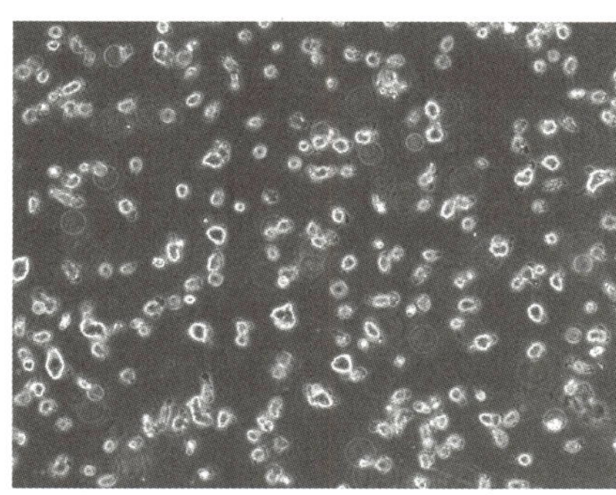

Plating이 잘 되어 있으면 사진처럼 세포가 거의 single cell이 되어 균일하게 plating되어 있다.

ⓐ 종종 잊기 때문에 주의한다.

ⓑ Trypsin/EDTA에 포함된 trypsin은 단백질이기 때문에 얼렸다 녹였다를 반복하면 변성되어 활성이 저하된다(비교적 강하지만). 한편, 냉장보존에서는 저온에서 효소활성이 떨어진다고 해도 자기분해가 진행된다. 빈번하게 사용해서 비교적 단시간(2~3주간 이내 정도)에 전부 사용한다면 냉동보존해서 얼렸다 녹였다를 반복하기보다 냉장보존이 적절할 것이다. 사용빈도가 높지 않다면 다음에 사용하기까지 동결보존하는 쪽이 좋을 것이다. 이 경우, 장기간 얼렸다 녹였다를 반복하면 trypsin 효과가 서서히 떨어지기 때문에 효과가 약해졌다고 느끼면 폐기하고 새로운 것을 꺼내는 편이 좋다.

ⓒ 이것은 액체가 어느 정도 모였는가에 따라 다르지만, 하루에 1번 정도로 충분하다.

해설 **계대는 최소 2장의 dish에 plating한다.**

계대는 1장에 문제가 생겨도 나머지 1장으로 문제를 해결할 수 있도록 통상 2장의 dish로 배양한다. 1장을 계대했을 때, 며칠 후에 오염이 발생할지도 모른다. 그러한 경우에는, 배지 교환만 해둔 세포를 사용하면 된다(증식하여 confluent로 되는 것은 어쩔 수 없다). 단, 배지 등에 오염이 있을 경우는 2장 다 못쓰게 된다.

## ▶ 실습 1 정리

이상의 조작은 처음에는 30분 혹은 그 이상 걸릴지도 모른다. 너무 세심한 주의를 하다 보면, 처음에는 손이 떨려 잘 움직여지지 않을 수도 있다.

익숙해지면 5~10분 정도에 충분히 끝낼 수 있는 작업이다. 선배는 이런 일련의 작업 중에 거의 무의식적으로 손을 움직이고 있을 것이다.

계대는 세포 배양의 가장 기본적인 조작이다. 중요하지 않은 것 같지만, 본 실험을 할 때 크게 영향을 미친다. 세포를 생육이 좋은 상태로 키우고, 성질이 변하지 않도록 유지하는 것은 기본적으로 중요하다. 세포를 실험자가 생각한 대로 유지될 수 있게끔 되기까지는, 익숙해지는 과정이 필요하다. 어느 정도의 세포수를 배양하여, 몇 일째 실험을 개시할 수 있을까라는 예상을 할 수 없으면 계획도 세울 수 없다.

익숙한 실험자라도, 새로운 세포를 입수하였을 경우, 먼저 그 세포의 성질을 파악하여 생각한 대로 움직여 주도록 될 때까지, 최저 1개월 혹은 수개월이 걸리는 것이 보통이다.

물론, 세포가 살아 있어 주기만 한다면 어떠한 실험이라도 할 수 있고, 실험을 하면 그에 따른 결과도 얻게 된다. 그러나 그렇게 하여 쓸모 있는 결과를 얻을 수 있는 실험은 거의 없을 것이다. 별로 개의치 않는 사람도 있지만.

여기에서 연습한 것은 우선 가장 취급하기 쉬운 세포로, 가장 간단한 계대이다. 그러나 주의해서 하지 않으면 세포가 증식하지 않고, 곰팡이가 증식할지도 모른다. 그러므로 연습이 중요하다.

처음 몇 번 반복하는 동안은, 주의해서 세포를 다루기 때문에 의외로 오염이 발생하지 않는다. 그러나 몇 번 연습하여 익숙해질 무렵에 오염이 자주 발생한다. 익숙해져서 신경을 쓰지 않기 때문이다.

많은 세포들은 계대하는 데 좀 더 세심한 주의를 필요로 하기도 한다. 특히, 분화 형질이나 특정 반응성의 유지에는 미묘한 주의를 필요로 한다. 실제로 각각 사용하는 세포의 특징을 알고 세심한 주의를 기울여 계대한다.

## ▶ 복습

클린벤치가 비어 있으면, 2번 정도 더 연습하도록 하자(실험노트 # 0005, # 0006으로 한다). 처음 연습할 때 보다 익숙해져 점점 잘하게 되고, 시간이 단축된다는 사실을 알게 된다(그렇게 되길 바란다).

## 실습 2　세포 카운트

오로지 coulter counter와 같은 기기만을 사용하여 카운트하고 있는 연구실에서는, 현미경에서 셀 필요가 없을 것이다. 단, 현미경으로 하나하나 카운트하는 것은 원시적이긴 하지만, 세포나 핵의 형태를 잘 관찰하면서 카운트할 수 있으므로, 형태나 크기의 이상 등을 동시에 볼 수 있다. 그것은 의외로 중요하며, 필요한 일이다.



### ▶ 혈구 계산판 구조

혈구 계산판 눈금 모양에는 몇 가지 종류가 있다. 여기서는 개량형 Neubauer식을 예로 들어 설명한다.

**아래 우측** 그림처럼 3 mm × 3 mm의 격자가 두 군데 있고, 제각각의 격자에는 더 가는 눈금이 있다. Cover glass를 세팅했을 때, 격자 눈금 위에는 0.1 mm 높이의 공간이 생기도록 만들어져 있어서, 이 공간에 세포현탁액을 채워 격자 내에 있는 세포수를 계측한다. 예를 들어, 1 mm × 1 mm의 격자 내부의 세포가 a개였다고 하면, 이것은 1 × 1 × 0.1 mm의 공간에 있는 세포수이므로 원래의 현탁액의 세포농도는 a × $10^4$/mL이 되는 것을 이해할 수 있을 것이다.

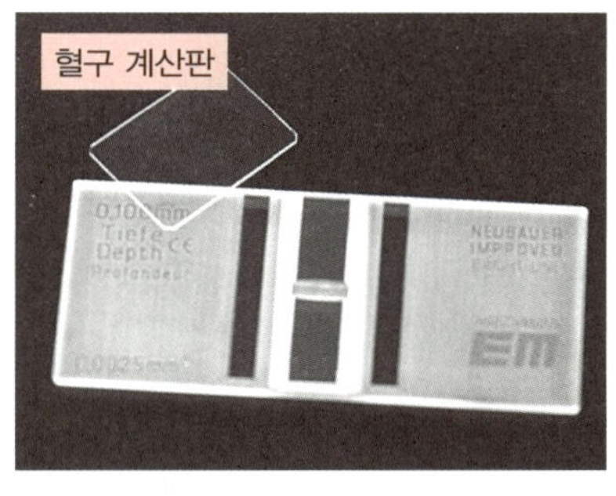


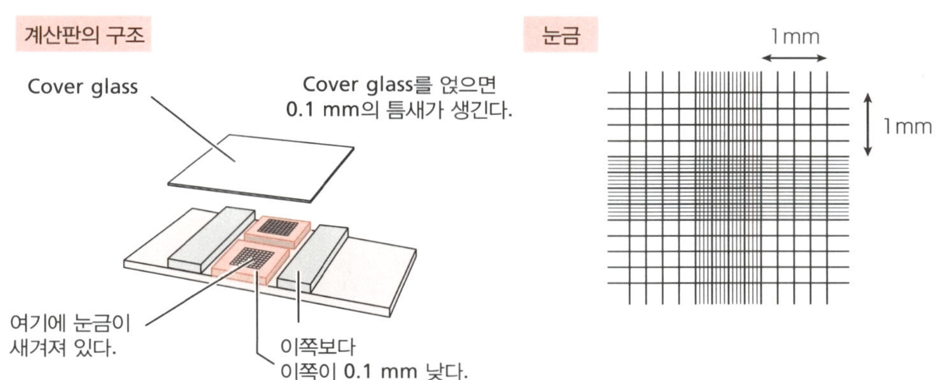


## 실습 2-1　나핵하여 세포를 카운트한다

세포 그대로의 현탁액으로 카운트하면, 세포끼리 부착하기도 하고, 덩어리가 있기도 하여, 정확하게 카운트할 수 없는 경우가 적지 않다. 핵을 노출시키면 핵끼리 부착하지도 않고 하나하나 분산되기 때문에, 정확하게 카운트할 수 있다. 여기에서는 citric acid로 세포질을 파괴하여 핵을 노출시킨 후, crystal violet 용액으로 핵을 염색하는 방법을 사용한다. 핵을 노출시키므로 세포 전체의 형태가 이상한 것은 관찰할 수 없지만, 핵 형태의 이상 유무는 알 수 있다.

## 실험노트

\# 0007 나핵세포를 카운트하는 연습 2010 年 4 月 20日 ( 화 )

**목적** 나핵세포 카운트 연습

**준비**

Plating한 날, 상태 계대수

- ☐ 60 mm dish 1장의 세포
  세포명: ( TIG-3 2010-4-15 plated, Confluent, 45 PDL )
- ☐ Rubber policeman
- ☐ Crystal violet 용액
- ☐ 15 mL 원심관
- ☐ Eppendorf tube
- ☐ PBS(–)
- ☐ 파스퇴르피펫
- ☐ 혈구 계산판

**操作** (10 : 30)

세포를 PBS(–) 2 mL로 2회 washing
↓
PBS(–) 2 mL을 첨가하여 rubber policeman으로 세포를 떼어낸다.
↓
세포현탁액을 파스퇴르피펫으로 15 mL 원심관으로 옮긴다.
↓
Dish에 PBS(–) 2 mL을 첨가해 washing해서 15 mL 원심관에 합친다.
↓
1,000 rpm으로 5분 원심
↓
상층액을 버리고 pellet을 1 mL PBS(–)로 현탁해서 eppendorf tube로 옮긴다.
↓
원심 5,000 rpm, 5 min
↓
상층액을 버린다. (여기는 정확하게)
↓
Crystal violet 용액 1 mL을 첨가해 suspension
↓
혈구 계산판에서 카운트한다.

| 185 | 173 |
|---|---|
| 162 | 178 |

평균값 174.5 cells (/0.1μL)
세포수 174.5 × $10^4$ = $1.75 \times 10^6$ cells/dish

| 182 | 173 |
|---|---|
| 191 | 165 |

평균값 178.8 cells (/0.1μL)
세포수 178.8 × $10^4$ = $1.78 \times 10^6$ cells/dish

(11 : 30)

다만, 이후 계속해서 몇 번 이상 연습해 둘 것

## 새롭게 준비할 것

- 60 mm dish 1장의 세포
- 15 mL 원심관, eppendorf tube
- Rubber policeman

세포를 분리하는 “긁개”이다. 고무를 잘라서 스테인리스 봉 끝에 붙인 것은 멸균하여 재사용할 수 있다. 최근에는 플라스틱제의 1회용 제품도 이용 가능하다. 무균 상태로 사용할 필요가 없다면 이것도 재사용 가능하다. 고무로 된 끝 부분은 여러 가지 크기가 있으므로, 사용하는 dish에 따라서 사용하기 쉬운 크기의 것을 선택한다.

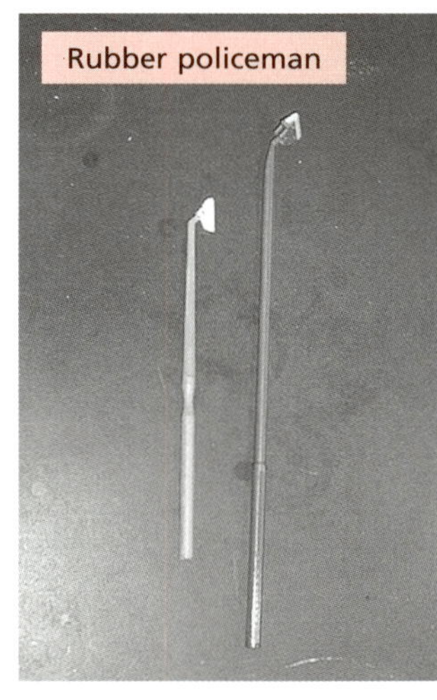


- Crystal violet 용액

Crystal violet 0.5 g(최종농도 0.1%), citrate 10.5 g(최종농도 0.1 M)을 500 mL의 증류수에 녹인다. 이것을 여과지로 여과하여 냉장고에 보관한다. 여과해 두지 않으면 핵과 헷갈리기 쉬운 고형물이 떠 다녀 사용하기 어렵다.

## Step 1 핵 현탁액 만들기

▶ 아래의 조작은 무균적으로 할 필요는 없다.

❶ 세포현탁액을 준비한다.

- PBS(-)로 한번 washing한 후, 2~4 mL의 PBS(-)를 넣어, rubber policeman으로 떼어낸다[a].

❷ 세포현탁액을 고마고메피펫 혹은 파스퇴르피펫으로 15 mL 원심관에 옮긴다. 한 번 더 PBS(-)를 넣어 남아있는 세포도 원심관으로 옮긴다.

❸ 1,000 rpm, 5분 실온에서 원심분리하여 세포를 모은다.

❹ 상층액을 aspirator에 연결된 파스퇴르피펫으로 흡입한다.

❺ PBS(-) 약 1 mL을 넣고 현탁하여, eppendorf tube로 옮긴다.

❻ 5,000 rpm, 5분 실온에서 원심분리하여 세포를 모은다(배지에 포함되어 있는 단백질을 제거하기 위해).

❼ 예측되는 세포수를 대략 계산하여 1 mL 당 약 $10^6$개가 되도록 crystal violet 용액을 정확히 첨가한다.

❽ Eppendorf tube에서 피펫팅한다(세포 덩어리를 없애기 위해서 뿐만 아니라, citric acid에 의한 세포질의 파괴를 촉진시킨다)[b].

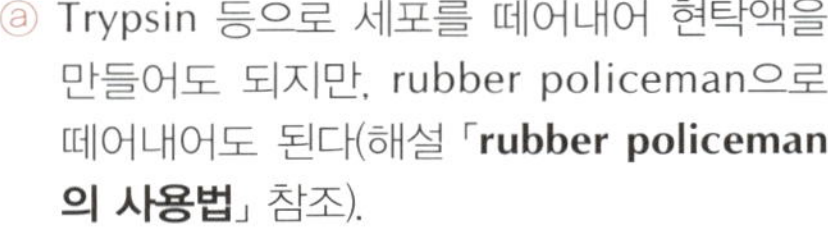

ⓐ Trypsin 등으로 세포를 떼어내어 현탁액을 만들어도 되지만, rubber policeman으로 떼어내어도 된다(해설 「**rubber policeman의 사용법**」 참조).

ⓑ Crystal violet 용액에 노출된 핵의 안정성: 세포 종류에 따라 다른데, 몇 시간 사이에 점차로 나핵 수가 감소하는 것에 주의할 것.

## Rubber policeman의 사용법

한 손으로 dish 안쪽을 앞쪽으로 향하도록 기울여 잡고, 오른손으로 rubber policeman을 쥔다. 고무 끝이 dish에 수직으로 되게 하여 위에서 아래로 움직여 조심스럽게 세포를 긁어낸다. 이때 세포의 흰 덩어리가 분리되어 떨어지는 것을 볼 수 있을 것이다. 고무가 닿지 않은 곳이 없도록 반복하여 긁었다면, 이어서 dish 주위를 따라서 둥글게 움직인다. [기울인 dish 아래쪽에 PBS(−)에 현탁된 세포의 흰 덩어리가 모인다]. 아래쪽의 PBS(−)가 고여 있는 부분도 dish를 돌려서 긁어낸다. Dish 밑바닥이나 벽, 그리고 rubber policeman의 끝 부분에 세포가 붙어 있지 않은 것을 확인한 후에 세포가 현탁된 PBS(−)를 원심관으로 옮긴다.

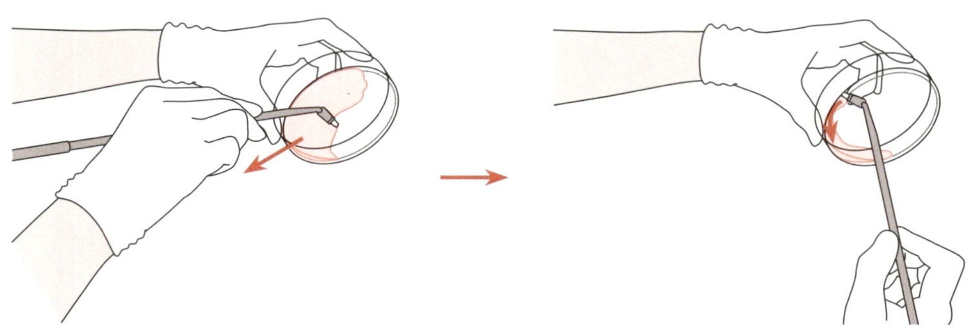

## Aspirator 사용법

일반적으로, 피펫 끝이 액면에 닿을 정도로 유지하면서 위에서부터 흡입하여 내는 것이 좋다(액과 공기가 동시에 흡입된다).

왜냐하면, 피펫 끝을 현탁액 중에 집어넣어 액을 흡입하면 액체가 움직여 pellet을 빨아올릴 가능성이 있기 때문이다.

또 다른 이유는, 종종 액체 표면에 부유물이 떠 있는 경우가 있다. 표면에서부터 액체를 흡입하면 부유물도 흡인되지만, 피펫 끝을 액체 안에 집어넣어 흡입하면 부유물은 마지막까지 남게 되기 때문이다.

Pellet이 적을 때는 파스퇴르피펫 끝을 가열 후 끝을 잡아당겨 끝부분을 가늘게 한 후, 상층액을 흡입해내면 pellet이 흡입되지 않도록 할 수 있다.

**미량의 침전이 있을 때에 상층액의 흡입 방법**

① 침전이 밑에 있을 때 (swing bucket으로 원심분리 했을 때)

② 침전이 측벽에 있을 때 (angle rotor로 원심분리 했을 때)

③ 침전이 부드러울 때

앞이 훨씬 가늘고 긴 capillary를 만들어 침전을 부수지 않도록 해서 흡입한다.

## Crystal violet 용액을 이용한 핵 현탁액의 제조에 대하여

Crystal violet 용액의 양은 세포 농도가 1~2 × $10^6$/mL로 되도록 계산하여 정확히 용액을 첨가한다. 익숙해지면 dish에 자라고 있는 세포수를 대략 짐작할 수 있게 된다.

혈구 계산판에 넣어 관찰(검경이라고 한다)했을 때, 농도가 높다면 세포현탁액(지금은 핵 현탁액이다)에 crystal violet 용액을 조금 더 첨가한다. 현탁액은 혈구 계산판에 넣은 양만큼 감소되어 있겠지만, 이것은 몇 μL 정도에 불과하기 때문에 그것에 대한 오차는 무시해도 된다.

만약 농도가 너무 낮다면, 한 번 더 원심분리하여 상층의 crystal violet 용액을 흡입한 후, 새롭게 적당량의 액체를 첨가한다. 이때, 핵은 세포보다 작지만 5,000 rpm, 5분간 원심분리하면 pellet이 생긴다. 상층을 흡입할 때, pellet이 흡입되지 않도록 주의한다(Pellet과 상층이 모두 푸르게 염색되어 있으므로 구분하기 어렵다). Angle rotor에서 원심분리할 때는 뚜껑의 위치를 rotor 바깥쪽으로 향하게 하여 원심분리한다고 정해 놓으면, tube 바닥의 어느 쪽에 pellet이 생길지 미리 짐작할 수 있다.

Crystal violet 용액은 투명하지 않기 때문에 pellet의 현탁이 잘 되었는지 확인하는 것은 어렵다. 바닥의 pellet이 없어졌다고 하여, pellet이 분산되었다고 할 수 없다. 덩어리 채로 현탁되어 있는지도 모른다.



## Step 2 세포수 계산법

◆ 혈구 계산판 준비

혈구 계산판에 cover glass를 얹는다. Cover glass 양끝을 엄지로 계산판에 누른다. 흡착하여 간섭무늬(newton ring)가 생기면 된다(그렇지 않으면 액체를 넣었을 때 떠올라오는 경우가 있다). Cover glass를 클립으로 고정시키는 형식으로 되어 있는 것이 편리하다. 세포현탁액을 넣는 곳은, 혈구 계산판과 cover glass 사이의 약 0.1 mm의 틈새이다. Cover glass를 놓을 때 약간의 먼지나 실오라기 같은 것이 끼여도, 이 틈새가 크게 될 가능성이 있다. 또한 혈구 계산판은 비싸기 때문에 취급에 주의한다.

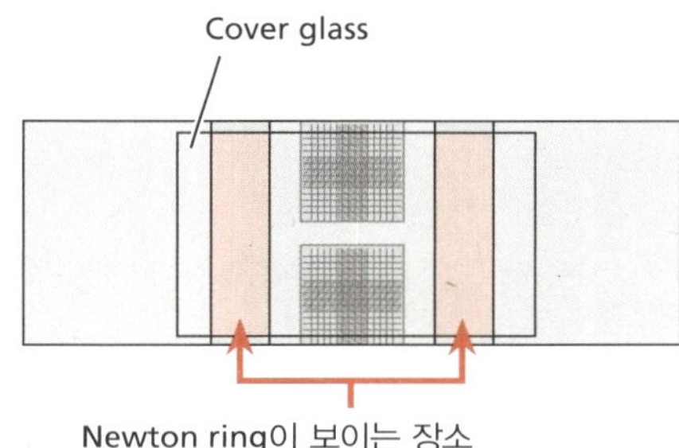


❶ 혈구 계산판에 세포를 주입한다.

- 핵 현탁액을 잘 섞어서, 핵이 침전되지 않는 사이에 yellow tip(200 μL의 마이크로피펫을 사용한다)으로 소량의 액체를 취해 계산판에 넣는다[ⓐ].

❷ "3 mm 사각 격자 중의 네 모서리" 안의 1 mm 사각 안의 세포를 카운트한다(해설 「세포수의 계산법」 참조)[ⓑ].

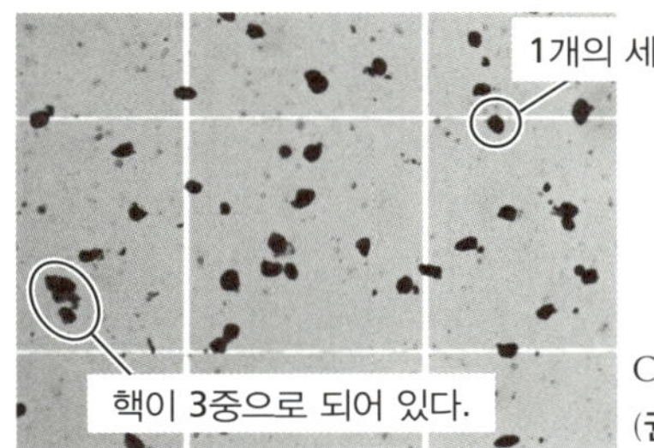


Crystal violet으로 염색한 세포핵
(**권두 컬러 그림 2**를 참조)

ⓐ 혈구 계산판을 수평으로 유지한다. 주입하는 느낌이 아니라, 모세관 현상으로 혈구 계산판에 흡수 되도록 한다. 액체의 흡수속도가 너무 빠르면 세포가 미처 흡수되지 않아, 세포 분포가 불균일하게 된다. 액체가 주위에 넘쳐흐르지 않도록. 넘쳤을 때는 다시 새로 한다(혈구 계산판을 세정하고 나서부터)

ⓑ 정립현미경이라도 도립현미경이라도 상관없다. 염색한 것을 카운트하기위해서 위상차일 필요는 없다.

❸ 다른 한쪽의 3 mm 사각 가장자리 네 모서리의 1 mm 네모를 제각각 카운트 해본다ⓒ.

- 8개의 측정지의 오차는 어떤가
- 8개의 측정치가 ±10% 이내인가?

ⓒ 잘 주입되었다면, 4개의 오차는 작을 것이다(10% 이내).

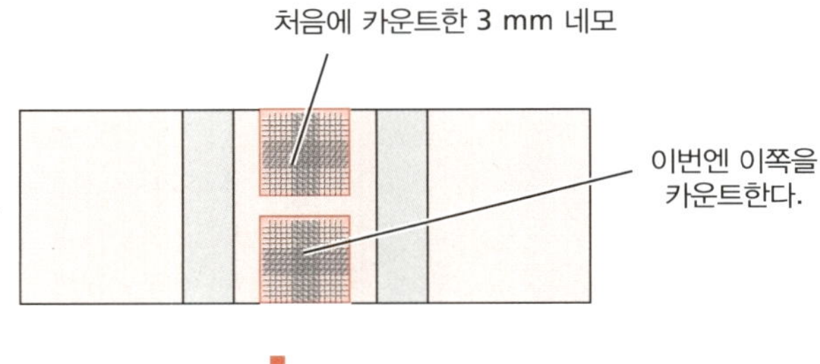


❹ 연습을 위해 여러 번 세포현탁액을 교체하여 측정하여 보자.

◆ 실제로 측정할 때는

- 적어도 2번 세포현탁액을 주입하여 카운트한다(주입할 때의 오차를 고려하여).
- 적어도 1번 세포현탁액 주입당 2번, 합계 4회 카운트한다.
- 4회의 계측결과가 ±10% 이내일 것.

❺ 세포농도를 계산한다ⓓ.

ⓓ 1 mm 사각을 세었을 때 측정한 세포현탁액은 0.1 $mm^3$이기 때문에, $10^4$을 곱하면 mL 당의 세포수가 된다.
여기에서는 1장의 dish에 있는 세포를 1 mL에, 현탁하였기 때문에, 그대로 dish 당의 세포수가 된다.

❻ 혈구 계산판 세정

- 계속해서 계측할 경우에는 혈구 계산판 및 cover glass를 gauze로 잘 닦아내고, 장착하여 다음 검체를 측정한다.
- 혈구 계산판과 cover glass가 접하는 면은 손을 대지 않도록 한다(지문이 남기 때문).
- 지문이 남겨졌을 때에는, 세제로 한번 씻고, 물로 깨끗이 씻어낸다.
- 종료할 때는 같은 방법으로, 세제로 씻고, 물로 씻은 다음, 잘 닦아둔다.

## 세포수 계산법

**보통은 1 mm 네모진 곳을 카운트한다.**

- 세포수가 적을 때는 3 mm 네모진 곳(9 $mm^2$) 전체를 카운트한다.
- 제일 위의 왼쪽부터 오른쪽으로, 다음은 한 단 아래의 오른쪽에서 왼쪽 순서로 카운트한다. 그렇게 하지 않아도 되지만, 카운트하는 방식을 정해 놓으면 편리하다.
- 1 mm 네모 테두리 안에 대개 100개 정도의 세포가 있도록 농도를 조절한다(농도가 높으면 카운트하기 어렵고 너무 낮으면 정확하지 않다).
- 위쪽선과 왼쪽 선에 걸려 있는 세포를 계산하기로 하였다면, 오른쪽과 아래쪽 선에 걸려 있는 세포는 카운트하지 않는다.

**계산판의 3 mm 네모 테두리의 4곳의 모퉁이에 있는 1 mm 네모 부분을 각각 세어보자.**

- 잘 주입되었다면, 4곳의 오차는 작다(10% 이내).

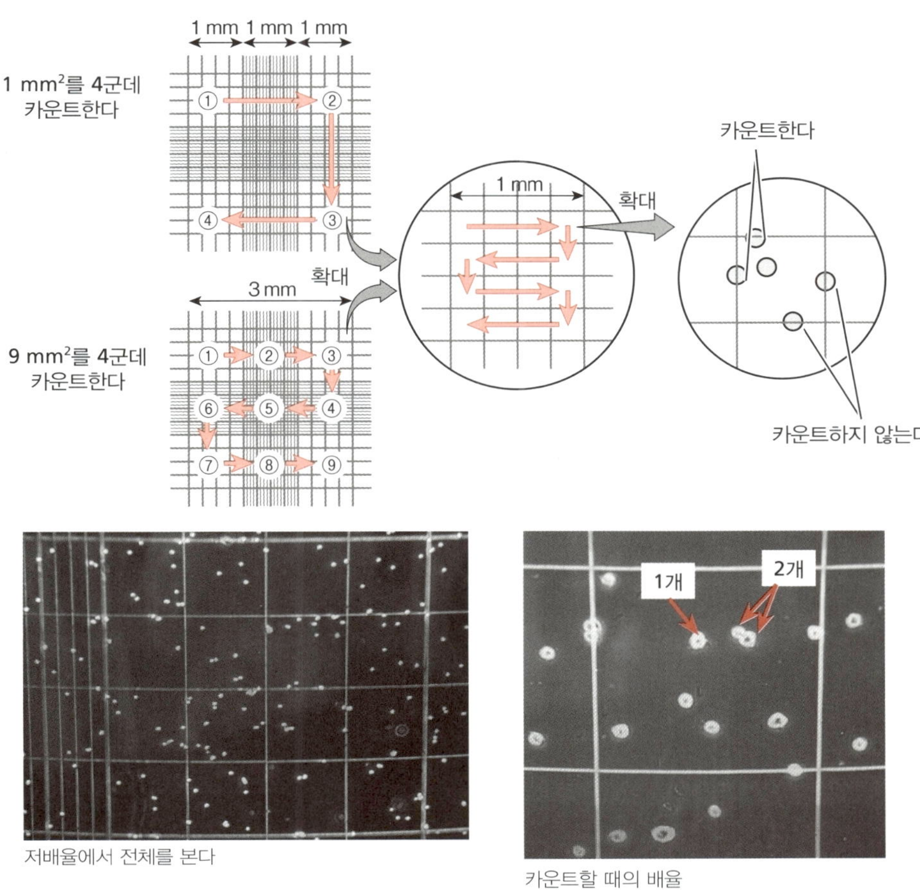

저배율에서 전체를 본다

카운트할 때의 배율

약제를 처리한 후 등에서는, 죽어서 위축된(picnotic) 핵이나 파괴된 핵(핵 단편)이 대부분이다. 어떤 것까지 카운트할 것인가 판단하지 않으면 안 된다. 판단에 따라 계산된 핵 수(=세포수)가 크게 달라진다. 활력 있는 세포 집단에서는 핵이 아니라 염색체가 모여 있는 것이 보이는 경우도 있다. 이것은 하나로 카운트한다.

보통, 핵은 아래쪽 glass 윗면에 침전되어 있다. 위에 덮은 cover glass가 깨끗하지 못하면, cover glass 아랫면에 많은 핵이 부착되어 있는 경우가 발생한다. 현미경의 초점을 cover glass 측에도 맞추어, 이러한 것이 없는 것을 확인하는 것이 바람직하다. 단, 원래의 세포 상태나 세포 종류에 따라 cover glass가 깨끗해도, 이런 경우가 발생할 수도 있다.

핵 분포가 일정하지 않은 것은 무엇인가의 이상(주입 방법이 나쁘다, 혈구 계산판이 깨끗하지 않다 등)이 있으므로, 다시할 것. 단, 분포가 일정하다고 보는가 보지 않는가의 판단은 자신의 감각에 달려 있다고 밖에는 말할 수 없다.

## 어지러움을 느끼는 사람이 적지 않다

현미경을 사용하여 세포수를 카운트하면, 멀미를 하는 것 같이 어지러움을 느끼는 사람이 적지 않다. 접안렌즈의 폭과 양 눈의 폭이 맞지 않는다든가, 양 눈에 접안렌즈의 초점을 충분하게 맞추지 않아서 사실상 한쪽 눈으로 밖에 보고 있지 않는 경우이다. 아무리 맞추어도 양 눈으로 보면 시야가 하나로 되지 않는 경우도 있다. 그러나 가장 많은 경우는 시야를 움직이면서 응시하지 않으면 안 되기 때문에 당연히 멀미 증상이 나타난다.

시야를 연속적으로 움직이지 않고, 시야를 움직일 때와 세포를 카운트하는 것을 번갈아 하면, 조금은 해소될 수 있다. 조금만 참고 인내하면 대부분 바로 익숙해진다.

# 실습 2-2 나핵하지 않고 카운트한다

## 1 살아있는 부유세포를 카운트한다(세포를 염색하지 않는다)

### ☞ 어떠한 경우에 사용하는가

세포현탁액을 만들어 세포를 분주하기 전에, 대략의 세포수(농도)를 알고 싶은 경우가 있다. 세포는 현탁액 상태에서는 생육이 좋지 않기 때문에, 가능한 한 짧은 시간에 세포수를 계산해서 빨리 plating하고 싶은 경우. 핵을 노출시켜 카운트하면 정확하지만 시간이 너무 많이 걸리기 때문에, 위와 같은 경우에는 세포현탁액을 그대로 사용하여 카운트한다.

또한, 이러한 목적을 갖는 경우에는, 거의 일정하게 세포가 자라고 있는 dish를 몇 장 여분으로 준비하여 두고, 먼저 한 장의 dish에 들어 있는 세포수를 정확하게 카운트하는 방법을 종종 사용하기도 한다.

**실험노트**

# 0008 현탁된 세포를 그대로 카운트하는 연습 2010 年 4 月 20 日 ( 화 )

**목적** 세포를 카운트하는 연습

**준비**
- □ 배지 DMEM ( 2010 - 3 -19 - 5 ) 10% FBS lot. ( Hyclone 7MO528 )
- □ PBS(−) ( 2010 - 4 -12 - 6 )
- □ Trypsin/EDTA ( 2010 - 3 - 22 - 3 )
- □ 60 mm dish 1장의 세포
  세포명: TIG-3 ( 2010-4-15 plated, 45 PDL, Confluent )
- □ Eppendorf tube, 15 mL 원심관
- □ 혈구 계산판

Plating한 날짜, 상태, 계대수

**조작** ( 1 : 10 )

배지를 흡입한다.
↓
PBS(−) 2 mL을 첨가하여 2회 washing
↓
Trypsin/EDTA를 2 mL 첨가한다.
↓
현미경으로 관찰한다.
↓
배지 2 mL을 첨가하여 trypsin 작용을 중지시키고 나서 원심분리해서 상층액을 제거한다.
↓
Pellet에 배지를 2 mL 추가하여 suspension
↓
100 μL eppendorf tube로 옮긴다.
↓
혈구 계산판에서 카운트한다.

| 87 | 83 |
|---|---|
| 79 | 81 |

평균값 82.5 cells (/0.1 μL)
세포수 82.5 × $10^4$ × 2 = 1.65 × $10^6$ cells

| 76 | 81 |
|---|---|
| 84 | 85 |

평균값 81.5 cells (/0.1 μL)
세포수 81.5 × $10^4$ × 2 = 1.63 × $10^6$ cells

2 mL 배지로 suspension했기 때문에 그 부분을 보정.

( 1 : 30 )

❶ 배지를 흡입한다.

⬇

❷ PBS(−) 2 mL로, 2회 washing한다.

⬇

❸ Trypsin/EDTA를 2 mL 첨가한다.

⬇

❹ 현미경에서 관찰한다.

⬇

❺ 배지를 2 mL 첨가하여 trypsin/EDTA 작용을 멈춰, 세포를 떼어낸다.

⬇

❻ 15 mL 원심관으로 옮겨 1,000 rpm, 5분 상온에서 원심분리하여 상층액을 제거한다.

⬇

❼ 세포 pellet에 배지를 2 mL 추가해서 세포현탁액을 만든다.

⬇

❽ 100 μL를 멸균 tip으로 취해서 eppendorf tube로 옮긴다[ⓐ].

⬇

❾ 세포현탁액을 tip(멸균하지 않아도 된다.)으로 소량 취하여 혈구 계산판에 넣어 세포수를 계산한다.

ⓐ 원래의 세포현탁액을 무균상태로 유지하려고 한다면 멸균된 팁을 사용한다. 피펫 에이드 본체도 끝부분을 알콜솜으로 잘 닦아서 멸균하여 둘 것.

——— 단, 이후에도 몇 번이고 연습한다. ———



### 고찰

나핵해서 카운트하는 것과는 달리, 어느 정도 세포끼리 뭉쳐 있을 수 있기 때문에, 측정은 정확하지 않다. 특히, 섬유아세포와 같은 가늘고 긴 세포에서는 동그랗게 되지 않고 가늘고 긴 형태를 유지하고 있는 경우도 있어(세포주에 따라 다르지만), 특히 이러한 경우에는 세포끼리 뭉쳐지기 쉽다.

## 2 생세포만을 카운트한다(Trypan blue 용액을 사용한 계측법)

세포현탁액을 만들었을 때 살아있는 세포(생세포)와 죽은 세포의 비율(생세포율), 혹은 살아있는 세포만의 수를 알고 싶을 경우가 있다. 생세포를 구별하는 데 자주 사용되는 것은 색소배제법(dye exclusion)이다. 생세포에서는 색소가 세포막을 통과하지 못하거나, 배제되어지므로 염색되지 않지만, 죽은 세포는 염색되어지는 것을 이용한다. 세포 생사의 판정은, 생사의 정의에도 관련되는 어려운 문제이다. 막 투과성의 차이는 하나의 marker가 되기는 하지만, 절대적인 것은 아니다. 색소배제법에서는 죽은 세포로 판정되어도, 세포내의 많은 효소들은 살아 있는 경우가 많다. 또 다음에 실습하는 것처럼(**제3일 실습3 「colony Giemsa 염색」** 참조) colony 형성도 생사 판정의 한 방법이기는 하지만, 이것은 세포가 증식 능력을 유지하고 있는지 없는지를 marker로 하고 있다. 색소배제법에서는 생세포로 판정된 세포가 증식 능력이 결손된 경우가 종종 있다. 생육이 좋은 세포에서는 색소배제법에 의해 카운트된 죽은 세포의 배율은 5% 이하이다.

## 실험노트

\# 0009 배지 교환 연습 2010年 4月 20日 (화)

**목적** 생세포율을 측정하는 연습을 한다.

**준비**

- ☐ DMEM (2010 - 3 - 19 - 5) 10% FBS lot. (Hyclone 7MO528)
- ☐ PBS(–) (2010 - 4 - 12 - 6)
- ☐ Trypsin/EDTA (2010 - 4 - 12 - 6)
- ☐ 60 mm dish 1장의 세포
  세포명 : TIG-3 (2010-4-15 plated, 45 PDL, Confluent)
- ☐ 0.5% Trypan blue・PBS(–)
- ☐ 혈구 계산판

Plating한 날짜, 상태, 계대수

**조작** (3 : 20)

배지를 흡입한다.
↓
PBS(–) 2 mL을 첨가하여 2회 washing
↓
Trypsin/EDTA를 2 mL 첨가하여 현미경으로 관찰한다.
↓
원심분리해서 상층액을 제거한 뒤 배지 1 mL을 첨가하여 suspension
↓
100 μL eppendorf tube로 옮긴다.
↓
Trypan blue 용액 100 μL를 첨가해 suspension.
↓
혈구 계산판에서 카운트한다.

떨어진 상태를 본다.

여기서 2배로 희석했다.

| | |
|---|---|
| 생 (79)<br>전 (83) | 생 (79)<br>전 (82) |
| 생 (74)<br>전 (76) | 생 (87)<br>전 (91) |

생세포 (평균치) 79.8 cells (/0.1 μL)
79.8 × $10^4$ × 2 = 1.60 × $10^6$ cells/dish
생세포 (평균치) 83.0 cells (/0.1 μL)
83.0 × $10^4$ × 2 = 1.66 × $10^6$ cells/dish
생세포/전세포 96.4 %

| | |
|---|---|
| 생 (86)<br>전 (91) | 생 (80)<br>전 (86) |
| 생 (74)<br>전 (78) | 생 (77)<br>전 (79) |

생세포 (평균치) 79.3 cells (/0.1 μL)
79.3 × $10^4$ × 2 = 1.59 × $10^6$ cells/dish
생세포 (평균치) 83.5 cells (/0.1 μL)
83.5 × $10^4$ × 2 = 1.67 × $10^6$ cells/dish
생세포/전세포 95.2 %

2배로 희석한 분을 보정

(4 : 10)

## 새롭게 준비할 것

- 0.5% trypan blue, PBS(–)

  0.5 g의 trypan blue를 100 mL의 PBS(–)에 용해한다.

〈개별 조작은 실습 2-2 1 실험과 같기 때문에 여기서는 개략만을 나타낸다.〉

❶ 세포현탁액 만들기

- Trypsin/EDTA로 세포현탁액을 만든다[ⓐ].
- 세포를 카운트하기 쉽도록 세포농도를 조절하여 둔다.

❷ 세포현탁액에 색소액을 첨가한다.

- 세포현탁액 100 μL에 trypan blue용액을 100 μL 첨가하여 피펫으로 잘 섞는다.

❸ 혈구 계산판에 넣어서 세포수를 카운트한다.

1) 우선, 생세포(혹은 죽은 세포)만을 카운트한다[ⓑ].
2) 다음에, 세포를 모두 카운트한다.

ⓐ Rubber policeman으로 분리하면 세포에 상처를 입히기 때문에, 염색되는 세포가 증가한다. 세포에 나쁜 영향을 미치지 않도록, 혈청이 들어 있는 배지에 현탁하는 것이 좋다.

ⓑ 세포에 따라서는 염색하는 세포가 조작 중에 증가할 수가 있다(현탁 상태에서 죽기 쉬운 세포의 경우).

해설

### 섞은 후 시간을 얼마나 두면 염색이 되는지, 어느 정도 시간을 유지할까

죽은 세포는 바로 염색된다. 살아있는 세포도 시간이 경과함에 따라 점차로 염색되기 때문에, trypan blue용액을 첨가하여 즉시 계산판에 넣어 계산한다. 몇 개를 모아서 trypan blue를 첨가하고 난 다음에, 카운트해서는 안 된다.

해설

### 생세포와 죽은 세포의 구별법

파랗게 염색되어 있는 세포를 죽은 세포로 구분하여 카운트한다. 염색되지 않은 세포는 생세포이다. 연하게 염색되어 있는 세포도 보이므로 판단하기 어려운 경우가 있지만, 주저하지 말고 죽은 세포로서 카운트하자.

이때 현미경 광원의 필터가 녹색 필터인 경우에는 푸르게 염색되어 있는 세포를 카운트하기 어려우므로, 무색 필터로 교환한다.

## 실습 2-3 Dish에 부착한 채로 세포를 카운트한다

세포현탁액을 만들어 dish에 자라고 있는 세포를 직접 카운트하고 싶은 [세포밀도(세포수/면적)를 알고 싶다] 경우가 있다. 또한, 분열하고 있는 세포의 빈도(분열세포수/전세포수)를 알고 싶은 경우도 있다. 갑자기 현미경에서 카운트하려고 하여도, 카운트하지 않는다든지, 또는 같은 세포를 2중 3중으로 카운트한다든지 하는 것을 피할 수 없다(Pattern 인식이 뛰어난 사람의 경우, 순간적으로 pattern을 인식할 수 있다고 하지만, 일반인은 불가능하다). 이러한 경우에는 접안렌즈 내에 격자를 새긴 eye piece를 넣어, 현미경에 격자를 만들어서, dish의 일정한 부분의 세포만을 카운트한다. 세포수가 너무 많으면, 잘못 카운트하는 것이 많아지므로, 관찰 배율을 바꾸어 시야 내의 세포수를 조절한다.

당연하지만, dish에 세포가 균일하게 자라고 있지 않으면, 세포밀도를 산출해 낼 수 없다. 또한, 중층으로 증식하는 세포 또한 카운트할 수 없다. 바꾸어 말하면, dish의 몇 곳을 측정하여 보면 plating 방법과 증식 능력이 균일한지를 알 수 있다.

Dish 안에서 어느 특정한 곳을 정하여 지속적으로 측정하는 것이 가능하다면, 주변 세포들의 시간적인 변화에 따른 분열빈도를 같은 dish에서 추적할 수 있다. 정상세포의 경우, 세포의 밀도가 높은 곳에서 분열 세포의 빈도가 낮다는 것(contact inhibition 때문에) 등을 알 수 있을 것이다.

조직 화학적으로 염색된 세포빈도를 알고 싶은 경우나, autoradiography 등으로 표시된 세포의 빈도를 알고 싶은 때에도, 같은 방법으로 격자를 새긴 eye piece를 사용함으로써 쉽게 계산할 수 있다.

## 새롭게 준비할 것

- **Micrometer**

Micrometer에는 접안 micrometer와 대물 micrometer가 있다. 세포배양에서는 주로 접안 micrometer를 쓴다. 접안 micrometer는 접안렌즈 안에 넣어서 쓸 수 있도록 원형의 유리판으로 되어 있다. 이 유리판에는 10 mm를 100 등분한 하나가 100 μm로 되어 있다.

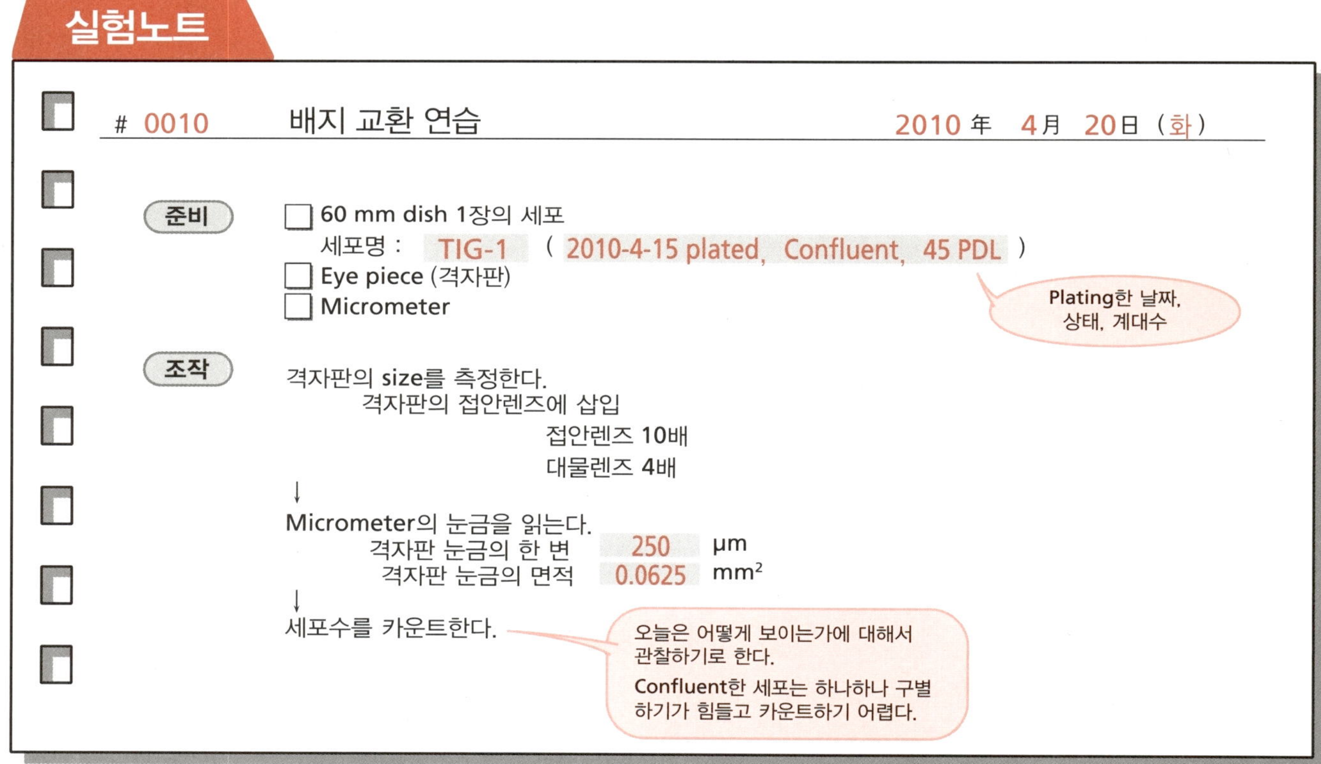

★ 먼저 세포가 dish 전체에 균일하게 분산되어 있는가를 관찰한다. 세포가 크게 편중되어 있는 dish는 사용할 수 없다.

❶ 접안렌즈의 내경에 맞는 둥근 격자판(격자를 그은 eye piece)을 준비한다. 접안렌즈의 초점위치에 눈금이 오도록 삽입한다.

• 매뉴얼을 보면서 접안렌즈를 제거하고 삽입한다[a].

❷ Micrometer를 현미경 재물대에 놓고, 눈금이 확실히 보이도록 초점을 맞춘다[b].

• 격자판 눈금을 micrometer 눈금에 평행하도록 접안렌즈를 돌려서 격자판 눈금 일부의 길이를 읽어낸다[c].
• 접안렌즈와 대물렌즈, 현미경 내의 확대렌즈의 배율을 기록하여 둔다[d].
• 격자판 눈금 일부의 길이를 산출하고 면적을 계산하여 둔다[e].

❸ Dish를 꺼내 측정할 부분을 결정한다. 평균적으로 4곳 정도 선택하여, dish 바닥 바깥 측에 펜으로 표시한다.

❹ 격자판 눈금 안의 세포를 카운트한다[f].

• 선택한 부분을 모두 카운트한다.

❺ 격자판 눈금 면적으로 세포수를 나누어 세포 밀도를 계산한다.

❻ 뒷정리

• Eye piece에 삽입했던 격자판을 잊지 말고 분리한다[g].

ⓐ 손 끝의 지문이 렌즈에 묻지 않도록 잘 닦아서, 먼지가 없는 클린벤치에서 수행한다.

ⓑ Micrometer도 가격이 비싸므로 조심해서 다룬다.

ⓒ 예를 들어, 7 × 7의 격자로, 4 × 40배에서 격자판 눈금의 하나가 250 mm가 된다.

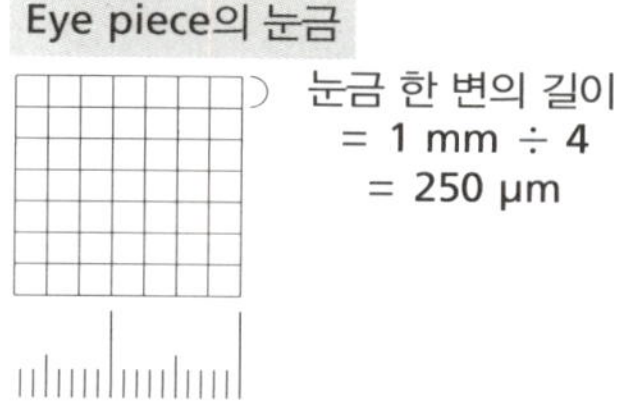


ⓓ 배율은 하나의 시야에 100개 정도의 세포가 있으면 카운트하기 쉽다. 조합이 변하면 확대배율이 바뀌어 격자판 눈금으로 읽어낼 때 길이도 변화된다.

ⓔ 한번 측정하여 두면 다음부터는 micrometer를 사용할 필요가 없다.

ⓕ 경계선에 걸쳐 있는 세포에 대해서는 혈구계산판과 동일하게, 상·좌측은 카운트하지만, 하·우측은 카운트하지 않는다.
Dish 뚜껑이 흐려지면 클린벤치 안에 있는 버너의 불꽃으로 살짝 건조시켜 사용한다.

ⓖ 평상시 세포를 관찰할 때에는 격자판 눈금이 있으면 관찰하기 어렵다(라고 느끼는 사람도 있다).

## 내일 준비

1) 내일 실습에 대하여 예습한다.
2) 실험노트를 작성한다.
3) 의문점 등을 지도자에게 잘 물어둔다.
4) 조작순서나 주의할 부분을 잘 생각하여 기억해 둔다.
5) 실제 순서를 생각하면서 처음부터 마지막까지 정리해 본다.

내일은 오늘의 실습내용이 끝났다는 전제하에 진행되므로 주의점을 잘 복습하여 두자.
실습은 이론도 중요하지만 무엇보다 익숙해지는 것이 중요하다. 머릿속에서 조작을 자주 반복하자.

**네, 수고하셨습니다.**

오늘은 꽤 힘들고 어려웠다. 세포를 카운트하는 것도 어려웠지만, 세포를 plating하여 보았다. 내일 보면 죽어 있거나, 오염이 발생했을지도 모른다. 걱정해도 어쩔 수 없으므로 내일을 기대하며 기다려 보자.

오늘 실습에서는 세포수를 계측하는 것을 배웠다. 이것을 응용하여, 내일 실습에서는 세포수를 정확하게 plating하는 것을 배우고 익혀 본다.

# 정확한 세포수를 plating하는 기술을 몸에 익히자!

## 오늘의 도달목표

- 세포수를 정확하게 plating하는 방법을 몸에 익힌다.
- 세포수를 목적에 맞는 방법으로 셀 수 있도록 한다. Colony의 형성, colony 카운트를 할 수 있도록 한다.
- Giemsa 염색을 할 수 있도록 한다.

## 실습포인트

- 정확하고 안정된 피펫 조작에 신경 쓴다.
- 세포를 약화시키지 않도록 재빠르고, 세포에 적절한 방법으로 신중하게 실험을 행한다.

드디어, 본 실험에 들어가기 위한 준비라고 할 수 있는 조작을 해보자. 정확한 세포수를 plating하는 것은 모든 실험의 기본이며, 적은 세포를 plating하여 클로닝하는 것도 실험의 기본이다. 조작 중에 세포가 손상을 당하면 잘 자라지 않게 되므로 주의하자. 오늘은 한층 더 어려운 조작을 수행하게 된다. 자, 시작하자.

## 실습 1 세포현탁액의 정확한 분주

★ 세포현탁액을 제조하고 나서 빠르게 plating한다.
★ 세포현탁액을 항상 잘 섞고 나서 피펫팅한다.
★ 분주는 동일 조건으로 행한다(분주 속도 등).

### 1 실험 전에 생각해 둬야 할 것

#### ▶ 어느 정도 정확하게 plating해야 하는가

실제 실험에서는 dish를 10장에서부터, 많을 때에는 100장 이상 plating할 필요가 있을지도 모른다. 이러한 경우, 세포현탁액을 어느 정도 정확하게 plating해야 할 필요가 있는지를 고려해야만 한다. 언제나 정확하면 할수록 좋다고 생각할지도 모른다. 하지만 시간이 너무 많이 걸린다면, 현탁상태의 세포는 점차로 약해져서, 나중에 plating한 dish는 쇠약한 세포가 plating되는 결과를 초래한다. 시간을 단축하는 것이 우선 되어야 할 경우도 있다.

#### 1) 정확하게 plating하지 않아도 좋은 경우

예를 들어, 실험 하나당 10 mm dish 5장을 사용하여 Northern blot을 위한 RNA를 추출한다고 하여보자. 시간별로 8 point에서 RNA를 추출한다고 하면, 합계 40장의 100 mm dish에 plating해야 할 필요가 있다. 이러한 경우에는, 각 dish에 대략 같은 수의 세포를 plating하면 되므로, 10 mL 피펫으로 충분할 것이다. Dish마다 약간의 오차가 있어도, 실험 하나당 5장을 사용하고 있으면 각 dish간의 오차는 적어지게 되기 때문이다. 또한, 고마고메피펫의 눈금은 정확하지 않기 때문에, 10 mL plating했다고 생각한 것이 9 mL 정도였다고 하여도, 각각의 dish에 동일하게 9 mL씩 분주되어 있다면 문제가 되지 않는다.

Dish 간에 큰 차이가 있으면 곤란하지만, 다소 차이가 있어도 세포를 plating하여 실험에 사용할 때까지 며칠간 세포가 증식하여 dish에 가득찰 때는, plating할 때의 약간의 세포수의 많고 적음은 문제가 되지 않는다.

### 2) 정확하게 plating하는 것이 좋은 경우

이것에 대해 한 point당 35 mm dish 3장을 이용하여, 10 point의 시점에서 세포수를 카운트하여 증식곡선을 그린다고 하자(합계 30장)[ⓐ]. 이때는 dish마다 plating된 세포의 오차가 그대로 결과에 반영되기 때문에 메스피펫을 사용하여 정확하게 plating하는 편이 낫다. 물론 대조군과 다양한 농도의 약제 처리군을 비교하는 경우 등 검체 간에 동일 조건을 요구되는 실험을 하는 경우에도 정확히 plating할 필요가 있다.

ⓐ 증식곡선을 그리는 방법에 대해서는 **제5일 실습** 1을 참조

제3일 정확한 세포수를 plating하는 기술을 몸에 익히자!

### ▶ 피펫 선택

1 mL씩, 2 mL씩, 혹은 5 mL씩 plating할 때에, 1 mL, 5 mL, 혹은 10 mL 중에서, 어느 메스피펫을 사용하는가에 대해서는 선택의 여지가 있다. 정확하게 한다는 관점에서 보면, 1 mL씩 plating할 때는 1 mL의 메스피펫을 사용하는 것이 생화학 실험에서는 원칙일 것이다. 그러나 작은 피펫을 사용하면, 세포현탁액을 몇 번이나 피펫팅하지 않으면 안 되고, 시간이 걸릴 뿐만 아니라, 세포에 기계적인 장해를 증가시키는 것이 된다. 많이 plating할 때에는, 정확함이 결여되어도 빨리 조작하는 것이 세포에 주는 장해가 적고, 좋은 결과를 얻을 수 있는 경우가 있다. 빨리하는 것과 정확하게 하는 것은 실험자에 따라 크게 다르기 때문에 한마디로 말할 수 없지만, 1 mL이나 2 mL씩 plating한다면 5 mL 메스피펫으로, 3 mL 이상이라면 10 mL 메스피펫으로 하는 것이 좋을 것이다.

## 2 정확한 분주법

★ 세포현탁액은 항상 흔들어서 세포가 가라앉지 않도록 유지한다(단 상하로 흔들지 말 것).
피펫팅할 때마다 잘 섞는다. 병에 세포현탁액을 제조하고 병을 회전하여 섞는 경우는, 처음 회전시킨 방향과 반대로도 회전시켜 피펫팅하자.

**Point**
★1 재빠르게, 일정 속도로!

### ▶ 메스피펫으로 세포현탁액을 분주할 때의 포인트 (★1)

#### ☞ 피펫 내에서 세포가 가라앉는 것을 어떻게 방지할까

- 피펫으로 세포현탁액을 흡입한 다음, 재빠르게 하지 않으면 피펫 내에서 세포가 점점 가라 앉아 용액의 위와 아래에서 세포 농도차가 생긴다. 흡입한 다음에는 가능한 한 빨리 분주해야 한다. 피펫 내에서 농도차가 생겼다면, 원래의 현탁액에 되돌려 다시 흡입한다.

#### ☞ 거품이 들어갔다면 어떻게 하면 될까(메스 눈금을 읽을 수 없게 된다)

- 다시 한 번 더 흡입한다.

#### ☞ 용액을 흡입하였을 때 거품이 도중에 붙어 있다면 어떻게 하면 될까

- 한 번 더 반복한다.
- 피펫이 깨끗하지 않아 같은 위치에 거품이 붙는 경우에는 피펫을 교환한다.

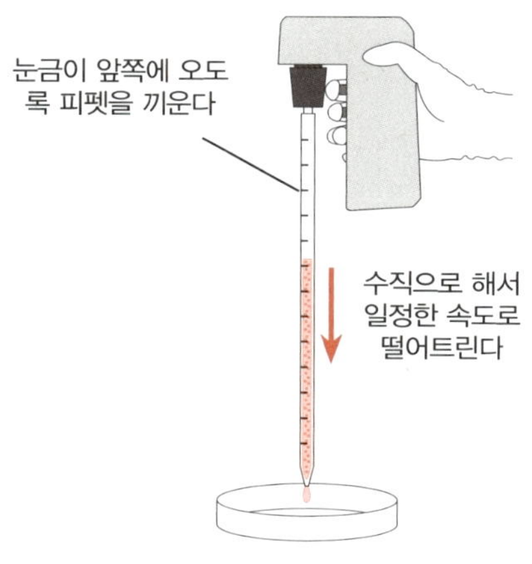


5 mm 정도의 높이에서 떨어트린다. 익숙해지면 무의식적으로 피펫 끝과 액면의 간격이 일정하게 된다(그런 것에 무신경한 사람도 있다).

☞ **용액을 떨어트리는 속도**

- 용액을 떨어트리는 속도가 너무 늦으면, 세포가 점차로 가라 앉아, 용액의 위와 아래에서 세포 농도에 차이가 생긴다.
- 용액을 떨어트리는 속도가 너무 빠르면, 세포가 미처 떨어지지 못하고, 용액 위쪽에 세포가 모이게 된다.
- 피펫을 비스듬하게 하여 분주하면, 피펫 아래쪽에 세포가 모인다.
- 적당하고, 일정한 속도로 세포 농도가 불균일하게 되지 않도록 떨어트리는 것에 익숙해지도록 할 것.

☞ **Dish에 너무 많이 넣었을 경우에는 어떻게 하면 될까**

- 흡입해 내도 안 된다. 단념한다 (필요한 실험정확도에 따라서도 다르다).

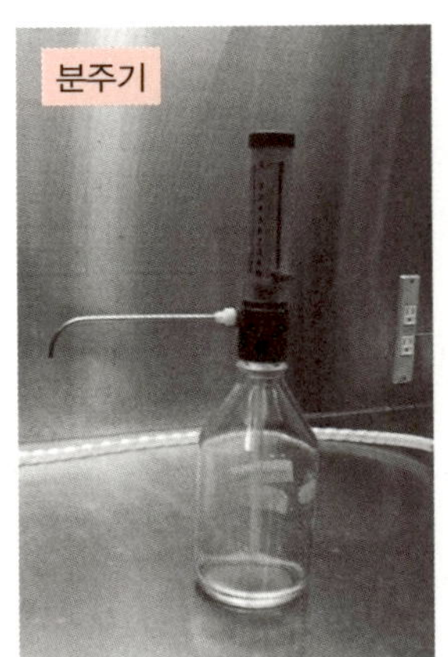


## ▶ 대량으로 다룰 때는 분주기를 써도 된다.

혼자서도 다룰 수 있지만 가능하면 둘이서 하는 쪽이 편하다. 한 사람이 분주기를 다루고, 다른 한 사람이 dish를 다룬다. 다만, 초보자가 갑자기 다룰 수는 없으니까 사용할 때는 선배에게 자세하게 배우는 걸로 하자.

## 실험노트

# 0011 세포 분주 연습 2010 年 4 月 21 日 ( 수 )

**목적** 세포를 정확한 세포수로, 동시에 무균적으로 분주하는 조작을 연습한다.

**준비**
- ☐ PBS(–) ( 2010 - 4 - 12 - 6 )
- ☐ Trypsin/EDTA ( 2010 - 3 - 22 - 3 )
- ☐ 배지 DMEM ( 2010 - 3 - 19 - 5 ) 10% FBS lot. ( Hyclone 7MO528 )
- ☐ 15 mL 원심관
- ☐ 50 mL 원심관
- ☐ 60 mm dish
- ☐ Eppendorf tube
- ☐ 100 mm 2장의 세포
  세포명 : TIG-3 ( 2010 - 4 - 17 plated, 45 PDL, Subconfluent )
- ☐ Crystal violet 용액
- ☐ 혈구 계산판

**조작** 세포현탁액을 만들고, 분주 ➡ *Step ①*

( 9 : 30 ) 배지를 흡입하고, PBS(–) 5 mL로 세포를 2회 washing한다.

↓

Trypsin/EDTA 2 mL을 각각 첨가한다.

↓

세포가 떨어지면, 배지 5 mL을 각각 첨가하여 suspension.

↓

50 mL 원심관에 세포 현탁액을 옮겨, 1,000 rpm, 5분 실온에서 원심분리. (9 : 45 ~ 9 : 50)

↓

원심분리하는 동안에, 60 mm dish 5장을 준비해서, 1~5까지 번호를 매겨 둔다.

↓

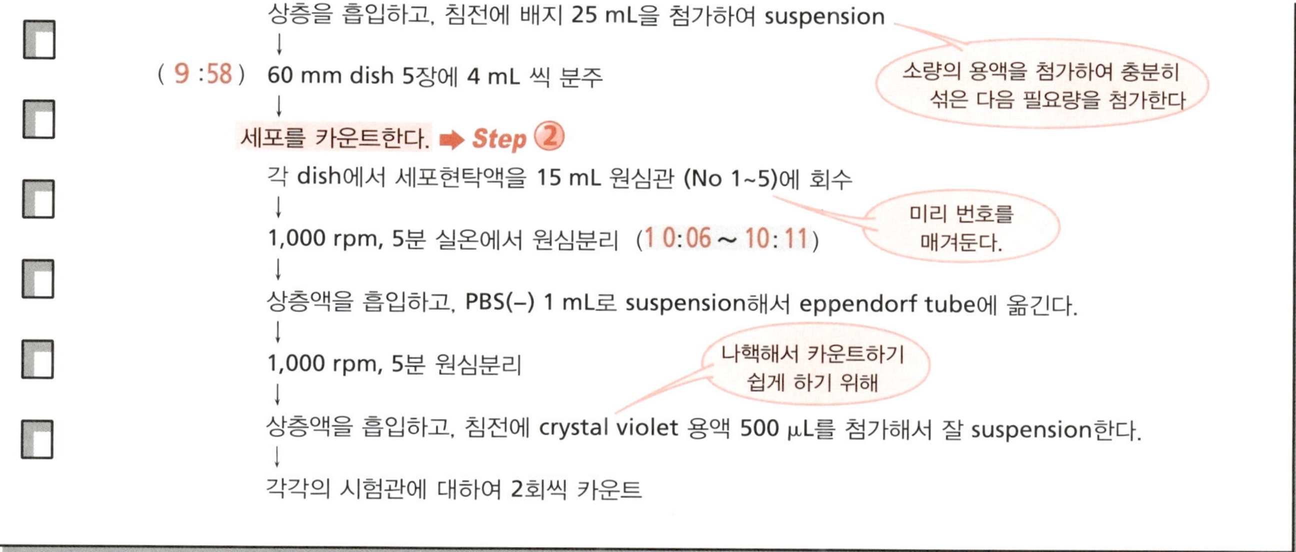

★ 조작으로서는 메스피펫 사용법 이외에 새로운 것은 없다.

## Step 1 세포현탁액을 만들고 분주한다(★1)

❶ 배지를 흡입하고, PBS(−) 5 mL로 2회 washing한다.

⬇

❷ 2장의 dish 각각에 trypsin/EDTA 2 mL을 첨가한다[ⓐ].

⬇

❸ 세포가 떨어지면, 각각 배지 5 mL을 첨가하여 현탁한다.

⬇

❹ 50 mL 원심관에 옮겨, 1,000 rpm[ⓑ], 5분 실온에서 원심분리한다[ⓒ].

⬇

❺ 원심분리하는 사이에, 60 mm dish 5장을 준비하여, 1~5까지 번호를 매겨둔다.

⬇

❻ 상층액을 흡입하고, 침전에 배지 25 mL을 첨가하여 잘 현탁한다[ⓓ].

⬇

❼ 60 mm dish 5장에 세포 현탁액을 4 mL 씩 분주한다[ⓔ, ⓕ].

**Point**

★1 세포가 sheet 상으로 벗겨지거나 trypsin이 불충분해서 세포가 복수의 덩어리가 되지 않도록 주의하자. 세포를 카운트할 때에 single cell이 되지 않으면 정확한 카운트가 되지 않는다.

ⓐ 세포를 떼어내는 방법에 관해서는 **제2일 실습** 1을 참조.

ⓑ Revolution per minutes (회전수/분)

ⓒ 원심관 두껑 사이에 먼지가 들어가지 않도록 비닐 테이프를 감아 둔다.

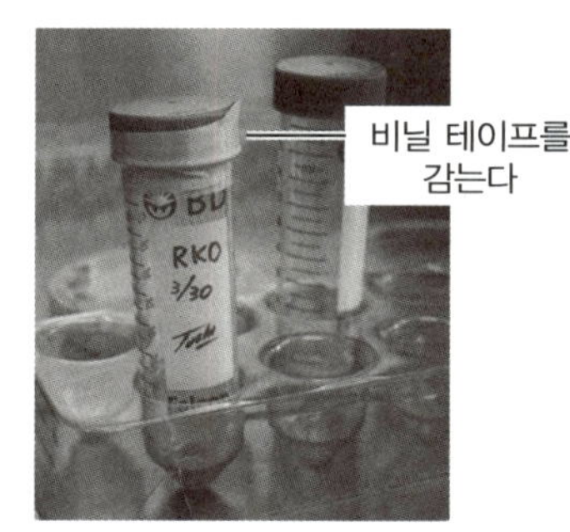


ⓓ 세포를 떼어내는 방법에 관해서는 제2일 실습 1을 참조. 우선 5 mL을 첨가해서 피펫에서 액체를 뿜어내어 현탁하여 잘 풀어준 다음 20 mL을 더한다.

ⓔ 이 경우는 dish에 세포가 없기 때문에 dish 용기 벽을 따라 배지를 주입할 필요는 없고 dish 중앙에 주입해도 된다.

ⓕ **2 정확한 분주 방법** 참조.

## Step 2 세포를 카운트한다

### ▶ 이 조작은 무균적으로 할 필요는 없다.

❶ 각 dish에서 세포 현탁액을 15 mL 원심관 (No 1∼5)에 회수한다.

⬇

❷ 1,000rpm, 5분 실온에서 원심분리한다.

❸ 상층액을 흡입하고, PBS(−) 1 mL로 현탁하여, eppendorf tube에 옮긴다.

❹ 1,000rpm, 5분 원심한다.

❺ 상층액을 흡입하고, 침전에 crystal violet 용액을 500 μL 첨가하여 잘 현탁한다 (★1).

❻ 각각의 시험관에 대하여, 2회씩 혈구 계산판에 넣어, 각각 8회씩 카운트한다.

**Point**

★1 세포 카운트 수는 최저라면 50, 최고여도 200 이내로 하도록 한다. 보통 100 정도가 좋다. 이 안에 들어가지 않는 경우는 희석하거나 농축하거나 해서 측정하자.

### 일반적인 현탁을 만드는 법

아래 그림 ①의 현탁 방법으로는 덩어리가 풀어지지 않는 경우가 있다. ②는 세포에 대해 너무 강한 힘이 작용하여 세포가 손상을 입는다. ③④는 용액이 뚜껑에 묻을 위험성이 있을 뿐만 아니라, 덩어리가 풀어지지 않는 경우가 있다. 여기에서는 ⑤의 방법으로 부드럽게 현탁함으로써 하나의 세포가 되도록 하자(single cell suspension). 이 경우에도, 작은 피펫으로 몇 번 반복하게 될 경우, 빨아들여지지 않는 부분이 남게 되어, 그곳에 떠 있는 덩어리는 풀어지지 않게 된다. 큰 피펫(예를 들면, 10 mL 고마고메피펫)으로, 가능한 많은 양의 용액을 천천히 빨아들이고 내뿜어 모든 세포가 풀어질 수 있도록 한다. 침전상태에 따라 다르지만, 비교적 단단한 경우에는, 소량(몇 mL)의 배지를 이용하여 섞는 편이 낫다. 단단한 침전에 처음부터 많은 양의 용액을 첨가하면, 침전이 덩어리 채로 부유하여 덩어리가 분산되지 않기 때문이다. 세포의 경우에는, 침전이 그렇게 단단하지 않기 때문에, 처음부터 충분한 양의 용액(이 경우에는 배지)을 첨가하여 현탁하여도 간단히 세포 하나하나가 분산되어질 것이다.

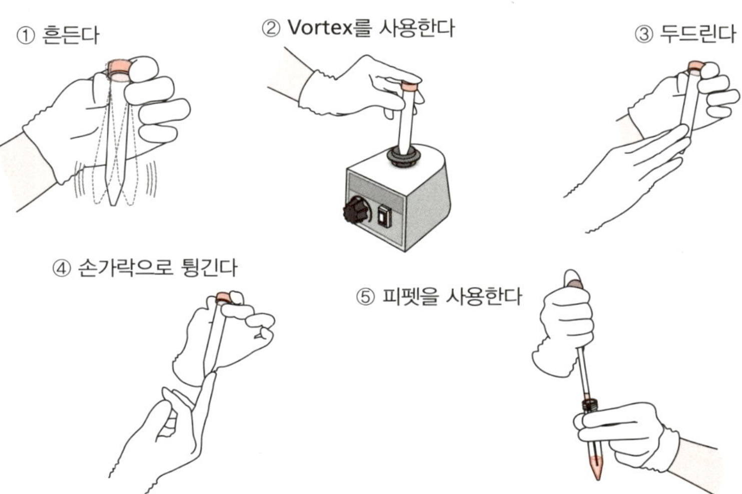

## 고찰

- 이상한 형태나 단편화된 핵 등이 보이지 않았는가?
- 각 시험관에 같은 수의 세포가 분주되어 있는가(시험관 간의 오차가 10% 이내인가)?
- 5 mL의 메스피펫으로 분주한 경우, 1번부터 5번까지 일정한 경향이 보이는가(번호순에 따라 세포가 많아진다든가 혹은 적어지는 경향이 있는가)?[a]
- 10 mL 피펫을 이용하여 2장의 dish에 분주한 경우, 앞의 것과 뒤의 것 사이에 세포수의 차이가 있는가?[b]

ⓐ 세포현탁액 용기를 가끔씩 흔들지 않은 것이 원인
ⓑ 용액을 떨어뜨리는 속도가 너무 늦거나, 너무 빠른 것이 원인

### ▶ 복습

**실습 1**에서 정확하게 분주할 수 있게 되었다면, 한 번 더 같은 요령으로 60 mm dish 6장에 분주하여 보자(실험노트 # 0012).

다음날, plating한 세포를 관찰한다. 1주일 후에 각 dish의 세포를 카운트한다. 분주할 때 약간의 세포수의 차이는 문제가 되지 않는다는 것을 알 수 있다.

# 실습 2 적은 수 세포 plating에 의한 colony 형성

★ 몇 개의 희석배율로 plating해서, 적절한 희석배율의 것을 클로닝에 사용한다. 세포에 따라서 colony 형성률은 다르다. 농도가 너무 낮으면 colony가 전혀 나타나지 않는다. 농도가 진하면 colony끼리 달라붙어서 colony를 회수할 수 없다. 미리 몇 개의 희석배율로 plating하는 것이 중요하다.

1개의 세포에서 증식한 세포집단(**클론**: clone, 동일한 유전적 배경을 갖는 개체 혹은 세포집단)을 얻기 위한 조작이 **클로닝**(클론을 획득하는 것)이다. Dish에 소수의 세포를 plating하면, 하나의 세포에서 증식한 집단(colony)을 형성한다. 적은 수의 세포를 plating하였을 때, 얼마큼 세포가 증식해서 colony를 형성하는지는 세포의 종류에 따라 큰 차이가 있다. 일반적으로 정상세포는 colony 형성률이 적어서 0.01% 이하인 것도 드물지 않다. 암세포는 colony 형성률이 높은 경우가 많아 거의 100%가 되는 경우도 있다.

### ▶ Colony 형성을 하는 목적

#### 1) 세포 클로닝

배양하고 있는 세포는 계대 중에 조금씩 변화해서 점점 성질이 다른 세포가 섞인 불균일한 집단으로 변화한다. 이 같은 집단에서 본래 성질을 유지한 세포 혹은 극단적으로 성질이 다른 세포를 얻으려고 할 때 클로닝을 수행한다.

또, 세포 유전적인 연구를 위해 돌연변이를 일으켜 변이세포를 회수하려고 할 때에도 클로닝을 수행한다.

클로닝(colony 형성)을 할 때에는, 형성된 colony가 서로 접촉되지 않도록 커다란 dish에 적은 수의 세포를 plating하는 방법과, 희석한 세포현탁액을 작은 배양용기(96-well 혹은 24-well과 같은 multi-well plate)에 평균 1개씩의 세포가 들어가도록 plating하는 방법이 있다.

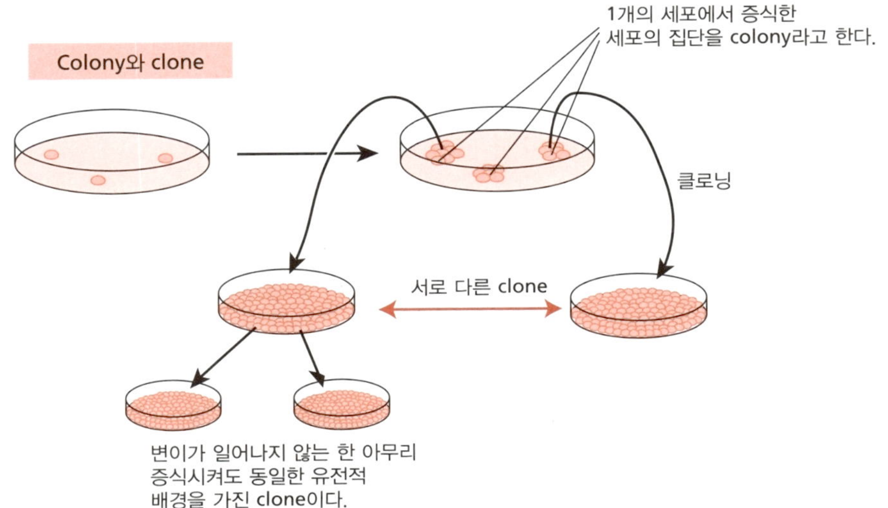


### 2) 그 이외 목적

Colony 형성 실험의 또 다른 목적은 세포배양에 사용하는 혈청의 lot check(**특별실습 3-4**를 참조)나 세포의 증식 능력을 방해하는 각종 처리의 영향을 조사할 때 자주 사용된다. 예를 들면, 증식인자로서 혈청의 좋고 나쁨을 판정할 때에 세포의 증식속도 등을 사용해도 되지만, colony 형성률은 복수 종류의 세포를 대상으로 할 수 있어서 간단하고 예민한 방법으로서 사용된다. 또, 세포에 방사선이나 약물을 처리하였을 때, 용량 의존적으로 세포가 증식 능력을 잃게 되는 것에 대해 colony를 형성할 수 있는 세포가 어느 정도 남아있는지를 카운트함으로써, 정량적으로 해석이 가능하다. 실제로는, dish에서 보통 배양하고 있는 세포에 각종 처리를 한 후, 세포를 떼어내어 적은 수의 세포를 plating하여 colony를 형성시키는 방법과 처음부터 적은 수의 세포를 plating하여 세포가 붙은 후에 각종 처리를 하는 방법이 있다.

## ▶ 세포에 의한 conditioning

일반적으로, 세포는 배양 중에 각종 물질을 배지 중에 분비하여, 결과적으로 배지를 자기 자신에게 적합한 상태로 변화시킨다. 이것을 세포에 의한 **conditioning**이라고 한다. 많은 세포를 plating했을 때에는 conditioning이 빠르게 일어남으로 그것의 필요성을 알아차리지 못하는 경우가 많지만, 적은 수의 세포를 plating했을 때는, 신선한 배지에 conditioning medium을 반 정도 섞으면 colony 형성률이 높아지는 경우가 있다.

Conditioning medium은 일반적으로, confluent 세포를 3~4일 배양한 배지를 이용한다. 원심분리 혹은 여과하여 세포 파편 등을 제거하여 사용한다. 배지가 너무 노랗게 변하지 않는 사이에 채취하는 편이 좋으나, 너무 짧은 시간에 채취하면 conditioning이 불충분하다.

## ▶ 본 실습에서 colony 형성실험을 하는 목적

Colony 형성률은 세포 손상이 오면 현저하게 값이 저하하기 때문에 선배의 결과와 비교하는 것으로 배양기술의 정도로 짐작할 수 있다.

본 실습에서는 100 mm dish에 50, 100, 1,000, 10,000개의 세포를 4장씩(합계 16장) plating하여 본다.

# 0013 Colony 형성 연습 2010 年 4 月 21 日 ( 수 )



**준비**

- ☐ PBS(–) ( 2010 – 4 – 12 – 6 )
- ☐ Trypsin/EDTA ( 2010 – 3 – 22 – 3 )
- ☐ 배지 DMEM ( 2010 – 3 – 19 – 5 ) 10% FBS lot. ( Hyclone 7MO528 )
  필요량 ( 200 ) mL
- ☐ 멸균 50 mL 및 15 mL 시험관
- ☐ 세포 (60 mm dish 1장 분)
  세포명 : TIG-3 ( 2010 – 4 – 17 plated, 45 PDL, Subconfluent )
- ☐ 혈구 계산판
- ☐ 100 mm dish 12장
- ☐ 0.5% trypan blue, PBS(–) 용액

**조작**

( 1 : 20 ) 배지를 흡입한다.

↓

PBS(–) 5 mL로 세포를 2회 washing

↓

Trypsin/EDTA 2 mL을 첨가한다.

↓

세포가 dish에서 떨어질 때까지 실온방치

↓

배지를 2 mL 첨가해 suspension

↓

15 mL 원심관에 옮겨 1,000 rpm, 5분 원심분리해서 상층액을 제거한다.

↓

배지 0.5 mL로 suspension (현탁액 A)

↓

100 μL를 덜어서 1 mL tube로 옮겨 trypan blue 용액 100 μL를 첨가한다.

↓

생 세포수를 혈구 계산판으로 카운트한다.

(희석액을 만들기 위해 카운트한다.)

| 생 96 / 전 98 | 생 80 / 전 87 |
|---|---|
| 생 95 / 전 102 | 생 93 / 전 95 |

생 세포 182 × $10^4$/mL of A
생 세포 191 × $10^4$/mL of A
생 세포율 95.3 %

(여기에서는 현탁액 A를 같은 양의 trypan blue 용액으로 2배 희석한 것을 카운트했기 때문에, 91 (생 세포수의 평균) × 2 × $10^4$ = 182 × $10^4$/mL이 된다.)

(이하, 단계별 희석한다.)

◆10,000 cells/100 mm dish (8 mL 배지)
50,000 cells/ 40 mL 배지 (100 mL 병)
28 μL 현탁액 A
40 mL 배지 } 현탁액 B

(4장 분 필요. 이 일부를 다시 현탁하기 때문에 여유를 가지고 5장 분을 만든다.)

◆1,000 cells/ 100 mm dish・8 mL 배지 × 5
5,000 cells/ 40 mL 배지 (100 mL 병)
4.0 mL 현탁액 B
36 mL 배지 } 현탁액 C

◆100 cells/ 100 mm dish・8 mL 배지 × 5
500 cells/ 40mL 배지 (100 mL 병)
4.0 mL 현탁액 C
36 mL 배지 } 현탁액 D

◆50 cells/ 100 mm dish・8 mL 배지 × 5
250cells/40 mL 배지 (100 mL 병)
2.0 mL 현탁액 D
38 mL 배지 } 현탁액 E

↓

현탁액 B～E, 각각 8 mL씩을 100 mm dish에 4장씩 plating한다.

다음 페이지에 계속

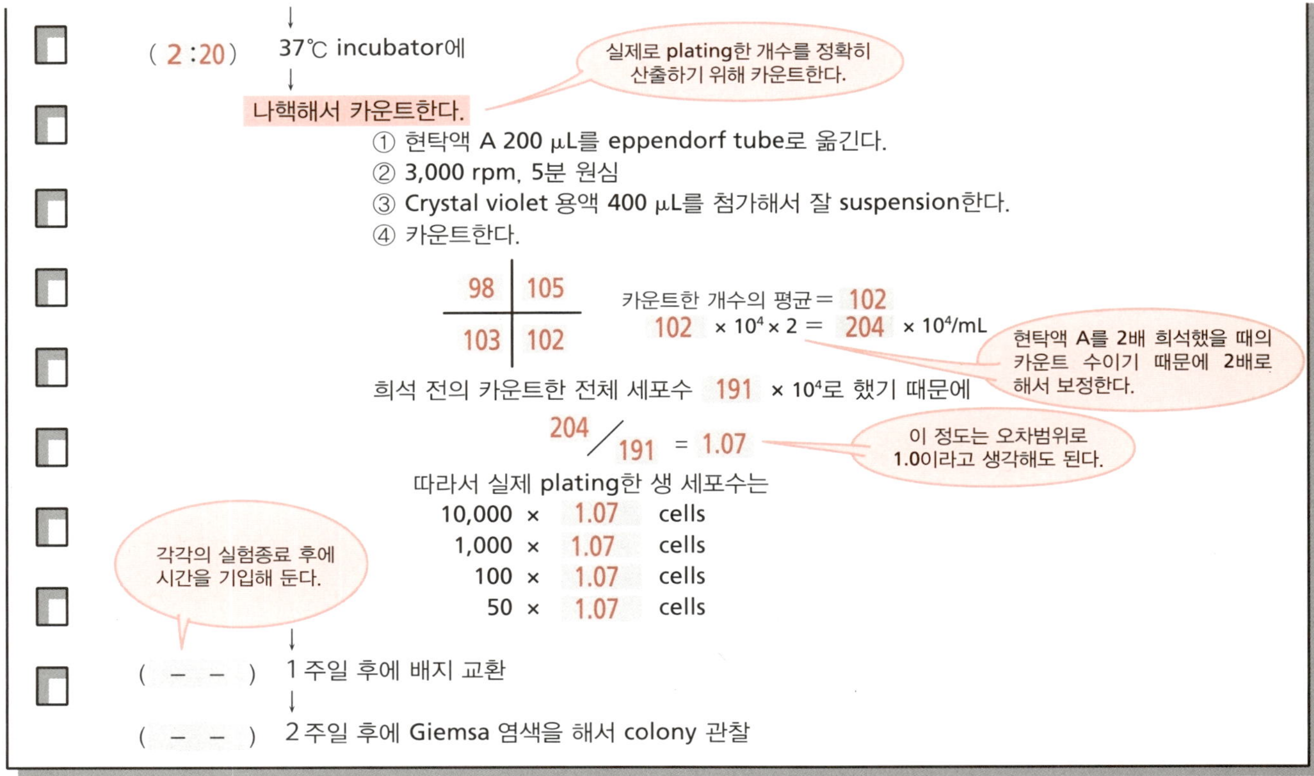


〈개별 조작에 대해서는 이미 배운 대로이기 때문에 개략만을 나타낸다.〉

❶ 세포 현탁액을 만든다[ⓐ].

❷ 생세포를 카운트한다(제2일 실습 2-2 참조).

❸ 목표로서 50~10,000 cell/100 mm dish가 되도록, 단계적으로 세포 희석액을 만든다[ⓑ].

❹ 세포를 plating한다.

❺ ❷에서 사용한 현탁액의 일부를 나핵해서 정확한 세포수를 카운트한다[ⓒ].

❻ 1주일 후 배지 교환을 한다[ⓓ, ⓔ](제1일 실습 1 참조, ★1).

❼ 클로닝을 하는 경우는, 제4일 실습 2를 참고로 해서 수행한다. Colony 형성률을 조사하는 경우는, 2주일 후에 형성된 colony를 Giemsa 염색하여 관찰한다.

ⓐ 세포가 손상을 받지 않도록, 빠르고 주의깊게 조작할 것.

ⓑ 첫 번째 희석에서 28 μL의 A액을 채취한 곳에서는 오차가 크게 나타날지도 모른다. 불안하면, 현탁액 A를 200 μL 채취하고 배지로 20 mL로 한 후(100배 희석), 이것을 원액으로 하여 현탁액을 B를 만들어도 된다.

ⓒ 생세포를 카운트했을 때, 세포수가 정확하지 않았다. 세포의 응집도 있었기 때문이다 (**제2일 실습 2−2**). 이 때문에, 다시 나핵해서 정확하게 카운트하여 plating한 수로 한다.

ⓓ 세포수가 적기 때문에 배지소모가 적은 것과, 배지의 conditioning 효과를 고려하면, 배지 교환은 주 1회로 충분하다. Dish를 움직이면, 접착력이 약한 세포(예를 들면, 분열중의 세포 등)가 떨어져, 다른 곳에 접착하여 새로운 colony(satellite colony)를 형성할 위험성이 있으므로, 배양 중에는 가능한 한 dish를 움직이지 않는 것이 좋다.

ⓔ 세포가 떨어지지 않도록 주의하여 조작할 것.

## 고찰

Plating한 생세포수와 형성된 colony 수가 동일한 경우(colony 형성률이 높다)와 plating한 생세포수에 비해 형성된 colony 수가 적은(colony

**Point**

★1 보통의 배양처럼 2~3일 배지 교환은 하지 않는다. Colony 형성 등은 세포가 conditioning할 때까지 시간이 걸리고, 배지 교환에 의해서 오히려 colony 형성률이 내려간다.

형성률이 낮다)경우가 있다. 선배의 것과 비교해 보자. 테크닉이 나쁜 경우에 colony 형성률이 낮은 것은 당연한 일이다.

## 실습 3 Colony의 Giemsa 염색

세포의 염색법은 목적에 따라 여러 가지가 있지만, 여기에서는 가장 간단한 Giemsa 염색을 실습한다.

**실습 2**에서 plating한 세포는 2주일 후, 세포를 고정·염색하여 관찰하지만(증식이 빠른 세포는 10일 정도에 충분한 크기의 colony를 형성한다), 여기에서는 TV의 요리 프로그램 같기는 하지만, 미리 준비한 것을 사용하여 관찰하기로 한다. 물론, colony에서 뿐만 아니라, 일반적으로 자라고 있는 세포도 같은 방법으로 염색할 수 있다.

### 실험노트

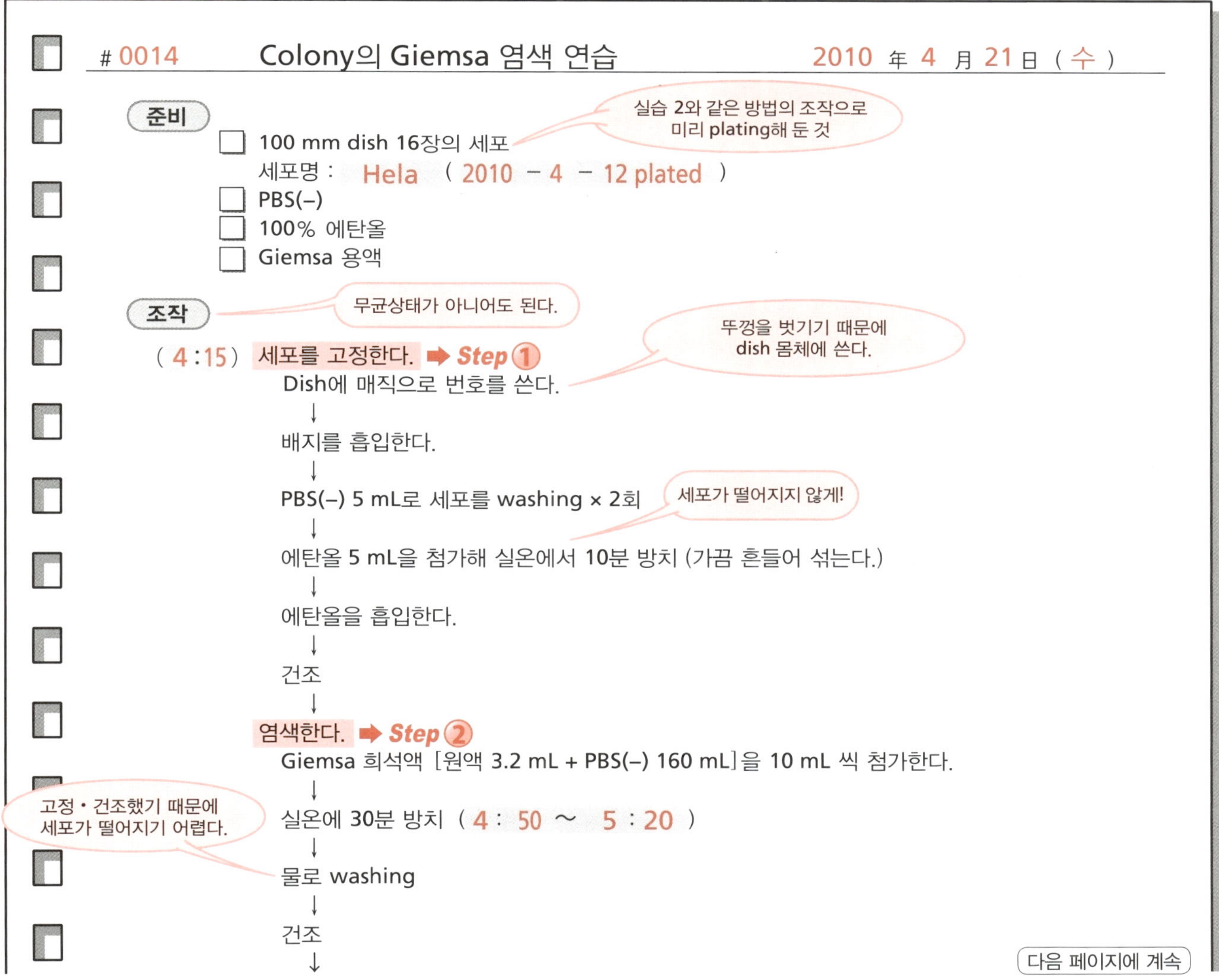

\# 0014 Colony의 Giemsa 염색 연습 2010 年 4 月 21 日 ( 수 )

준비

- ☐ 100 mm dish 16장의 세포 (실습 2와 같은 방법의 조작으로 미리 plating해 둔 것)
  세포명 : Hela ( 2010 − 4 − 12 plated )
- ☐ PBS(−)
- ☐ 100% 에탄올
- ☐ Giemsa 용액

조작 (무균상태가 아니어도 된다.)

( 4 : 15 ) 세포를 고정한다. ➡ Step ①

Dish에 매직으로 번호를 쓴다. (뚜껑을 벗기기 때문에 dish 몸체에 쓴다.)

↓

배지를 흡입한다.

↓

PBS(−) 5 mL로 세포를 washing × 2회

↓

에탄올 5 mL을 첨가해 실온에서 10분 방치 (가끔 흔들어 섞는다.) (세포가 떨어지지 않게!)

↓

에탄올을 흡입한다.

↓

건조

↓

염색한다. ➡ Step ②

Giemsa 희석액 [원액 3.2 mL + PBS(−) 160 mL]을 10 mL 씩 첨가한다.

↓

실온에 30분 방치 ( 4 : 50 ～ 5 : 20 )

↓

물로 washing (고정·건조했기 때문에 세포가 떨어지기 어렵다.)

↓

건조

↓

다음 페이지에 계속

Colony 카운트 ➡ Step 3

10,000 cells X 개/ X 개/ X 개/ X 개 Confluent해서 카운트할 수 없다.

평균 X 개

Colony 형성률 $\frac{X}{10,000} \times 100 =$ X %

1,000 cells X 개/ X 개/ X 개/ X 개 Colony가 너무 많아서 카운트할 수 없다.

평균 X 개

Colony 형성률 $\frac{X}{1000} \times 100 =$ X %

100 cells 97 개/ 86 개/ 73 개/ 81 개 중첩된 것이 있어서 카운트되지 않는 듯

평균 84.3 개

Colony 형성률 $\frac{84.3}{100} \times 100 =$ 84.3 %

50 cells 56 개/ 149 개/ 158 개/ 152 개

평균 53.8 개

Colony 형성률 $\frac{53.8}{50} \times 100 =$ 108 %

## 새롭게 준비할 것

- Giemsa 희석액 [Giemsa 원액을 PBS(−)로 50배 희석한 것]
  - 희석을 정확하지 않아도 상관없으므로, 고마고메피펫으로 충분하다.
  - Giemsa 원액에 물을 첨가하지 말 것(Giemsa액을 채취하는 피펫은 건조시킨 것을 사용할 것). 물을 넣으면 침전이 발생한다.
  - 희석 후 한동안 시간이 지나면 침전이 생기므로, 사용직전에 희석할 것.
  - 희석액용으로 코르크 마개에 2 mL 고마고메피펫을 끼운 것을 만들어, 100 mL 정도의 병에 끼워둔다(눈금이 있는 병이 편리). Giemsa 용액은 건조되면 좀처럼 떨어지지 않으므로, 전용용기를 사용한다. 사용한 희석용 병과 피펫은 가볍게 물로 씻어두었다가, 다음에 사용하면 된다.

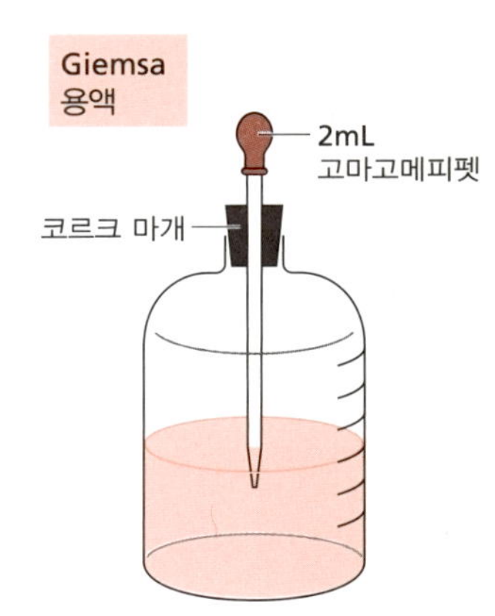


## Step 3 세포를 고정한다[a]

❶ 세포를 incubator에서 꺼낸다(이후, 무균조작을 할 필요가 없다).

❷ Dish 가장자리에 유성펜으로 표시(번호, 세포이름 등) 해둔다[b].

❸ 배지를 aspirator로 흡입한다.

❹ PBS(−) 약 5 mL을 고마고메피펫으로 첨가한다.

❺ Dish를 잘 돌려 남은 배지를 섞는다.

ⓐ 고정(fixation)은 주로 단백질을 변성시켜 불용화하는 것에 의해 세포가 살아있을 상태의 구조와 물성을 가능한 한 유지할 수 있는 조작을 말한다. 조직의 고정에는 종종 formalin이 사용되는데, 배양세포에서는 알콜이 사용되는 경우도 많다. 고정 후의 표본을 무엇에 쓸 지의 목적에 따라 고정법이 다르다. Dish 표면에 분비된 세포외기질 단백질도 고정되기 때문에 dish에서 세포가 떨어지지 않도록 하는 효과도 있다.

ⓑ 배양 중에는 뚜껑 윗면에 적어 두었겠지만, 뚜껑을 제거하여 버리면 어떤 세포인지 알지 못하게 된다(특히, 몇 십장이 있을 때). 이것을 잊고, 실험이 끝난 후에, 얻어진 결과를 전혀 알 수 없게 된 학생이 있었다.

❻ Aspirator로 흡입한다.

❼ 다시 한 번 PBS(−)로 washing한다.

❽ 고마고메피펫으로 에탄올 약 5 mL을 취해, dish 가장자리에 살며시 첨가한다[ⓒ, ⓓ].

❾ Dish를 잘 돌려 전체에 섞이게 한다.

❿ 그대로 실온에 10분간 방치한다[ⓔ].

⓫ Aspirator로 흡입한다.

⓬ Dish를 거꾸로 비스듬히 세워서 건조시킨다.

ⓒ 에탄올을 첨가할 때, 남겨진 PBS와 섞이면 반응하여, 세포가 떨어져 버리는 일이 있다. 특히 떨어지기 쉬운 세포에서는 전부 떨어져 나가버린다. 이러한 세포를 취급할 때는 formalin으로 고정한다. 조작순서는 에탄올 고정과 동일하지만, 고정 후에 물로 가볍게 세포를 washing하여 둔다(그렇게 하지 않으면, 건조되었을 때 PBS의 염이 석출하여 표본이 깨끗하지 않다).

ⓓ 에탄올이 dish 가장자리에 묻으면 표시가 지워지므로 주의할 것.

ⓔ 샘플이 많은 경우는 뚜껑을 씌우는 편이 좋다(증발한 알콜이 그 주변에 떠 다닌다). 다만 이 경우는, 증발한 알콜 때문에 dish 가장자리에 쓴 표시가 지워진다(흘러내린다). 이것을 주의한다.

## Step 2 세포를 염색한다

❶ PBS(−)로 50배 희석한 Giemsa 용액 5 mL을 dish에 넣고, dish를 돌려 잘 퍼지게 한다.

❷ 뚜껑은 덮고 실온에서 약 30분 방치하여 염색한다.

❸ 염색액을 버린다.

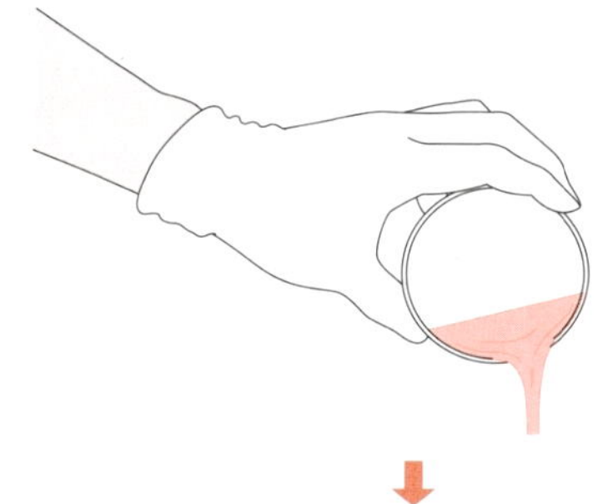

❹ 수돗물을 dish에 조금씩 흘려서, 잘 헹군다[ⓐ].

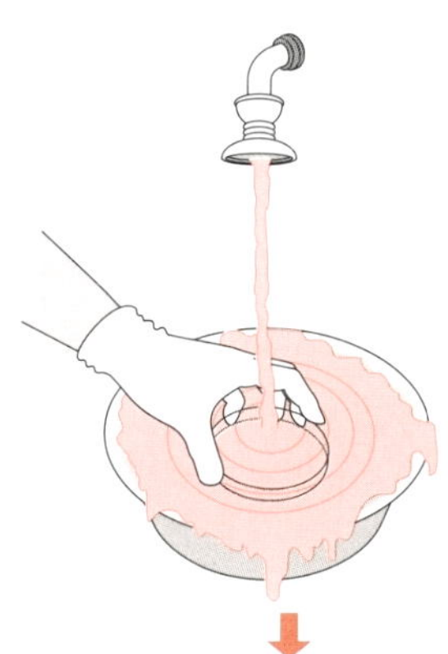

ⓐ 고정시켜 건조시킨 후는 잘 떨어지지 않지만, 건조시키기 전이라면 떨어질 수가 있다.

❺ Dish를 잘 흔들어 남은 배지를 제거한다.

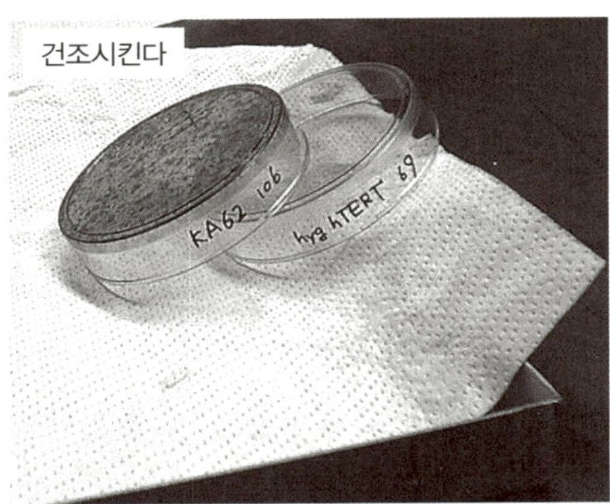


## Step 3 관찰/Colony를 카운트한다

❶ 육안으로 관찰한다.

◆ 전체를 관찰한다.

- Colony 분포가 편중되어 있지 않은가?[ⓐ]
- Colony 크기는 일정한가?[ⓑ]
- Colony 형태는 원형인가?[ⓒ]
- Colony가 서로 합쳐져 있지 않은가?

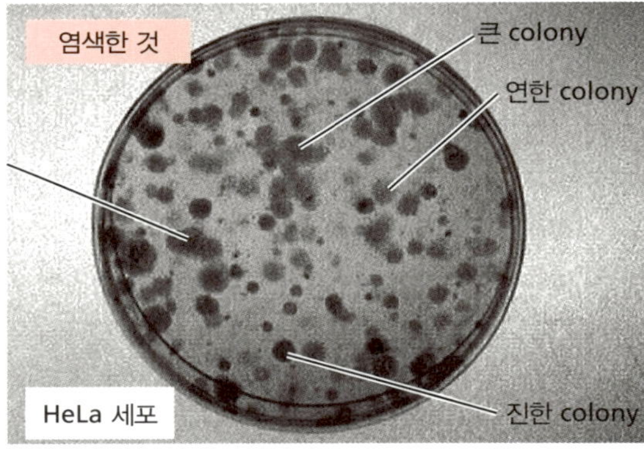


❷ Colony를 카운트한다[ⓓ].

❸ 현미경에서 관찰한다[ⓔ].

ⓐ Dish 반쪽에는 거의 없고, 다른 반쪽에 많이 있다던가 중심부에는 없고 가장자리에 많이 있다 등의 것은 좋지 않다(plating이 나쁘다).

ⓑ 예를 들어, 대부분의 colony가 5~7 mm 정도라면 카운트하기 쉽다. 작은 colony와 큰 colony가 섞여있는 경우에는, 어느 정도의 크기까지 카운트해야 하는지 망설이게 된다(모눈종이 위에 dish를 얹어놓고 카운트하면 한눈에 크기를 알 수 있다).

ⓒ 세포 종류에 따라서 colony 주위가 확실하게 보이지 않는 경우나, 울퉁불퉁한 것도 있다. 눈사람 모양을 하고 있는 colony는 2개의 colony가 융합했을 가능성이 있다.

ⓓ 본 실습에서 HeLa 세포를 많이 plating한 dish는 colony가 너무 많아서 카운트하지 못했다(100개, 50개를 plating한 것은 카운트 가능하다). 실습 2에서 plating한 TIG-3에서는 colony 형성률이 낮기 때문에 그것과 비교할 목적으로 colony 형성률이 높은 것을 보여주고 있다.

ⓔ Colony의 모습이나 염색의 상태 등을 확인해 보자. 40배 정도에서 관찰하는 것으로 충분하다.

### Colony를 카운트한다

- 빛을 발산하는 기계인 illuminator 위에 dish를 뒤집어 놓고 카운트하면 좋다.
- Colony를 수성 매직펜 등으로 표시하면서 카운트하면, 카운트하지 않고 지나가는 것이나 중복해서 카운트하는 것을 방지할 수 있다(유성매직을 사용하면 나중에 지울 수 없으므로, colony를 현미경에서 관찰할 때 방해가 된다). 혹은 모눈종이 등의 위에 dish를 놓고 카운트한다.

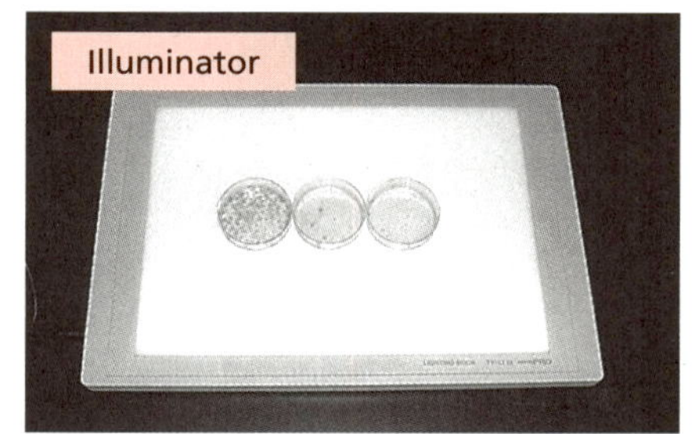


- 비교적 작은 colony까지 카운트하고 싶을 때는, colony인지 먼지인지 구별하기 어려울 때가 있다. 이러한 경우에는 귀찮아도 현미경에서 관찰할 것.
- 작은 colony의 경우, 초기(초기 1주일 정도)에는 증식하여 세포집단을 형성하였지만, 그 후에 죽어 버렸다고 생각되어지는 경우가 있다. 익숙해지면, 살아있는 세포와 죽은 세포에 대하여, 현미경에서 구별(추정)이 된다. 이러한 colony까지 카운트하여야 할지 안 할지는 실험 목적에 따라 다르다.
- 물론, 전용 colony counter 장치가 있다면 그것을 사용하면 되지만, 처음에는 기계에 의존하지 말고, colony를 잘 관찰한다는 의미에서 육안으로 세는 것(적어도 병용할 것)을 권장한다. 기계는 어디까지나 기계이기 때문에, 얼토당토 않은 결과를 나타내는 경우가 있다. 어차피 기계가 한 것이기 때문에 옳을 것이라고 생각하는 것은 금물이다.

## 현미경에서의 관찰에 대하여

개개의 colony는 의외로 서로 다른 형태의 세포집단으로 구성되는 경우가 있다.

원래의 세포집단이 hetero인 세포로 구성된 집단이었다는 것을 알 수 있다. 경우에 따라서는 하나의 colony내의 세포 마저도 다른 형태를 나타내고 있는 경우도 있다.

### Giemsa는 염기성 색소이므로, 산성 물질이 염색된다

세포 내에서의 주요한 산성 물질은 핵에 존재하는 DNA, 세포질에 존재하는 ribosomal

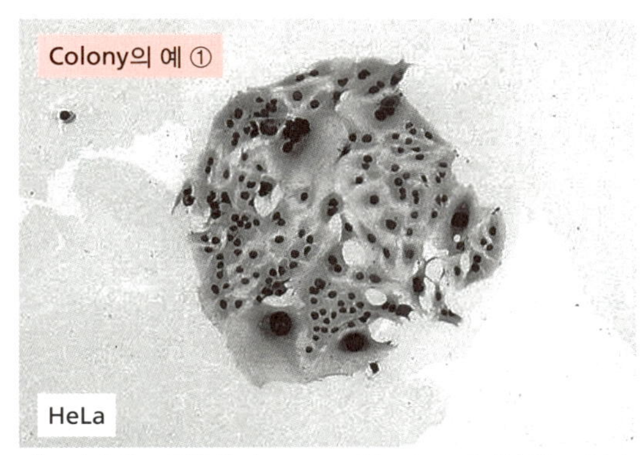


세포끼리 서로 접착하여 compact한 colony를 형성하고 있다. 큰 세포와 작은 세포가 혼재하고 있다. 균일한 세포의 colony라고는 도저히 말할 수 없다.

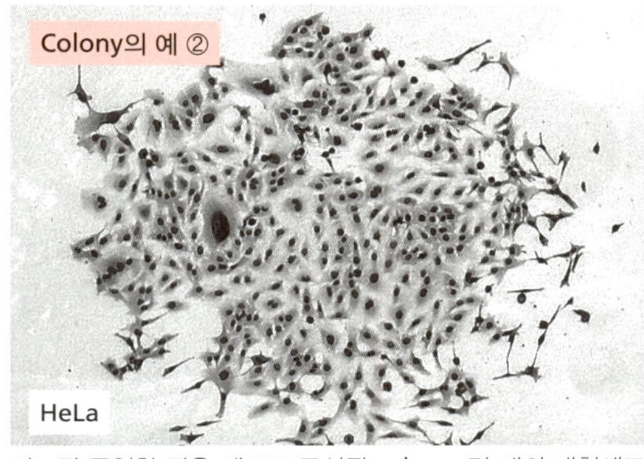


비교적 균일한 작은 세포로 구성된 colony. 몇 개의 대형세포가 보인다. 세포끼리는 약간 떨어져 있는 듯하고 colony 주위에서는 세포가 산재되어 있는 것처럼 보인다.

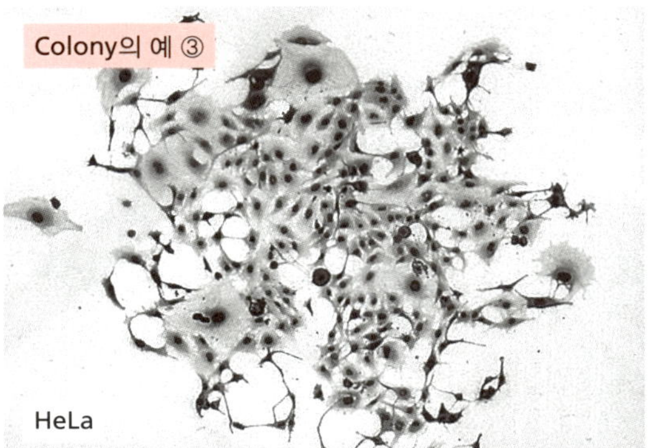


대부분은 작은 세포이지만, 큰 세포도 꽤 섞여 있다.

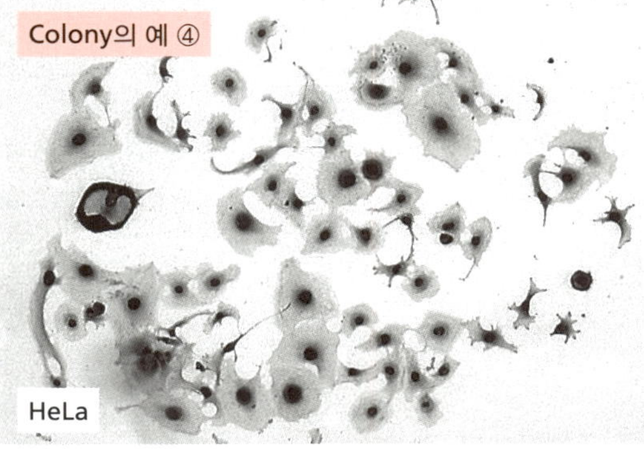


큰 세포로 구성된 colony. 세포끼리의 접착은 거의 없다.

세포끼리 꽤 떨어져 있다. 주변에는 세포가 없지만 이것도 colon이다. 아마도 세포가 잘 움직여 이동한(기어 다닌) 탓이다.

RNA와 같은 핵산이다. 중성에서는 푸른빛이 많은 자주색을 나타내지만, 산성에서는 붉은색이 강하게 나타나고, 알칼리에서는 청색이 강하게 나타난다. 염색 후에 수돗물로 washing하면, 약한 산성 탓에 푸른빛이 강하게 염색된다. pH를 조절한 PBS 등으로 washing하는 것이 원칙이지만, colony를 카운트하는 것뿐이라면 그렇게 색조에 신경을 쓰지 않아도 된다. 컬러 사진을 찍는다면, 원래 색조로 하지 않으면 보기 싫게 된다.

### 때로는 스케치를 하도록 한다

관찰한 세포를 기록할 때, 사진을 찍어두는 것은 나쁘지 않지만(필요한 경우도 많다), 때로(매번은 아니지만) 스케치하는 것을 권장한다. 스케치를 함으로써 좀 더 세밀하게 관찰할 수 있게 되기 때문이다. 막연하게 보고 있는 것 만으로는, 눈앞에 존재하는 사실을 보지 못하고 지나치는 경우가 많기 때문이다.

### Mount 용액에 대하여

염색한 표본을 현미경에서 관찰할 경우에, mount 용액을 묻혀 그 위에 cover glass를 덮은 상태에서 관찰한다. 건조된 채로 세포를 관찰하면 깨끗하게 보이지 않는다. 영구보존하는 표본으로 하기 위해서는 전용 mount 용액을 사용하지만, 일시적으로 관찰하는 것이라면, 물을 한 방울 떨어뜨려 cover glass를 덮는 것으로 충분하고, 관찰 후에는 쉽게 cover glass를 제거할 수 있다.

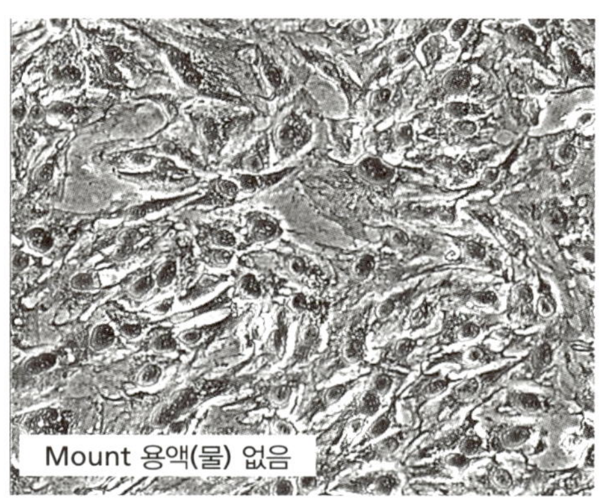

Giemsa 염색한 세포를 건조시킨 상태로 관찰

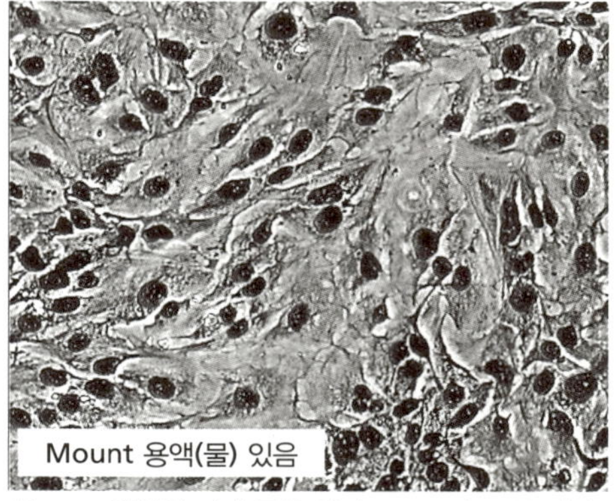

Giemsa 염색한 것에 물을 얹어 cover glass를 씌워 관찰. 물 만으로도 잘 보이게 된다.

## 고찰

Colony가 dish 위에 균일하게 분산되어져 있지 않고, 한쪽으로 편중되어 있는 경우에는 올바른 결과를 얻지 못하는 경우가 많다.

### ☞ Colony 형성률은, 분주한 세포수에 대한 colony 수로 나타낸다.

Plating한 세포가 적은 dish일수록 colony 형성률이 낮은 것은, 세포에 의한 conditioning이 충분하지 않기 때문이다. 분주한 세포수에 따라 colony 형성률이 다를 때, 정확한 colony 형성률로서 어느 수치를 사용하여야 할까? 크게 다를 때에는, 몇 개 plating했을 때 몇 %라고 기재하는 수밖에 없을 것이다.

### ☞ Colony 크기에 대하여

많은 세포를 plating한 dish에서는, colony 수는 많지만, 각 colony의 크기는 작을 수도 있다. Colony 크기가 너무 다르고, 직경 1 cm 정도의 colony에서부터 겨우 보일 정도까지(0.2 mm 정도) 연속적으로 분포하고 있는 경우도 있다. 조작에 문제가 없었다면, 원래 세포의 증식이 균일하지 못한 데에서 유래된 것이다. 이러한 세포집단을 실험에 사용하는 것이 좋을지는 생각해 볼 필요가 있을 것이다.

큰 colony와 작은 colony로 양분되었을 때는, 2종류의 세포가 혼합되어 있는 집단일 가능성과 satellite colony가 생겼을 가능성이 있다. Satellite colony는, 이미 형성되어지고 있는 colony 중의 세포가 이동하여(배양 중에 dish를 움직인 경우 등) 새로운 colony를 형성한(당연히 크기는 작다) 것이다.

Colony 수를 카운트하는 실험에서는, 어느 정도 크기의 colony까지 카운트하는가에 따라, 결과가 크게 다르게 나타난다. 큰 colony만을 카운트하면 colony 형성률은 1%이지만, 작은 colony까지 카운트하면 25%로 되기도 한다. 어느 쪽을 옳은 결과로 할 것인가는 단편적으로 말할 수 없지만, 어느 정도 크기(혹은 세포수)의 colony까지 카운트했는지를 기재해 둘 필요가 있다.

### ☞ Colony 형성률은 테크닉이 반영된다.

서투른 때에는, 익숙한 사람의 1/10 이하 밖에 colony가 형성되지 않을지도 모른다. 사용한 세포의 생육이 좋았는지, plating 조작 중에 세포에 손상을 입히지 않았는지 등이 크게 영향을 미친다. 특히 trypsin 처리나 plating에 시간이 너무 많이 걸리면 세포에 손상을 입히므로, colony 형성률이 저하된다. “이 세포의 colony 형성률은 몇 %이다”라고 자신을 가지고 말할 수 있을 때까지 연습이 필요하고, 본인의 손재주 또한 관련된다.

### ☞ 원래의 세포집단의 균일성

생긴 colony의 형태가 의외로 같지 않다는 것에 놀랄 것이다. 전혀 다른 종류의 세포라고 생각되는 colony가 보일 경우도 있다. 이러한 세포집단을 사용하고 있었다는 것에 놀란다. 그러나 대부분의 경우, 하나의 colony 내에서는 매우 비슷한 세포끼리 모여 있을 것이다.

### ☞ Colony = clone은 아니다.

이 방법으로 형성된 colony가 하나의 세포에서 유리되었다라고 할 만한 증거는 없다. 진정한 clone(single cell clone)을 얻고 싶을 때는, 이러한 조작을 3회 정도는 반복하는 것이 일반적이다. 혹은, “96-well plate”에 희석한 세포를 plating하여, 하나하나인 세포로 이루어진 것이 확인된 well에서 colony를 회수하는 등의 방법이 이용된다.

## ▶ 마지막 정리

### ☞ 관찰이 끝난 세포 보존법

건조한 상태로 뚜껑을 덮어 두면 된다. 필요 없는 것을 보존할 필요는 없지만, 염색한 colony는 한동안 보존하면서, 틈나는 대로 현미경에서 관찰하여 보도록 한다.

## 내일 준비

1) 내일 실습에 대하여 예습한다.
2) Protocol을 작성한다.
3) 의문점 등을 지도자에게 잘 물어둔다.
4) 조작순서나 주의할 부분을 잘 생각하여 기억해 둔다.
5) 실제 순서를 생각하면서 처음부터 마지막까지 정리해 본다.

내일은 오늘의 실습내용이 끝났다는 전제하에 진행하므로, 주의점을 잘 복습하여 두자.

실습은 이론도 중요하지만 무엇보다 익숙해지는 것이 중요하므로, 머릿속에서 조작을 자주 반복하여 두자.

**네, 수고하셨습니다.**

어떻게 느꼈는가? 매일 새로운 것을 배우므로 긴장감은 어느 정도 있을 것이라고 생각하지만, 무균조작 자체에 대한 공포감은 이제 사라졌을 것이다.

슬슬 무균조작에 대한 공포감이 사라지고, 최초의 오염이 발생할 시기일지도 모른다. 오늘 plating한 세포는 괜찮았는가? 내일 살펴보자.

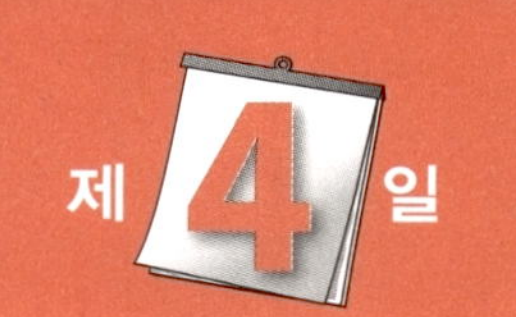


# Multi-well plate 취급과 클로닝 방법을 배우자!

**오늘의 도달목표**

- Multi-well plate나 cover glass에 세포를 plating할 수 있도록 한다.
- 세포 클로닝 방법을 배운다.

**실습포인트**

- 지금까지보다 세세한 작업을 재빠르게, 그리고 신중하게 수행한다.

오늘은 dish 이외의 다른 것에 세포를 plating하는 연습을 해보자. Multi-well plate나 cover glass에 plating해 보면, 느낌이 조금 다르다. 그리고 클로닝을 해보자. DNA를 도입시킨 세포나 변이세포의 단리 등에도 널리 사용되는 클로닝은 조금은 수준이 높은 감이 든다. 한 개의 세포가 $10^2$ 정도로 늘어난 colony를 회수하는 것은 그 나름대로 감동적인 일이 아닌가?



## 실습 1 Multi-well plate에 plating한다

이번에는 제5일 실습 사전준비로서 24-well plate의 각 well에 cover glass를 넣고, 그 위에 세포를 plating해 보자. 세포를 plating하는 대상이 dish에서 plate로 바뀌지만, 세포의 취급이나 피펫조작 등의 기본은 바뀌지 않기 때문에 지금까지의 실습에서 배운 것을 생각하면서 실습에 들어가자.

### ▶ Multi-well plate의 종류

#### 1) 4-well plate

직경이 16 mm인 well이 4개 있다. 다른 것과 비교해서 이것만이 plate 크기가 작다. 대조군 2개(duplicate), 실험군 2개 정도의 소규모 실험에 적합하다.

Multi-well plate
4-well
5엔 동전
6-well
12-well
24-well
96-well

#### 2) 6-well plate

Multi-well 중에서 well 크기가 제일 크다.

#### 3) 24-well plate

직경이 16 mm인 well이 24개 있다. 적당한 크기라서 약물의 농도 검토는 물론, 여러 종류의 실험에 자주 사용된다.

#### 4) 96-well plate

Well이 너무 작아서 적은 수의 세포 밖에 plating할 수 없다. 클로닝이나 스크리닝에 사용된다.

#### 5) 384-well plate

96-well plate 보다 더욱 더 plating할 수 있는 세포수는 제한되는데, 다량의 clone을 한 번에 스크리닝하는 plate로서는 유용성이 높다. 주로, 약제 개발 스크리닝 등에 사용된다.

## ▶ 이번에 사용하는 plate와 cover glass에 대해서

### 1) 어떤 경우에 24-well plate를 사용하는가

아래에 구체적 예를 들어 설명한다. 세포에 여러 가지 조건으로 처리(예를 들어, 무처리 대조군, vehicle만을 첨가한 대조군, 농도를 다르게 약제 처리한 6가지 실험군을 합쳐 모두 8군)를 하여, 시간 경과에 따른 변화를 본다고 가정한다. 이때, 24-well plate 5장에 세포를 plating한다고 치면, 한 군당 3개의 well을 사용하면 24-well(plate 1장)에서, 하나의 세트를 실험할 수 있다. 결국 plate 5장을 사용하면 각각 다른 시간의 5개의 실험 결과가 얻어진다. 오차가 큰 경우에는, 한 처리군당 4개의 well을 사용하면 6개의 처리군이, 또는 한 처리군당 6개의 well을 사용하면 4개의 처리군이 얻어지게 끔 변화시키는 것도 가능하다. 세포수, 효소활성, 고분자합성 등의 여러 가지 변수를 얻을 수 있다. 비교적 적은 수의 세포로 많은 군을 만들고자 하는 실험에 적합하다.

### 2) 어떤 경우에 cover glass 위에 세포를 plating하는가

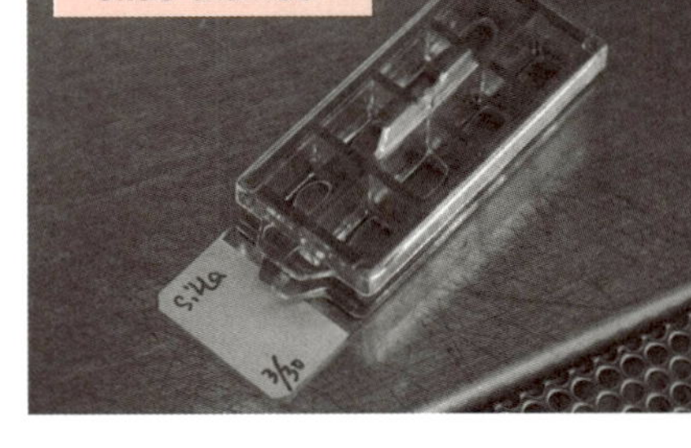


Cover glass 위에서 자란 세포는 조직화학적 염색, 효소화학, 면역염색, autoradiography, 그밖에 여러 가지 검출법에 적용할 수 있다. Cover glass 상의 세포를 회수한 뒤에 multi-well plate는 세정·멸균해서 몇 번이고 다시 사용할 수 있다(원래는 일회용이지만). Multi-well plate는 가격이 비싸서 연구비가 많지 않은 연구실에서는 귀중한 물건이다.

최근에는 slide glass 위에 chamber가 붙은 것도 시판되고 있다. 세포배양해서 세포를 면역 염색할 때에 그대로 면역염색이 가능하다. 관찰할 때는 chamber를 벗겨서 일반 slide glass와 같이 다룰 수 있기 때문에 관찰도 편한 데다가 1개의 slide glass로 다수의 sample을 다룰 수 있는 점도 편리하다. 동일한 slide glass에 다른 세포를 plating해서 다른 항체로 염색하는 것도 가능하다.

## 실험노트

# 0015 Cover glass가 들어간 24-well plate에 세포를 plating하는 연습 — 2010 年 4 月 22 日 ( 목 )

**목적**

24-well plate 2장에 13 mm cover glass를 8장씩 넣어 세포를 1 mL씩 platin한다.

> 여기서는 제5일의 2개의 응용 실습에서 사용할 수 있도록, 2장의 plate로 나눠 plating한다.

세포의 희석

- Subconfluent가 되도록 plating한다.
- 면적비 $\frac{\text{24-well plate}}{\text{60 mm dish}} = \frac{16^2}{60^2} \fallingdotseq 0.07$

> 24-well plate에서는 1 well의 직경은 약 16 mm이다.

즉, 60 mm dish에 confluent 세포 0.07 상당을 plating하면 well은 confluent가 된다. 그 반의 양(subconfluent)으로 plating하면, 0.035 상당(즉, 약 30분의 1)을 plating하면 된다.
60 mm dish에서 30 mL의 세포현탁액을 만들어 1 mL 씩 plating하면 된다.

**준비**

- ☐ PBS(–) ( 2010 – 4 – 26 – 6 )
- ☐ Trypsin/EDTA ( 2010 – 3 – 22 – 3 )
- ☐ 배지 DMEM ( 2010 – 3 – 15 – 5 ) 10% FBS lot. ( Hyclone 7MO528 )
  필요량 ( 40 ) mL
- ☐ 60 mm dish 1장의 세포
  세포명 : TIG-3 ( 2010 – 4 – 15 plated , 45 PDL , Confluent , 2010-4-14 MC )

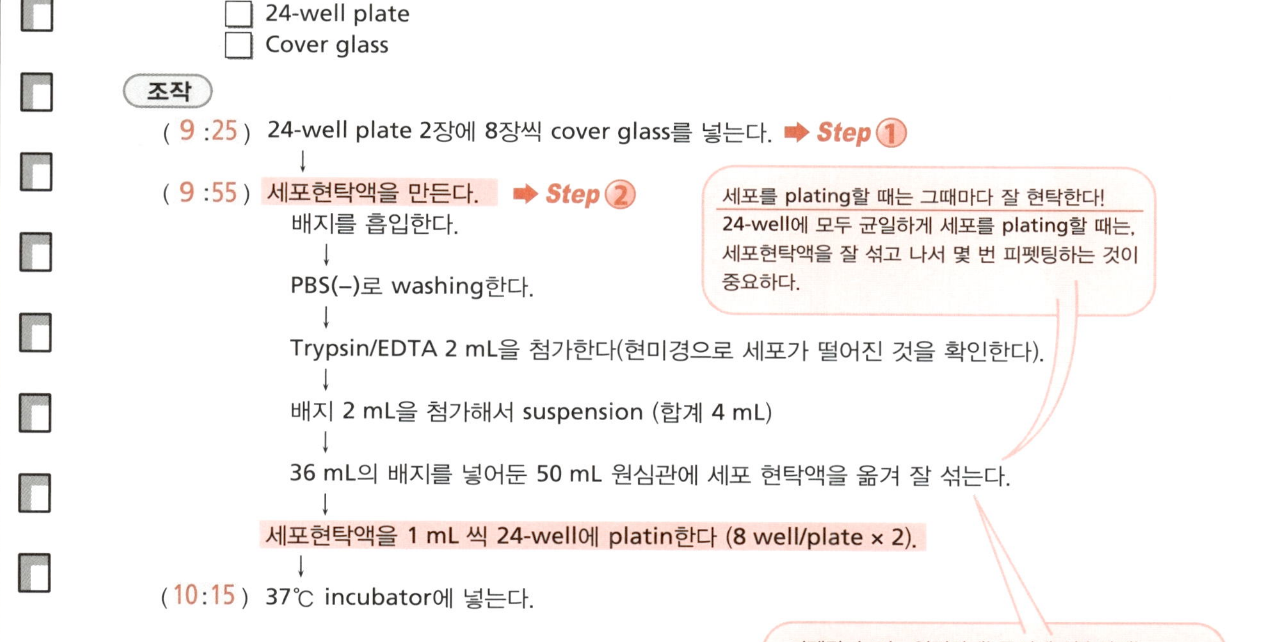

☐ 24-well plate
☐ Cover glass

**조작**

( 9 :25 ) 24-well plate 2장에 8장씩 cover glass를 넣는다. ➡ *Step* ①

↓

( 9 :55 ) 세포현탁액을 만든다. ➡ *Step* ②

배지를 흡입한다.

↓

PBS(–)로 washing한다.

↓

Trypsin/EDTA 2 mL을 첨가한다(현미경으로 세포가 떨어진 것을 확인한다).

↓

배지 2 mL을 첨가해서 suspension (합계 4 mL)

↓

36 mL의 배지를 넣어둔 50 mL 원심관에 세포 현탁액을 옮겨 잘 섞는다.

↓

세포현탁액을 1 mL 씩 24-well에 platin한다 (8 well/plate × 2).

↓

( 10:15 ) 37℃ incubator에 넣는다.

세포를 plating할 때는 그때마다 잘 현탁한다!
24-well에 모두 균일하게 세포를 plating할 때는, 세포현탁액을 잘 섞고 나서 몇 번 피펫팅하는 것이 중요하다.

피펫팅 속도는 일정하게! 동시에 신속하게!
세포현탁액을 흡입하는 속도, 내뿜는 속도는 일정하게 해야 균일한 plating이 가능하다. 따라서, 1번의 피펫팅에서 정확하게 1 mL을 내뿜는 기술 습득이 중요하다. 또, 피펫팅을 천천히 하면 점점 세포가 가라 앉아, 피펫팅으로 정확하게 1 mL을 내뿜어도 세포수가 변해 버리기 때문에 주의가 필요하다.

## 새롭게 준비할 것

● Cover glass

24-well plate에서 각 well의 직경은 16 mm 정도이므로 직경 13 mm의 cover glass를 사용한다. 너무 꼭 끼는 것은 빼내기가 어려워 고생한다. 새로 구입한 cover glass라도 보다 확실한 결과를 얻기 위해서는 세정하여 사용한다(세정하지 않아도 자랄 것이라고는 생각하지만). 오래 전 이야기지만 세정하지 않으면 세포가 생육하기 어려웠던 시절도 있었다.

### ☞ Cover glass의 세정 · 건조 · 멸균

1) Cover glass를 100장 정도씩 500 mL짜리 삼각 플라스크에 넣고 희석한 중성 세제액을 넣어 가끔 흔들어 주면서 하룻밤 정도 방치한다.
2) 액체세제를 버리고 수돗물로 여러 번 씻는다.
3) 수도꼭지에 튜브를 끼워 조금씩 물이 나오게 해서 플라스크 안을 2~3시간 동안 세정한다. Cover glass가 춤추듯 위로 올라오도록 하여 잘 세정되게끔 한다.
4) 정제수(마지막은 MilliQ water)를 이용하여 가끔 흔들어 섞어 주면서 10분 정도 세정한다.
5) 스테인리스 금속망 위에 자리를 만들어 cover glass를 놓고 먼지가 들어가지 않도록 알루미늄 호일을 씌워서 건조기에서 건조한다.
6) 2장이 겹쳐져서 붙어 있는 것은 없는지 검사하면서 핀셋으로 1장씩 glass dish에 옮긴다.
7) Glass dish를 알루미늄 호일로 싸서 건열멸균한다.

## Step 1 Cover glass를 multi-well plate에 넣는다

❶ 오른손에 있는 파스퇴르피펫(솜으로 막은 것)에 배지를 덜어서, 왼손으로 plate의 뚜껑을 들고, 각 well에 한 방울씩 넣는다[ⓐ].

ⓐ 건조시킨 배양용기에 cover glass를 넣고 나중에 배지 또는 세포현탁액을 넣으면, cover glass 바닥에 있는 공기가 빠져나가지 못하므로 뜨게 된다. 너무 큰 방울은 cover glass를 뜨게 하므로 첨가하는 배지는 약간 적어도 되고, 배지 방울을 떨어트리지 말고 피펫 끝으로 well 바닥에 닿을 정도로 한다.

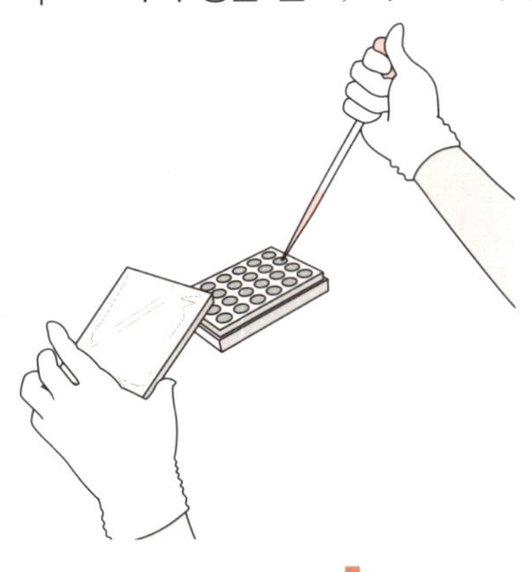

↓

❷ 오른손으로 핀셋 끝을 화염멸균하고, 왼손으로 cover glass가 들어있는 glass dish의 뚜껑을 들고 cover glass를 한 장 꺼낸다(★1). 뚜껑을 닫는다.

**Point**

★1 사진처럼 빛에 반사시켜서 2장이 겹쳐져 있어 newton ring이 보이지 않는지 어떤지를 확인한다!

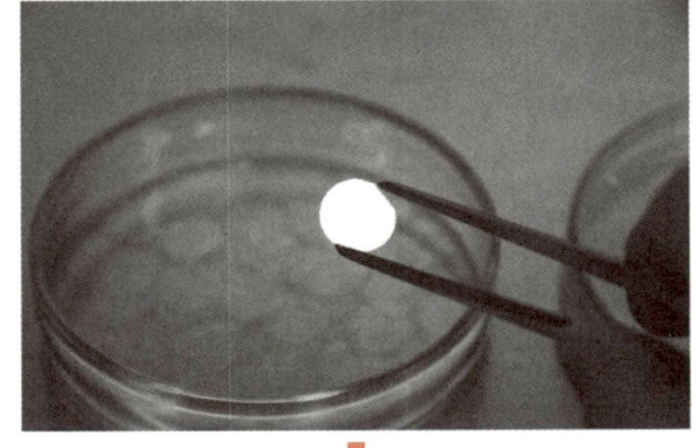

**권두 컬러 그림 3**을 참조

↓

❸ 왼손으로 plate의 뚜껑을 들고 cover glass를 well에 넣고 뚜껑을 닫는다.

↓

❹ 이것을 반복한다[ⓑ, ⓒ].

ⓑ 핀셋은 매번 화염멸균하지 않아도 된다.

ⓒ Dish에 cover glass를 넣을 때도 똑같이 한다.

## Step 2 세포를 plating한다

❶ 실험에 맞춰 희석한 세포현탁액을 준비한다[ⓐ, ⓑ, ⓒ].

ⓐ 이미 배운 대로이기 때문에 이쪽을 참조하길 바란다(**제2일 실습 1「세포의 계대」** 항목).

ⓑ 직경 16 mm well은 60 mm dish의 1/14의 면적이므로 60 mm dish에서의 포화농도가 $10^6$인 세포를 1/10 포화밀도로 plating하기 위해서는 $7 \times 10^3$/mL의 세포현탁액을 만들어, 1 mL/well로 분주하면 된다. 계산상 60 mm dish 한 장으로 140개의 well에 plating할 수 있다.

ⓒ 여기서는 plating한 다음날에 세포를 사용하므로, subconfluent로 plating하기로 한다. 실험의 목적에 따라서는 세포수를 정확하게 계산한 다음 희석해서 plating한다.

❷ 세포를 plating한다(★1).

❸ 37℃ incubator에 multi-well plate를 넣는다. 또한 이 세포는 5일째 실습에 사용한다.

❹ 뒷정리를 한다.

**Point**

★1 피펫 끝으로 cover glass를 누르면서 plating한다.

### Cover glass에 plating할 때의 포인트

피펫 끝을 cover glass에 대고 누르면서 plating하면 좋다. 그렇게 하지 않으면 cover glass가 액체 표면으로 뜨게 되어 제대로 세포를 plating할 수 없게 된다.

조금이라도 cover glass가 떠 있으면 cover glass의 안쪽에도 well의 바닥 표면에도 세포가 증식해, 나중에 현미경으로 관찰할 때 세포가 이중으로 보여 관찰하기가 어렵게 된다(표면에 있는 세포에 초점을 맞추면 안쪽에 있는 세포는 초점이 맞지 않아 자욱하게 보일 것이다).

세포는 바닥 윗표면에서만 자라는 것은 아니며, well 벽의 표면에서도 자란다. Dish의 바닥에 대해 수직인 벽면에서도 배지로 덮여져 있으면 자라고, 위에서 기술한 것처럼 cover glass의 안쪽에서도 자란다.

### ▶ 24-well plate에 plating하는 세포현탁액과 배지 양에 대해서

보통의 dish에 plating할 때의 배지량은 용액의 두께로 보면 0.5 mL정도가 될 것이다. 그러나 처음부터 0.5 mL의 세포현탁액을 plating하면, 중심부가 오목하게 들어가 메니스커스(meniscus)가 형성되어 중심부와 주변부의 용액의 두께 차가 생겨 세포수에 영향을 끼치게 되어 주변부에 세포가 밀집하게 된다. 1 mL 정도 plating하는 것이 용액의 두께 차를 줄이므로, 세포분포가 평균화되어 좋다. 세포가 부착된 다음부터는 0.5 mL로 배지를 갈아주면 좋다.

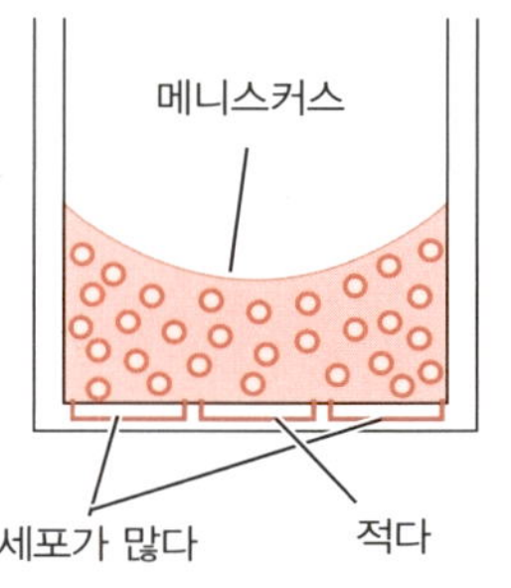

세포는 아래로 가라앉기 때문에, 액의 얇은 부분(중앙부)은 세포수 농도가 낮아진다.

### ▶ 세포를 균일하게 plating하는 요령

Dish의 경우와는 다르게 세포를 plating하고 나서 plate를 기술적으로 흔들어 균일하게 바닥 면에 분포시키는 일은 매우 어렵다. 중앙과 주변의 세포 농도가 너무 차이가 나면 실험목적에 따라서는 매우 좋지 않은 영향을 끼치기도 한다. 이러한 경우에 대해서는「이렇게 하면 좋다」라고 설명할 수 있는 좋은 방법이 없다. 그러나 대체적으로 몇 번이고 반복하다보면 잘 plating할 수 있게 된다. 실험에 따라서는 처음부터 confluent에 가깝게 세포를 plating하면 비교적 균일하게 분포한 세포를 얻을 수 있다.

### ▶ 배지 교환을 할 때의 주의점

기본적으로는 dish의 배지 교환과 동일하다.

#### 1) Cover glass에 세포를 plating할 때

세포에 따라서 성질이 다르지만 dish(플라스틱제) 위에서의 작업과 비교해서, cover glass 위에 있는 세포가 분리되기 쉽다. 이와 같은 경우에는 plate 벽을 따라서 천천히 배지를 넣어주는 등의 주의를 해 가면서 배지를 교환한다. 또한 차가운 배지를 넣어주면 역시 세포가 떨어지기 쉽다. 세포가 서로 접할 정도의 포화 밀도가 되면 세포끼리의 수축력이 유리면과의 접착력을 능가해, 작은 자극(예를 들어, 세포면의 일부에 흠집이 생기는 경우)에 의해서도, sheet 상으로 쉽게 떨어지게 된다.

### 2) Multi-plate에 세포를 plating할 때

Plate는 손쉽게 취급할 수 있지만, 예를 들면 5장, 10장씩 plate를 취급할 때 한 번에 모든 plate로부터 배지를 흡입하고 배지 교환을 하면, 익숙해 있지 않을 때는 시간이 걸려 도중에 세포가 건조되는 경우가 있다. 세포가 건조되면 반드시 죽는다. 처음에는 한 번에 너무 많은 plate를 취급하지 않는 것이 안전하다. 이것은 dish의 경우에 대해서도 마찬가지이다.

#### Dish에 cover glass를 넣어 세포를 plating하는 경우

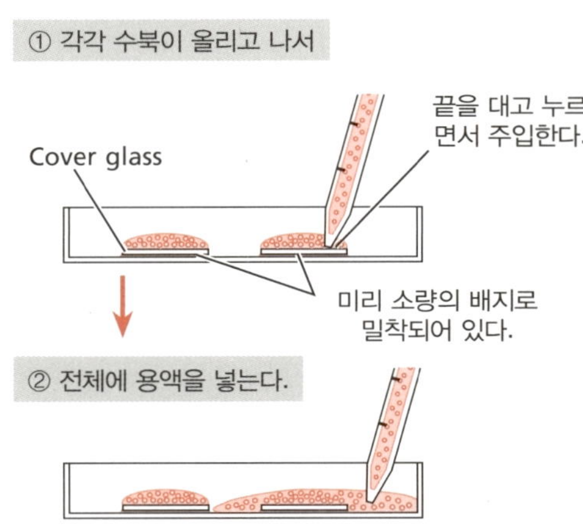


소량의 cover glass로 괜찮을 때는, dish에 cover glass를 넣어 배양해도 된다. 우선 dish 안에 여러 개의 cover glass가 들어가 있을 때는 각각의 cover glass에 대해서 세포현탁액이 볼록하게 올라와 덮일 정도로 한다. 미리 소량의(한 방울보다 적게) 배지를 넣고 그 위에 cover glass를 놓아, cover glass가 dish의 바닥에 붙도록 해 두는 것은 multi-well plate의 경우와 똑같다. 이때 배지가 너무 많아서 cover glass가 처음부터 떠 있어서는 의미가 없다. 모든 cover glass에 현탁액을 얹고 나서, 피펫을 cover glass에서 대고 남아있는 현탁액을 dish 전체에 넣는다.

Cover glass가 바닥면에 붙어 있으면 dish를 돌려도 cover glass가 전혀 움직이지 않는다. Cover glass가 움직여도 바닥면에서 조금 이동하는 정도라면 서로 부딪히더라도 cover glass의 두께 때문에 서로 겹치는 경우는 발생하지 않는다. 움직여서 서로 겹쳐지게 해서는 안 된다.

## 실습 2 세포 클로닝

**3일째 실습 2「적은 수의 세포 plating에 의한 colony 형성」**에서 기술했던 것처럼 세포를 클로닝할 필요가 종종 생기게 된다. 여기에서는 큰 dish에 colony를 형성시켜 그것을 회수하는 연습을 한다.

초보자는 큰 dish 쪽이 취급하기 쉬우므로 100 mm dish에 생긴 colony를 회수하도록 한다.

Colony 수를 카운트할 때와는 다르게 너무 많은 colony가 생기지 않은 쪽이 다루기 쉽다. 10~20개 정도의 colony가 생긴 정도가 다루기 쉽다. 또, cloning cylinder의 크기를 고려해서 colony가 너무 커지지 않도록 주의한다. Dish에 매직으로 cloning cylinder와 같은 크기의 원을 그려 현미경에서 관찰하면 감을 알 수 있다.

## 해설 클로닝 목적과 방법

클로닝 목적은 유전적으로 균질한 세포집단을 획득하는 것인데, 여기서 소개한 방법에서는 획득한 clone이 정말로 1개의 세포에서 출발한 것인가에는 의문이 있다. 이 때문에 이 방법으로 클로닝한 경우에는 클로닝 조작을 다시 반복(recloning)할 것을 추천하는 연구자도 있다(그래도 100% 확실하다고 말할 수 없지만). 또는 희석한 세포현탁액을 96-well plate에 plating하여 세포 1개만을 포함한 well을 표시하여 지속적으로 관찰해서 1개의 세포에서 출발한 세포집단을 획득하는 방법도 있다.

한편, 엄밀하게 1개의 세포에서 출발한 것을 묻지 않고 클로닝 혹은 clone으로 부르는 것도 많다. 예를 들면, 세포에 다양한 유전자를 도입(transfection이라고 한다)해서 도입유전자가 발현한 세포를 클로닝해서 실험에 사용한다. GFP(녹색형광단백질) 유전자 도입이나 iPS 세포(유도 만능 줄기세포)의 제작 등도 이것을 응용한 예이다.

이 같은 목적에서는 보통, 목적 유전자와 함께 약제 내성 유전자를 같이 도입하고, 선택 약제를 첨가한 배지로 배양해 약제내성 유전자의 발현으로 살아남은 세포가 colony 상으로 증식한 것을 클로닝한다. 보통, 복수의 clone을 회수하여 각각의 clone에 대해서 목적 유전자가 확실하게 도입되었는지, 도입 유전자의 발현량은 적절한지, 도입한 유전자는 세포에 안정적으로 유지되고 있는지 등을 조사하여 적절한 clone을 선택해서 사용한다. 실험목적에 따라서는 이 같은 성질을 유지하고 있는 것이 중요해서 clone이 1개의 세포에서 출발하였는지 어떤지는 엄밀하게 묻지 않는 경우도 적지 않다. 물론 선택한 clone을 클로닝해서 사용하는 경우도 있다.

Cell sorter가 있으면 목적 유전자와 함께 GFP 유전자를 도입하거나 목적 세포를 형광항체나 형광색소로 염색하여 laser 조사에 의해 발광하는 세포를 1개씩 클로닝할 수가 있다.



## 실험노트

# 0016 클로닝 연습 2010 年 4 月 22 日 ( 木 )

**준비**

- ☐ PBS(–) ( 2010 – 4 – 12 – 6 )
- ☐ Trypsin/EDTA ( 2010 – 3 – 22 – 3 )
- ☐ 배지 DMEM ( 2010 – 3 – 19 – 5 ) 10% FBS lot. ( Hyclone 7MO528 )
  필요량 ( ) mL
- ☐ 100 mm dish 1장의 세포
  세포명 : HeLa ( 2010 – 4 – 12 plated, 2010-4-11 MC, Subconfluent )
- ☐ 24-well plate 1장
- ☐ Cloning cylinder
- ☐ Grease

Colony가 5 mm 정도로 자란 것을 사용한다.

**조작**

현미경에서 관찰해서 선택한 clone을 결정한다. ➡ Step ①
↓
(11:55) 선택한 clone에 표시한다.
↓
배지를 흡입한다. ➡ Step ②
↓
PBS(–) 5 mL로 washing한다.

10개/dish 정도로 표시한다.

다음 페이지에 계속

↓
Cloning cylinder를 세운다.
↓
Trypsin/EDTA (몇 방울/cylinder)를 첨가한다.
↓
현미경으로 관찰
↓
배지 (한 방울/cylinder)를 넣는다.
↓
Suspension해서 24-well plate로 옮긴다.
↓
현미경으로 관찰
↓
(12:40) 37℃ incubator에 넣는다.

각 well에 회수한 세포에 대해서 간단히 comment해 둔다.

| | 1 | 2 | 3 | 4 | 5 | 6 |
|---|---|---|---|---|---|---|
| A | No.1 dish에 소형세포 colony | No.1 dish에 grease가 들어갔을지도 모름 | No.2 dish에 회수세포가 적다. | No.2 dish에 대형세포 colony | 회수에 실패한 듯 | |
| B | | | | | | |
| C | | | | | | |
| D | | | | | | |

## 새롭게 준비할 것

- Cloning cylinder

유리제품 cylinder를 준비한다. 기성품도 있지만 업자에게 두께 1 mm, 내경 5 mm에서 7 mm 정도의 유리관을 7 mm 정도의 길이로 잘라 달라고 부탁할 수도 있다. 자른 면이 평편하도록 다듬어 둘 것, 유리세공에 자신이 있는 사람은 스스로 만들어도 좋다. Cover glass와 같이 세정·건조시켜, glass dish에 넣어 알루미늄 호일로 감싸 건열멸균해 둔다.

- Grease

Silicon grease를 준비한다. 이것을 100 mm glass dish에 5 mm 정도의 두께로 균일하게 바른다(★1). Autoclave할 필요가 있기 때문에 glass dish를 사용한다. 표면이 울퉁불퉁하지 않도록 가능한 한 매끈하게 하는 것이 중요하므로 spatula 같은 것으로 매끈하게 바를 것. 알루미늄 호일로 싸서 autoclave로 멸균해 둔다. 알루미늄 호일 겉에는 「멸균 날짜」와 「cloning 전용 grease」라고 표시해 둔다. 멸균 후는 그대로 건조기에 옮겨 grease 표면에 물방울이 남아 있지 않도록 한다.

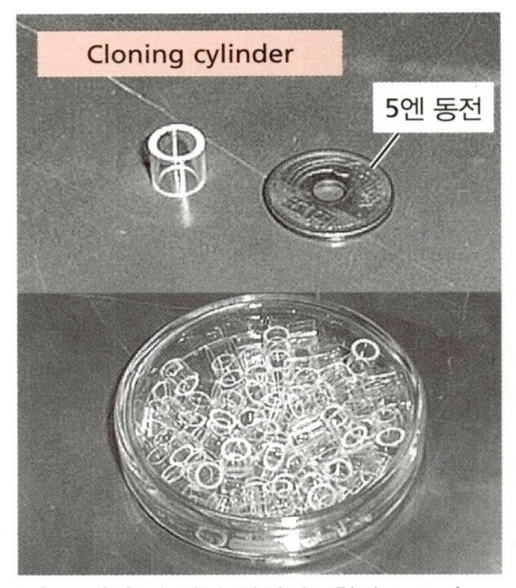

Glass dish에 넣어 건열멸균한다(autoclave 한 경우는 건조시켜 둘 것).

**Point**

★1 Grease의 두께를 균일하게 그리고 적절하게 바르는 것이 클로닝 성패의 포인트!

Grease 바르는 법

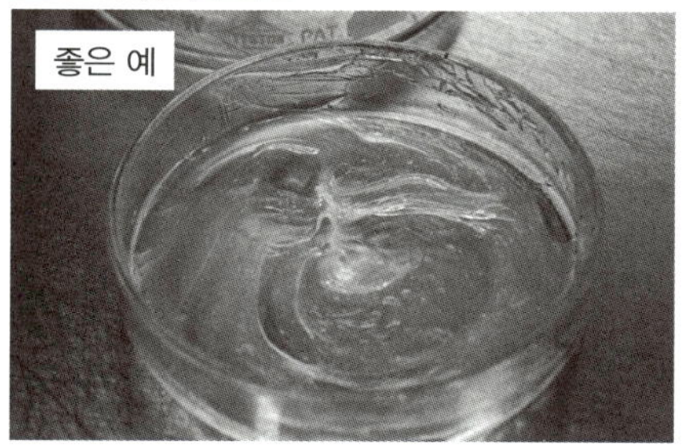


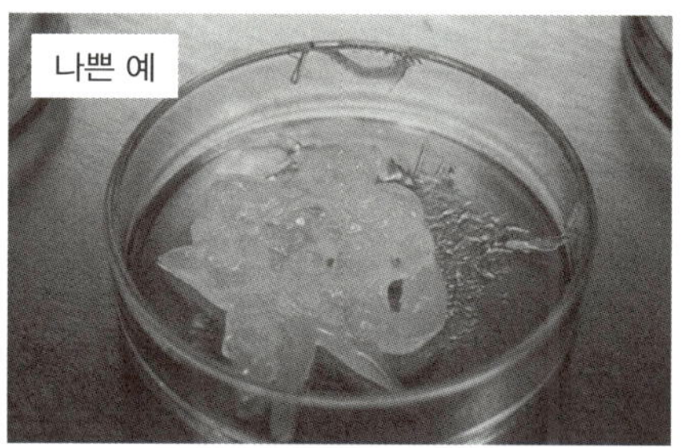


● 24-well plate

Colony로부터 회수한 세포를 바로 dish에 plating하면 세포 밀도가 너무 낮아 배지의 conditioning[ⓐ]이 이루어지지 않아서 세포가 잘 증식하지 않으므로, 가능한 한 작은 용기인 24-well plate를 사용한다. 물론 적은 수의 세포라도 잘 증식하는 세포라면 직접 dish(예를 들어, 35 mm)에 plating해도 상관없다.

ⓐ **제3일 실습 2**를 참조

## Step  Colony를 선택한다

❶ Dish를 incubator에서 꺼낸다.

⬇

❷ 현미경으로 관찰해서 어떤 colony를 클로닝할지를 결정하여 매직으로 표시해 둔다(★1).

**Point**

★1 Colony 형태를 식별할 수 있도록 가는 매직으로 표시할 것!

### 어떤 colony를 고를 것인가

일반적으로 큰 colony는 증식이 활발한 세포집단일 것이다. 작은 colony는 증식이 나쁘거나 혹은 배양 도중에 다른 colony로부터 흘러와 붙은 세포가 만든 2차(satellite) colony일지도 모른다.

일반적으로는 colony 내의 각 세포의 형태가 거의 같은 것이 좋지만 균일한 세포여도 colony 중심부와 가장자리에서는 세포밀도가 다르기 때문에 형태가 상당히 다른 것이 있다.

1개의 colony 내에서 형태가 너무나 다른 세포가 섞여 있을 때는 다양한 원인을 생각할 수 있다. 처음부터 성질이 다른 복수의 세포가 근처에 있어, 이들이 증식하여 1개의 colony처럼 보일 경우도 있지만, 실제로는 성질이 다른 세포집단이 함께 존재하는 것이다. 다른 형태의 세포가 서로 섞여있는 것 같은 colony는 설사 출발이 1개의 세포였다고 하더라도, 증식 중에 쉽게 변할지도 모르기 때문에, clone이라고 말할 수 없을 지도 모른다.

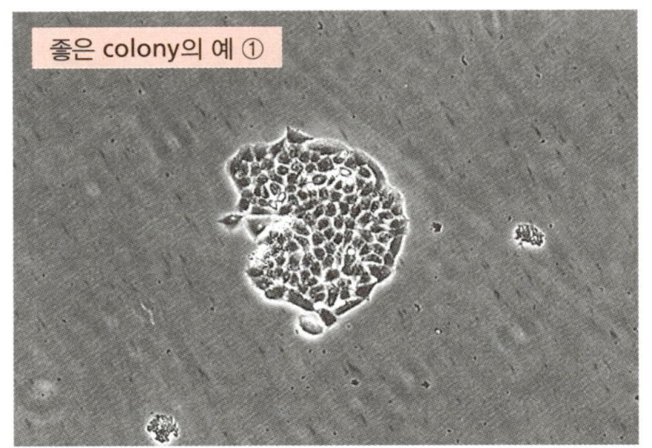

균일한 세포가 서로 밀집한 colony. 클로닝한다.

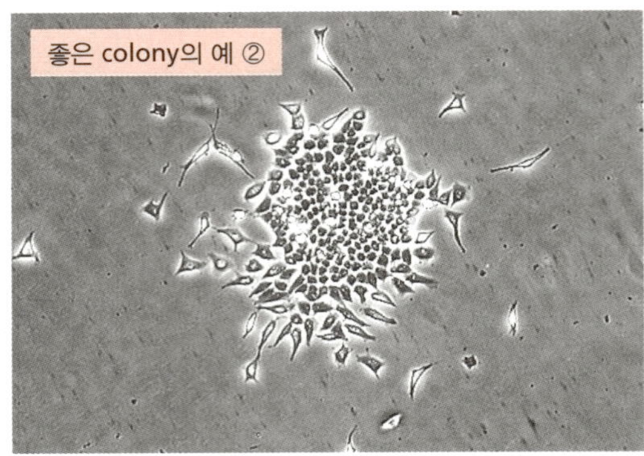

중앙에 밀집하고 주위는 산재해 있는 colony. 중앙부와 가장자리의 세포 형태가 다르게 보이지만, 세포밀집도의 차이에 지나지 않는 걸로 보인다. 클로닝해 본다.

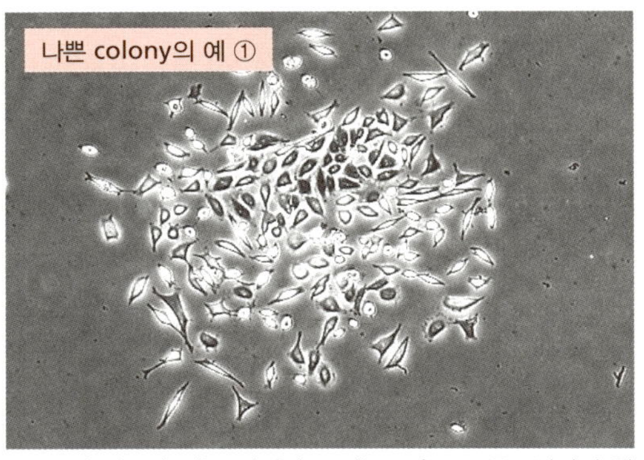

2종류의 세포가 있는 것처럼 보이는 colony. 클로닝하지 않는 편이 좋다.

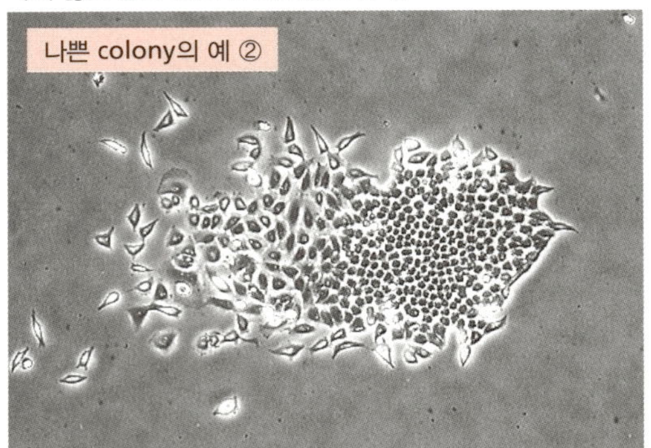

다른 표현형의 세포에서 형성된(되었다고 생각하는) colony. 클로닝하지 않는 편이 좋다.

## 필요한 colony에 표시를 한다

- 실험목적에 따라, 어떠한 세포로 이루어진 clone을 회수하느냐가 달라진다.
- 필요 없는 colony에 ×표, 필요한 colony에 ○표를 매직으로 해둔다. 먼저 육안으로 어림해서 dish 아랫면에 매직으로 표시해 둔다. ○표는 cloning cylinder를 놓을 위치에 맞춰 표시를 하는 것이 좋다. 그렇게 하지 않으면 나중에 cloning cylinder를 놓을 때 고생을 한다. 사람에 따라 요령이 있고 없는 약간의 차이는 생긴다. 다음으로 각 colony를 도립현미경으로 관찰해서 부적당한 것은 ×표를 해 둔다.
- Dish를 너무 기울여 배지를 흘리지 않도록 한다.
- Dish 가장자리에 있는 colony는 다루기 어려우므로 선택하지 않는다.

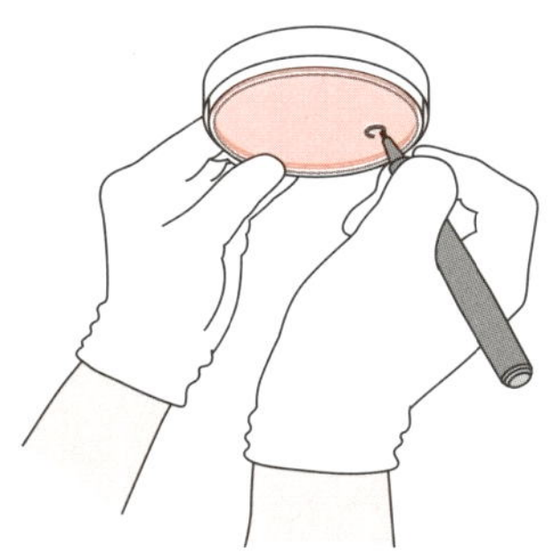
천정의 빛을 투과시켜 표시한다.

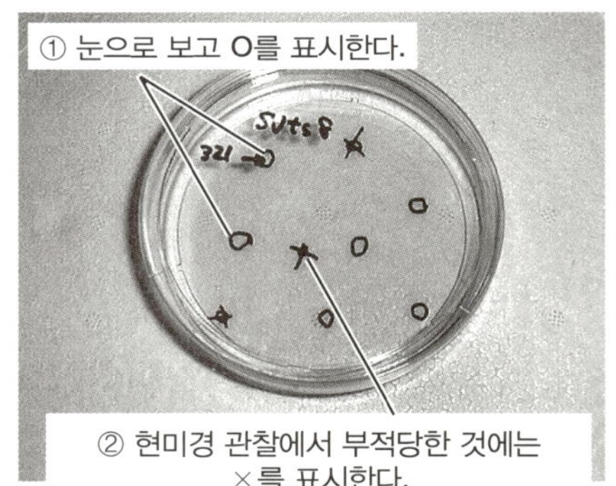


———— 여기까지는 미리 해 놓으면 좋다. 이후는 무균조작을 하게 된다. ————

## Step 2 Colony를 회수한다

❶ 24-well plate에 배지를 0.5 mL씩 넣는다.

- 클로닝할 예정의 개수보다 조금 많은 well에 배지를 넣어 준비해 둔다[a].

❷ Colony가 형성된 100 mm dish에서 배지를 흡입한다.

❸ PBS(−) 5 mL로 한번 washing한다[b].

❹ 핀셋을 화염멸균한다(★2).

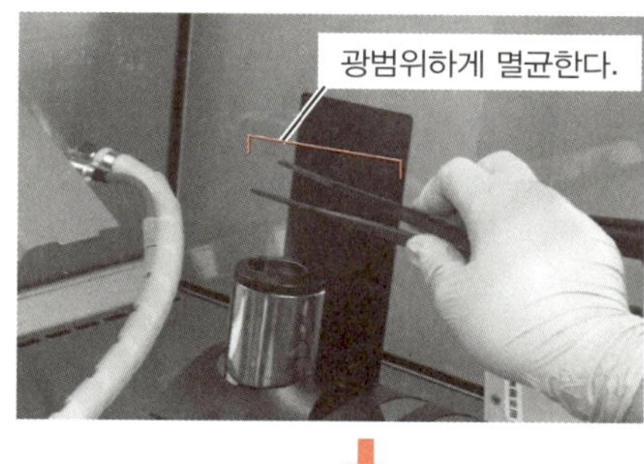


❺ Cloning cylinder를 꺼낸다.

- 왼손으로 cloning cylinder가 들어있는 dish의 뚜껑을 들고, 핀셋으로 cloning cylinder를 꺼낸 후, 뚜껑을 덮는다(★3).

❻ Cloning cylinder에 grease를 묻힌다.

- 왼손으로 grease를 균일하게 발라 놓은 dish의 뚜껑을 들고 cloning cylinder를 grease 표면에 가볍게 누르고(0.5 mm 정도로 박아도 괜찮다, ★4, 5), Grease를 묻힌 다음, dish의 뚜껑을 닫는다[c, d].

- Tube에서 나온 grease 그대로라면 cloning cylinder의 바닥면에 붙은 grease가 균일하지 않고 엄밀성이 낮아 cloning cylinder 안쪽으로

ⓐ 실패할 수도 있기 때문이다.

ⓑ PBS(−)에 의한 washing을 한번 할 것인가 두 번 하는 쪽이 좋은가 등은 세포의 trypsin/EDTA에 대한 감수성을 생각해서 조절한다(★1).

**Point**

★1 세포에 따라서 trypsin에 대한 감수성이 다르다! 다시 한번 조건을 검토해 둔다!

★2 끝 뿐만 아니라 조금 광범위하게 멸균! 단, 표면의 잡균을 죽일 목적이므로 단시간(1초 정도)으로 충분. 1초는 일순간은 아니지만 손이 뜨거워지지 않을 정도.

★3 Cylinder를 멸균할 때에 세워진 상태로 늘어 세워 두면 집기 쉽다!

★4 너무 작으면 아래 사진처럼 유리관 내부 액체가 새어 나오기 때문에 주의!

★5 Grease를 매끈하게 펼쳐 두면 다루기 쉽다.

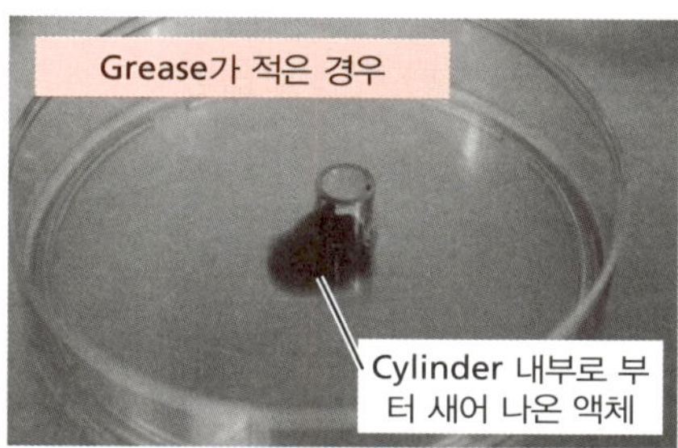

사진에서는 액체를 알 수 있도록 짙은 색 액체를 사용하고 있다.

ⓒ Grease를 발라놓은 dish에서 여러 군데를 가볍게 눌러서 묻혀도 좋다.

ⓓ Grease가 묻어 있지 않은 곳이 있으면 trypsin/EDTA가 스며 나오고, 너무 많이 묻어 있으면 안쪽으로 삐져나와 세포를 못 쓰게 된다. 적당량을 균일하게 묻히려면 요령이 필요하다.

grease가 들어가 클로닝할 수 없기 때문에 주의한다! 신경 써서 grease를 준비하는 것이 클로닝의 성패에 관련되어 있다. Grease를 멸균하기 전에 grease의 두께를 몇 개 시험해서 잘 되는 것을 고르는 것이 포인트이다.

### 세포는 마르지 않도록

❸의 step에서 PBS(−)를 전부 흡입하면, 다음 조작 중에 세포가 건조하게 된다. 세포가 건조해지면 반드시 죽는다. 그러나 PBS(−)가 남아있으면 cloning cylinder가 붙지 않게 된다. 이러한 것들을 고려해서 PBS(−)의 잔존량을 조절한다는 것은 조금 어려운 감이 있다. 조작의 신속성과도 관련되어 있으므로 한마디로 말하기는 어렵다.

**[숨은 기술]** 1개의 dish에서 많은 colony가 생기고, 이들을 클로닝하고 싶을 때는 3~5개씩 cloning cylinder를 씌운 뒤에 소량의 PBS(−) 또는 배지를 dish에 떨어트려 둔다. 이걸로 남은 colony의 건조는 막을 수 있다. Cloning cylinder를 씌운 내부에는 배지가 들어가지 않기 때문에 trypsin 처리를 이대로 행하면 좋다. 다른 colony에 대해서는 최초 colony를 클로닝 후에, ❷의 작업부터 같게 행하면 좋다.

❼ 왼손으로 colony가 생긴 dish의 뚜껑을 들어내고, 매직으로 표시한 ○표 위에 cloning cylinder를 바로 놓는다[e].

❽ 핀셋으로 위에서 눌러 cloning cylinder를 dish에 확실하게 고정시킨다[f].

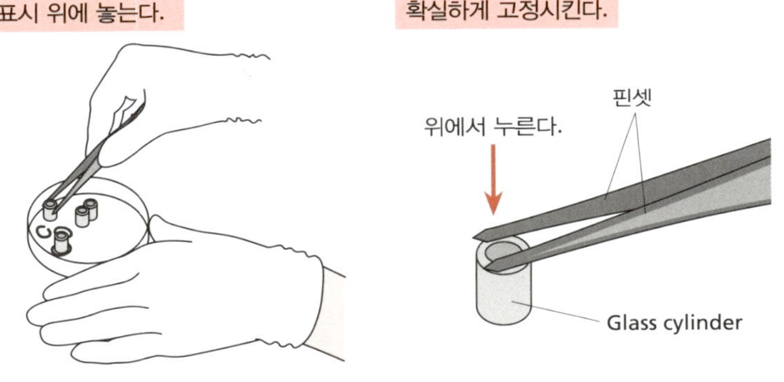

❾ ❹~❽을 반복해서 필요한 colony 위에 cloning cylinder를 세운다[g].

❿ Trypsin/EDTA를 몇 방울 떨어트린다[h].

- 파스퇴르피펫(솜을 끼운 것)으로 2~3방울 떨어트린다(★6).

ⓔ 위치가 어긋나면 어렵게 얻은 colony를 잃게 된다.

ⓕ 단단히 붙이지 않으면 나중에 trypsin/EDTA가 스며 나와 colony를 회수할 수 없게 된다. 눌러서 고정시킬 때 cylinder가 밀려 세포에 손상을 입히면 colony를 잃게 된다.

ⓖ 이 조작에서 시간이 너무 걸리게 되면 세포가 말라버리게 되므로(마르면 100% 죽는다), 처리 가능한 수로 제한해 둘 필요가 있다.

ⓗ 1개의 파스퇴르피펫(솜을 끼운 것)으로 여러 개의 cylinder에 사용해도 좋다고 생각하지만, clone 간의 세포가 섞이는 것을 엄격히 피하고 싶을 경우는 각각에 대해 새로운 파스퇴르피펫(솜을 끼운 것)을 사용할 것.

**Point**

★6 Cloning cylinder 높이의 반 이하(1/3 정도)로 할 것. 너무 넣으면 배지를 첨가해서 가볍게 suspension할 때에 넘쳐버릴 수가 있다.

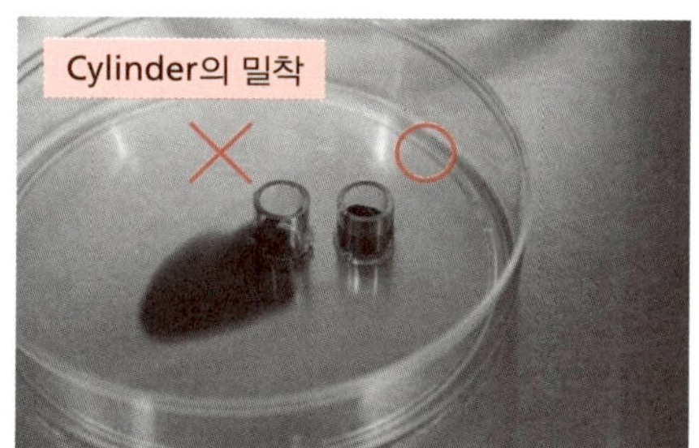

Grease에 의한 밀착이 나쁘면 사진의 왼편처럼 액체가 새어 나온다. 능숙하게 하면 오른쪽처럼 액체가 새어 나오지 않는다.

**Point**

★7 Trypsin/EDTA가 충분히 데워지지 않으면 colony가 좀처럼 떨어지지 않는다. Trypsin/EDTA의 효과가 나쁠 때는, incubator에 넣어 적당한 온도로(세포 간 접착이 떨어지는 최단의 시간) 데운다.

⑪ 현미경으로 trypsin/EDTA의 효과를 관찰한다(★7)ⓘ.

ⓘ 모든 colony에서 trypsin/EDTA의 효과가 똑같이 나타나는 것이 바람직하지만, 그렇게 되리라는 보장은 없다. 일반적으로 세포 수가 적은 colony에서 trypsin/EDTA 효과가 좋다(물론, colony를 형성하고 있는 세포의 성질에도 의존한다).
보통, dish에서 계대하는 것에 의해 trypsin/EDTA 작용을 듣게 한다(기계적인 피펫팅이 충분하지 않기 때문에). Colony에 따라, trypsin/EDTA의 효과가 현저하게 차이가 날 경에는, 어느 한 쪽의 colony를 포기하는 수 밖에 없다.

⑫ Cloning cylinder 내에 배지를 한 방울씩 떨어트린다ⓙ.
- 대다수의 세포가 둥글게 된 시점에서 배지를 한 방울씩 첨가해서 trypsin/EDTA의 효과를 저지시킨다.
- Trypsin/EDTA의 반~같은 양을 목표로 배지를 첨가한다.

ⓙ 1개의 파스퇴르피펫(솜을 끼운 것)으로 여러 개의 cylinder에 함께 사용해도 괜찮다고 생각하지만, clone간에 세포가 섞이는 것을 엄격히 피하고 싶은 경우는 각각에 대해 새로운 파스퇴르피펫을 사용한다.

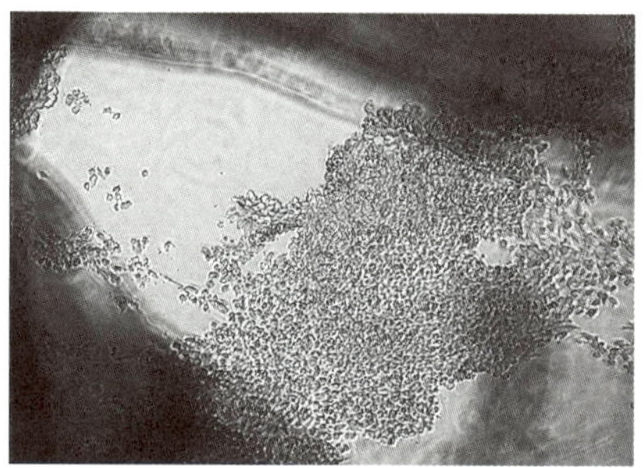
Trypsin이 효과가 있다. 주위의 검은 것은 매직으로 표시한 곳.

⑬ 파스퇴르피펫(솜을 끼운 것)으로 cloning cylinder 안의 세포를 현탁하여 세포를 회수한다ⓚ·ⓛ(★8).
- 1 colony에 대해서 1 피펫(솜을 끼운 것)을 쓴다.

ⓚ 거품이 나지 않도록 세포를 현탁한다. 파스퇴르피펫 끝을 dish에 대고 액을 뿜어내면, 강하게 현탁되어서 세포가 잘 떨어지지만 세포 손상도 커진다.

ⓛ 파스퇴르피펫으로 cloning cylinder를 움직이지 않도록 주의한다. 익숙하지 않은 동안은 힘든 작업이다. 용액을 cylinder 밖에 흘리지 않는다.

⑭ Cylinder 안 세포현탁액을 multi-well plate에 옮긴다(★9).

⑮ 새로운 파스퇴르피펫(솜을 끼운 것)에 배지를 흡입하여 2~3방울 cloning cylinder에 넣어 cloning cylinder 안을 washing하여 남은 세포를 회수한다(⑭에서 충분히 세포를 회수하였으면 생략해도 된다).

⑯ 상기의 ⑩~⑮를 반복해서 1장의 dish 내의 필요한 clone을 순차적으로 회수한다.

⑰ 여러 개의 dish에서 클로닝을 할 때는 한 장의 dish를 완전히 처리한 후, 동일한 방법으로 다음 dish를 처리한다.

**Point**

★8 거품이 나지 않도록 잘 현탁하자!
★9 조작하지 않은 dish나 multi-well plate는, 배지가 차갑게 되지 않도록 다시 incubator에 넣어 두자. 작업 중에도 가능한 한 incubator로 되돌려 놓는다.

⑱ 세포를 plating한 multi-well plate를 현미경으로 관찰한다.

- 충분한 양의 세포가 회수되었는가?
- 세포가 뭉쳐 있지는 않은가?
- 세포가 손상되지는 않았는가?
- Grease가 섞여 있지는 않은가?

⑲ Incubator 안에 놓는다.

⑳ Confluent에 가까워 질 때까지 세포가 증식하면, 35 mm dish로 옮겨 계대한다(아직 충분히 증식하지 않은 clone은 계속 배양한다).

### Colony를 몇 개 회수할까

한 장의 dish로부터 몇 개의 colony를 회수할 것인가는 실험목적에 따라 다르다.

Mutagen을 처리한 세포집단으로부터 mutant를 클로닝하고자 할 때 한 장의 dish에서 여러 개 클로닝한다 하더라도 동일한 세포로부터 나온 딸세포일 가능성을 배제할 수 없기 때문에 많아야 2~3개 정도로 제한한다(그 대신 독립적으로 mutagen을 처리한 dish의 수를 늘린다).

배양을 계속 하다 보면 contact inhibition의 성질이 약해지므로 contact inhibition이 강한 세포를 클로닝하고자 할 때, 한 장의 dish에서 contact inhibition이 강하게 나타나는 clone을 10개든 20개든 회수하여, 그 중에서 contact inhibition이 강한 것을 선택하면 된다.

## ▶ 뒷정리

가장 주의해야 할 것은 grease가 다른 배양 용기 등에 묻어 버리게 되면 세포가 자랄 수 없게 된다는 것이다. 유기용매 등으로 세정하면 오히려 grease에 의한 오염을 확대시키게 되므로 피하는 것이 좋다. Grease가 묻어 있는 것(또는 묻어 있을 가능성이 있는 것)들은 재생해서 사용하지 말고 과감하게 버린다. 물론 grease가 부주의로 배양용기 외의 다른 곳에 묻지 않도록 주의하는 것도 필요하다. 버려야 할 것은 cloning cylinder를 놓았던 dish, 세포를 회수했던 파스퇴르피펫 정도일 것이다. 24-well plate도 grease가 혼입되었을 가능성이 있으므로 나중에 세포를 회수하고 나서 버린다.

Grease가 묻어 있는 손을 페이퍼 타올로 닦아내고, 유기용매로 씻은 다음 개수대에서 비누를 사용해서 잘 씻는다. 똑같은 개수대에서 세정한 유리기구들에 grease가 묻어, 오염시키는 경우가 있다. Grease가 묻은 손은 실험실에서 더러운 것만 처리하는 전용 개수대나 화장실 세면기에서 씻는다. 수도꼭지를 오염된 손을 만지지 않는 것이 오염을 확산시키지 않는 방법이다.

## ▶ 도중에 오염이 되었을 때의 대처법

24-well plate의 세포가 confluent 상태에 가깝게 증식하면, 35 mm 또는 60 mm dish로 계대시킨다. 어떤 well이든 똑같은 속도로 증식하지는 않지만 10일에서 2주에 걸쳐서도 충분히 증식하지 않는 well은 포기한다. 그 사이에 일부의 well이 오염되는 일이 있다. 다른 well에 확대하는 것을 막기 위해서는, ① 그 well의 배지를 멸균한 파스퇴르피펫으로 조심스럽게 흡입하여(aspirator는 사용하지 않는다) 건조시킨다, ② 배지와 같은 양의 1 N NaOH 용액을 첨가한다 등의 수단이 있다.

## 내일 준비

1) 내일 실습에 대하여 예습한다.
2) Protocol을 작성한다.
3) 의문점 등을 지도자에게 잘 물어둔다.
4) 조작순서나 주의할 부분을 잘 생각하여, 기억해 둔다.
5) 실제 순서를 생각하면서 처음부터 마지막까지 정리해 본다.

내일은 오늘의 실습내용이 끝났다는 전제하에 진행하므로, 주의점을 잘 복습하여 두자.

실습은 이론도 중요하지만 무엇보다 익숙해지는 것이 중요하므로, 머릿속에서 조작을 자주 반복하여 두자.

**네, 수고하셨습니다.**

이제까지와는 다른 도구를 사용해서 실습했다는 것이 즐거웠기를 바란다. 클로닝한 세포가 죽거나, 오염된 것은 1~2일 정도 지나면 알게 되겠지만, 순조롭게 증식하는지는 4~5일 정도 경과하지 않으면 알 수 없다. 기대하면서 기다리기로 하자.

# 제 5 일 증식곡선 작성과 응용실습에 도전하자!

**오늘의 도달목표**

- 증식곡선을 그릴 수 있도록 한다.
- 응용실험에 도전한다.

**실습포인트**

- 기초실습의 정리와 복습
- 실험계획이나 고찰 방법에 대해서도 인식을 가지고 실험해보자.

자, 그러면 오늘로 기초실습은 끝나게 된다. 마지막으로 결과가 나오는 첫 번째 실험다운 실험인 「증식곡선」과 씨름해보자. 응용실험은 선택과목으로써, 가능하다면 어떤 것이든 하나 정도는 해보도록 하자.

## 실습 1 증식곡선을 그린다

세포를 plating한 후, 세포수의 변화를 경시적으로 추적하여 그린 것이 증식곡선(growth curve)이다[ⓐ].

처음 세포를 입수했을 때, 한 번은 증식곡선을 그려보는 것이 세포의 기본적인 성질(증식속도, 배가시간[ⓑ], 포화밀도)을 파악해서 이후 실험계획을 세우는 데 도움이 된다. 증식곡선을 그리는 것은 실험으로서 지극히 간단하지만, 세포를 plating하는 것, 배지 교환을 행하여 세포를 유지하는 것, 세포를 관찰하는 것, 세포수를 카운트하는 것 등 지금까지 배운 기술을 그대로(전부는 아니지만) 복습하는 것이 되기 때문에 해보도록 하자.

ⓐ 증식곡선에 대해서는 **사전강의 2 1**와 이 이후에 나오는 「**증식곡선에 대해서의 해설**」도 참조할 것.

ⓑ 배가시간(doubling time): 세포수가 2배로 되는 시간을 말함. 세포수가 2배로 되는 시간이 1일 이라고 한다면(doubling time = 1 day), 모든 세포가 증식 사이클에 들어가서 죽은 세포가 나오지 않으면, 세포 개개의 세포주기 회전시간(cycle time)도 1일이다. 증식 중에 죽은 세포가 많이 나오거나 세포주기를 돌지 않는 세포가 포함되면 doubling time은 cycle time보다 길어지게 된다.

★ 우선 plating하는 세포수와 관찰하는 기간이나 간격, 준비하는 dish의 수를 정한다.

### 실험노트

#0017 TIG-3 세포 증식곡선 2010 年 4 月 23 日 ( 금 )

**목적** TIG-3 세포의 증식상태를 알기 위해 증식곡선을 그린다.

**개요** 직경 35 mm dish를 사용해서 사람 정상섬유아세포(TIG-3)를 대수증식기로부터 접촉에 의한 증식저해까지 2일에 한번 3장의 dish(triplicate)에서 본다.

처음 plating한 수 : $1 \times 10^4$ cells / 35 mm dish

Dish 수 : 1, 2, 4, 6, 8, 10, 12, 14 (일간) × 3 (triplicate) = 24장

24 + 9 = 33장

필요한 세포수 : $1 \times 10^4 \times 40$ (첫날 cell count용을 포함해서) = $4.0 \times 10^5$ cells

이것을 80 mL 배지에 suspension해서 2 mL 씩 33장 plating

1, 2회째는 세포수가 적어서 2장에서 1점을 얻는다면 6장 추가. 또 만약의 경우에 대비해 3장 추가.

오염 등으로 잃어버릴지도 모르니까

**준비**

- ☐ PBS(−) ( 2010 − 4 − 12 − 6 )
- ☐ Trypsin/EDTA ( 2010 − 3 − 22 − 3 )
- ☐ 배지 DMEM ( 2010 − 3 − 19 − 5 ) 10% FBS lot. ( Hyclone 7MO528 )
  필요량 ( 80 ) mL
- ☐ 100 mm dish 1장의 세포
  세포명 : TIG-3 ( 2010 − 4 − 7, 45 PDL, Subconfluent, 2010-4-21 MC )
- ☐ 100 mL의 멸균병
- ☐ 혈구 계산판
- ☐ Crystal violet
- ☐ Eppendorf tube
- ☐ 35 mm dish

세포현탁액을 넣기 위해

**조작**

(10:05) 배지를 흡입한다.
↓
PBS(−) 5 mL로 세포를 1회 washing한다.
↓
Trypsin/EDTA 2 mL을 첨가
↓
세포가 떨어지면 배지 2 mL을 첨가해서 suspension
↓
농도를 혈구 계산판으로 측정한다.

| 131 | 128 |
|---|---|
| 124 | 126 |

평균 127 cells × $10^4$ → $1.27 \times 10^6$ /mL

$$\frac{4.0 \times 10^5}{1.27 \times 10^6} = 315\ \mu L$$

↓
희석

1장당 1 × $10^4$ cells / 2 mL
40장 분으로서 40 × $10^4$ cells / 80 mL

세포현탁액 315 μL
배지 79.7 mL

↓
(10:25) 세포현탁액을 2 mL씩 33장의 35 mm dish에 plating한다.
↓
37°C incubator에 넣는다.

**측정** 실제로 plating한 세포수

Plating한 날(제0일째)에 카운트한다.

Plating에 사용한 세포현탁액 4 mL을 정확하게 채취한다.
↓
3,000 rpm, 5분 원심분리
↓
상청을 잘 흡입한다.
↓
Pellet에 crystal violet 용액 20 μL를 첨가해 suspension
↓
세포 농도를 혈구 계산판으로 측정한다.

| 98 | 110 |
|---|---|
| 107 | 103 |

평균 ( 104.5 ) cells × $10^4$
Plating한 수 ( $1.0 \times 10^4$ ) cells/dish

mL당 세포수

실제로는 20 μL이므로

$$104.5 \times 10^4 \times \frac{1}{50} \times \frac{2}{4} = 1.045 \times 10^4$$

여기에서는 4 mL의 세포현탁액을 사용했지만, dish에 plating한 것은 2 mL이니까

다음 페이지에 계속

제5일 증식곡선 작성과 응용실습에 도전하자!

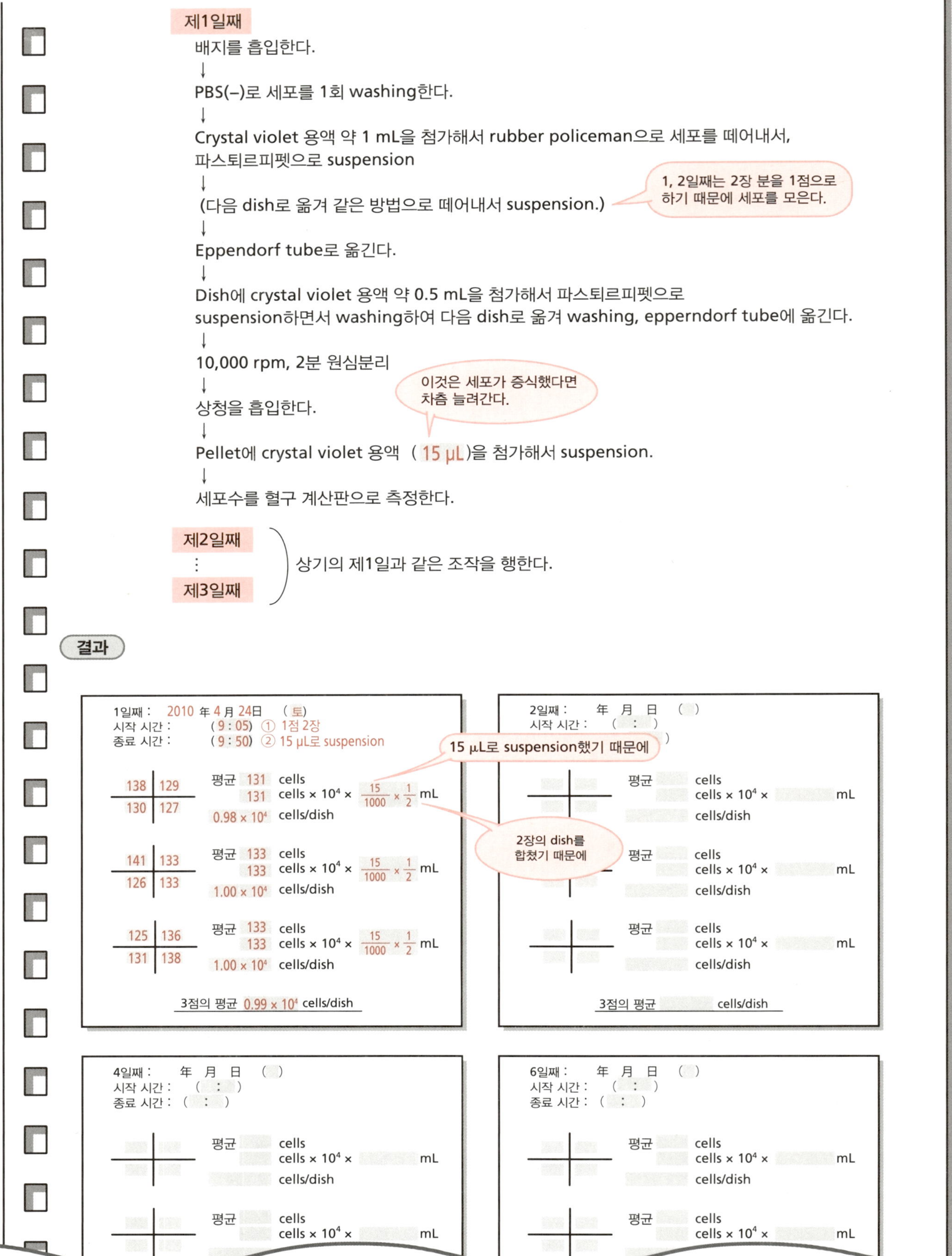

**제1일째**

배지를 흡입한다.

↓

PBS(−)로 세포를 1회 washing한다.

↓

Crystal violet 용액 약 1 mL을 첨가해서 rubber policeman으로 세포를 떼어내서, 파스퇴르피펫으로 suspension

↓

(다음 dish로 옮겨 같은 방법으로 떼어내서 suspension.)



↓

Eppendorf tube로 옮긴다.

↓

Dish에 crystal violet 용액 약 0.5 mL을 첨가해서 파스퇴르피펫으로 suspension하면서 washing하여 다음 dish로 옮겨 washing, epperndorf tube에 옮긴다.

↓

10,000 rpm, 2분 원심분리

↓

상청을 흡입한다.



↓

Pellet에 crystal violet 용액 ( 15 μL)을 첨가해서 suspension.

↓

세포수를 혈구 계산판으로 측정한다.

**제2일째**
⋮
**제3일째**

상기의 제1일과 같은 조작을 행한다.

## 결과

1일째 : 2010 年 4 月 24日 ( 토)
시작 시간 : ( 9 : 05) ① 1점 2장
종료 시간 : ( 9 : 50) ② 15 μL로 suspension

| 138 | 129 |
|---|---|
| 130 | 127 |

평균 131 cells
131 cells × $10^4$ × $\frac{15}{1000} \times \frac{1}{2}$ mL
$0.98 \times 10^4$ cells/dish

| 141 | 133 |
|---|---|
| 126 | 133 |

평균 133 cells
133 cells × $10^4$ × $\frac{15}{1000} \times \frac{1}{2}$ mL
$1.00 \times 10^4$ cells/dish

| 125 | 136 |
|---|---|
| 131 | 138 |

평균 133 cells
133 cells × $10^4$ × $\frac{15}{1000} \times \frac{1}{2}$ mL
$1.00 \times 10^4$ cells/dish

3점의 평균 $0.99 \times 10^4$ cells/dish



2일째 : 年 月 日 ( )
시작 시간 : ( : )
종료 시간 : ( : )

평균 cells
cells × $10^4$ × mL
cells/dish

평균 cells
cells × $10^4$ × mL
cells/dish

평균 cells
cells × $10^4$ × mL
cells/dish

3점의 평균 cells/dish

4일째 : 年 月 日 ( )
시작 시간 : ( : )
종료 시간 : ( : )

평균 cells
cells × $10^4$ × mL
cells/dish

평균 cells
cells × $10^4$ × mL

6일째 : 年 月 日 ( )
시작 시간 : ( : )
종료 시간 : ( : )

평균 cells
cells × $10^4$ × mL
cells/dish

평균 cells
cells × $10^4$ × mL

Protocol은 제1일째의 조작, 제1일째의 결과, 제2일째의 조작, 제2일째의 결과...라는 순으로 최종일까지 사전에 준비해 둔다.

〈아래의 실험조작은 이미 배운 대로이기 때문에, 여기서는 개략만을 기술한다〉

❶ 세포현탁액을 만든다(제3일 실습 1을 참조).

❷ 세포현탁액의 세포수를 측정하여 희석액을 만든다.

❸ 세포를 35 mm dish에 plating한다[ⓐ, ⓑ].

❹ Plating한 세포현탁액을 정확히 측정하여 crystal violet 용액으로 염색해서 다시 한 번 세포수를 측정한다.

❺ 다음날(1일째), crystal violet 용액으로 세포를 회수하여 세포 농도를 측정한다[ⓒ, ⓓ, ⓔ].

❻ 2, 4, 6, 8, 12, 14일째에 대해서도 같은 방법으로 세포수를 측정한다[ⓕ].

❼ 계측한 세포수를 바탕으로 해서, 증식곡선을 그린다.

## 1 실험 조작에서 주의해야 할 것

### 1) Dish 사이에 세포밀도에 편차가 있으면 정확한 증식곡선은 나오지 않는다

깔끔한 증식곡선을 내기 위해서는, 모든 dish에 같은 세포수가 균일하게 분산되도록 plating하는 것이 중요하다.

### 2) 세포를 측정하는 시간은 가능한 한 정확하게 지킨다

세포를 plating한 시점을 0일로 한다. 이후 1, 2, 4, 6, 8, 10, 12, 14일째에 세포를 회수해서 카운트한다.

매일 거의 같은 시간에 카운트하는데, 꽤 벗어났을 때는 나중에 그래프의 횡축에 맞춰 점을 찍게 된다. 증식이 빠른 세포에서는 수 시간의 어긋남이 그래프 상에 반영되어 버릴 수가 있다.

### 3) 여기서는 부착한 세포를 카운트한다

부착세포는 죽으면 뜨기 때문에, dish를 PBS(−)로 washing한 후의 세포를 카운트하는 것이 보통이다. 여기에서는 dish에 부착한 세포를 모두 카운트하였기 때문에 정확히 말하면 생세포만을 카운트한 것은 아니다(**제2일 실습 2-2** 참조). 막 죽었기에 아직 떠오르지 않은 세포가 포함되어 있다. 보통, 정상세포에서는 증식 중에 죽은 세포가 거의 나오지 않기 때문에 죽은 세포수를 카운트하거나 무시해도 큰 차이는 없다.

다만 암세포 등에서는 계속 증식하여 상당한 세포가 죽는 경우가 있

ⓐ 5 mL 메스피펫을 써서 2 mL 씩 2회 plating할지, 10 mL 메스피펫을 써서 2 mL 씩 5회 plating할지, 자신의 기술로 정한다.

ⓑ 세포현탁액을 넣은 100 mL 병은 때때로 흔들어 세포가 침강하지 않도록 한다.

ⓒ Protocol 중에서 dish에 PBS(−)가 아닌 crystal violet 용액을 넣어 suspension하는 것은 2개의 이유가 있다. 하나는, 세포수가 특히 적을 때에는 crystal violet 용액을 직접 넣어서 세포(핵)를 염색하는 걸로 세포를 완전히 떨어트렸는지 어떤지를 알기 쉽기 때문이다. 다른 하나는 PBS(−)로 suspension하면 세포가 떠서 dish 벽에 부착해 회수할 수 없는 것이 나오기 때문이다. 세포수가 많을 때는 약간의 오차가 있지만, 세포수가 적을 때에는 큰 오차가 된다. Crystal violet 용액에서는 그러한 일이 일어나지 않는다.

ⓓ Crystal violet 용액을 첨가해서 rubber policeman으로 세포를 벗기면, 고무 부분이 염색되기 때문에 전용의 rubber policeman을 준비해 두면 좋다.

ⓔ 세포의 pellet을 suspension할 때의 용액 양은 예상되는 세포수에 맞춰 적당히 판단한다. 암세포에 따라서는 35 mm dish에서 $10^8$개에 가까운 세포수까지 증식한다. 이 경우에는, 세포수를 측정하는 데 적절한 세포농도로 하기 위해서는 용액량이 많아져 eppendorf tube로는 무리여서 큰 tube로 옮기거나 단계희석을 하게 된다.

ⓕ 배지를 그대로 해서 배양을 계속하면 세포가 손상을 받기 때문에 배지 교환을 적절하게 한다(세포수가 적을 때는 3일에 1회, confluent 상태라면 매일 등). 암세포에 따라서는 세포수가 증식해, 1일에 2회 배지 교환을 하지 않으면 배지가 황색이 되는 케이스도 있다. 새로운 배지로 교환하는 걸로 세포의 증식이 영향을 받기 때문에 교환한 일시를 protocol에 기록해 둔다.

어느 세포를 카운트할까?

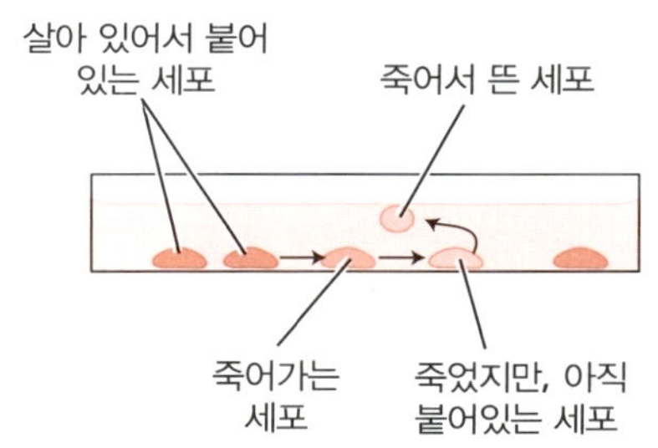

다. 1일 혹은 2일 사이에 세포가 얼마만큼 분열하는가를 알기 위해서는, 떠버린 죽은 세포도 포함해서 카운트한 쪽이 보다 옳은 증식속도(cycle time)가 나오는 경우도 있다.

## 4) 생세포를 카운트 하고 싶을 때

실험목적에 따라, 예를 들면 증식인자결핍이나 약제처리 등으로 약해진 세포가 나오는 경우에는, 모든 세포수의 계측과 함께, trypan blue 용액을 사용한 염색법(**제2일 실습 2-2 2**)에 따라 세포의 생사를 보고 생세포율의 변화를 알 필요가 있을지도 모른다. 약해진 세포가 trypsin/EDTA로 떨어트리는 처리에 의해 damage를 받아 염색되어 버리는 염려가 있는 경우에는, dish에 살아있는 채로의 세포에 염색을 첨가해서 물든 세포의 빈도(%)를 카운트하는 것도 있다.

암세포나 transform 세포에서는 세포가 confluent 상태가 되었을 때, 부착 세포수는 경시적으로 바뀌지 않는(증식정지 한 것처럼 보인다) 것에 관계없이 DNA 합성은 저하하지 않고 세포주기를 돌아 증식은 계속하고 여분 세포가 부유하는(죽어도 뜨고, 또는 떠도 죽는다) 것이 점점 보인다.

### 증식곡선에 대한 해설

정상세포의 증식곡선은 3개의 단계가 있다(**그림 A1**)

#### 지체기(유도기)

세포를 plating하여 증식곡선을 그렸을 때 하루 정도는 세포의 증식이 보이지 않는 시기가 있는 것에 보통이다. 이것을 증식의 **지체기(lag phase)**라고 한다. 지체기가 보이는 원인의 하나는 정상세포는 dish에 가득차면 증식을 정지해서 세포주기의 G0기에 들어가는 것이다(**그림 A2**). G0기의 세포를 계속 plating해서 증식할 수 있는 환경에 놓였을 때 세포가 DNA 합성해서 분열을 개시할 때까지는 1일 이상이 걸린다. 이 때문에 계속 plating하고 나서 하루나 이틀 사이에는 세포수의 증가가 보이지 않는 것이 보통이다. 두 번째로는 세포를 plating하는 것에 의해 손상이 있어서 회복 후 증식을 개시하기까지 시간이 걸리는 것이다. 손상이 클 때는 배양 1일째, 2일째에서 plating한 수보다 세포수가 감소하는 것도 있다.

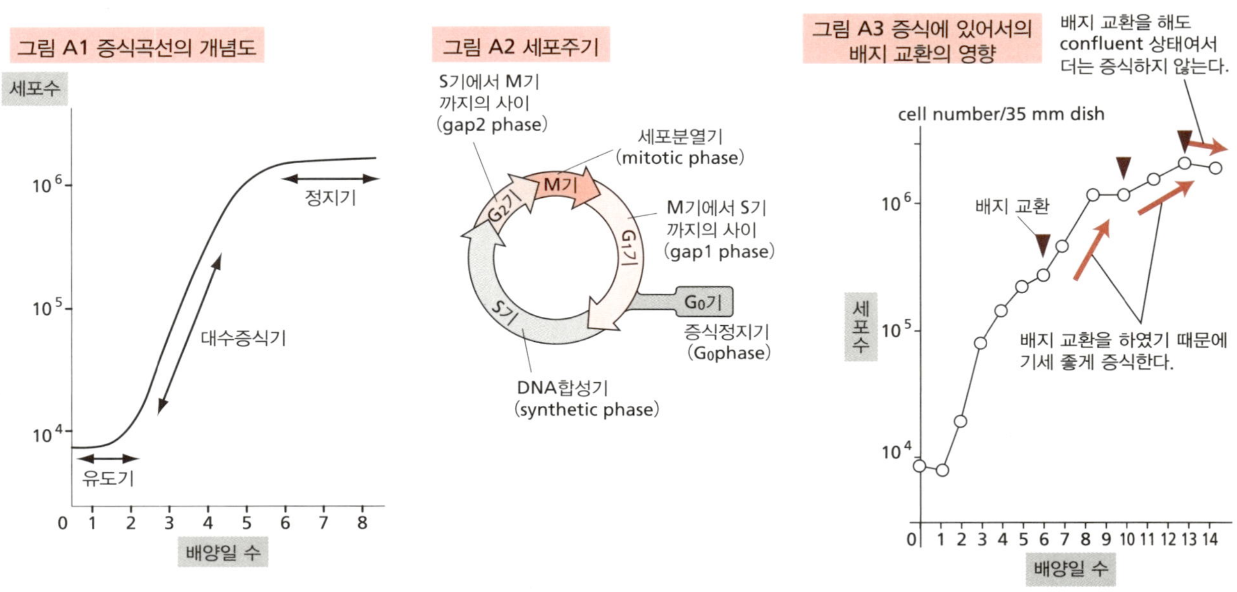

그림 A1 증식곡선의 개념도

그림 A2 세포주기

그림 A3 증식에 있어서의 배지 교환의 영향

증식을 잘하는 부유세포를 희석하여 새로 plating해서 증식곡선을 그릴 때는 G0기에 들어간 세포가 적었기 때문에 바로 늘어나고, 새로 plating하는 손상도 없기 때문에 지체기 없이 바로 곡선이 올라간다.

### 대수증식기

세포가 왕성하게 증식하는 시기에는 시간과 함께 세포수가 2배, 4배, 8배로 늘어나서 이 시기를 **대수증식기(log phase: logarithmic growth phase)**라고 한다. 세포수가 배로 되는 시간을 배가시간(doubling time)이라고 한다. 모든 세포가 증식에 참가하면 배가시간은 개개의 세포가 세포주기를 한번 도는 시간(장기시간)과 같지만, 100%의 세포가 증식에 참가하는 것은 아니기 때문에 배가시간 쪽이 긴 것이 보통이다.

증식곡선을 그렸을 때, 대수증식기에는 dish 사이의 간극이 크지만(표준오차를 붙여 그린 책 페이지 아래 **오른쪽 그림**을 참조), 정지기에 가까워지면 간극이 적어진다. 실제 증식곡선에서는 대수증식기의 도중에서 배지의 영양소 등이 부족해서 증식이 늦어져 배지 교환하는 것으로 왕성한 증식이 회복하는 경우도 있다(**그림 A3**).

### 정지기(정상기)

정상세포는 dish에 가득 찰 때까지 증식하면, 세포가 더 이상 증식하지 않게 된다. 이를 **정지기(stationary phase)**라고 한다. 이때의 세포밀도를 포화농도(saturation density)라고 한다. 증식의 접촉저지(contact inhibition)라고 하는데, 단순히 세포가 서로 닿는 것으로 증식이 멈춘다는 것은 아니다. 다른 세포 위에 겹쳐 증식하지 않는 성질은 정상세포가 가진 중요한 성질인데, 배지 교환을 하면 조금씩 증식하여 세포는 단층(monolayer)이지만 세포밀도는 한계까지 높아진다. 암세포는 서로 겹쳐서 다른 세포 위에도 증식하기 때문에 포화밀도가 대단히 높다.

## 2 증식곡선을 그리는 법

### 1) 그래프 그리는 법의 기본

편대수(semi-log) 그래프(세로축 : 세포수, 가로축 : 배양일 수)에 각각의 점에 대해서 평균값을 기입한다(세포수를 계측하면 바로 편대 그래프에 그려 둔다). 각각의 점에 대해서는 평균값을 끼워 실제의 값도 기입해 두면, 어떤 수치에서 그 점이 얻어진 것인지를 알 수 있다.

정리한 그림으로서 가장 보통의 그리는 법은 평균값 ± 표준오차(standard error)[a]로 표시하는 방법이다.

ⓐ 표준오차(S.E.)

$$S.E. = \sqrt{\frac{\Sigma(x - x_i)^2}{n(n-1)}}$$

$x$ : 평균값
$x_i$ : 각 측정값
$n$ : sample수

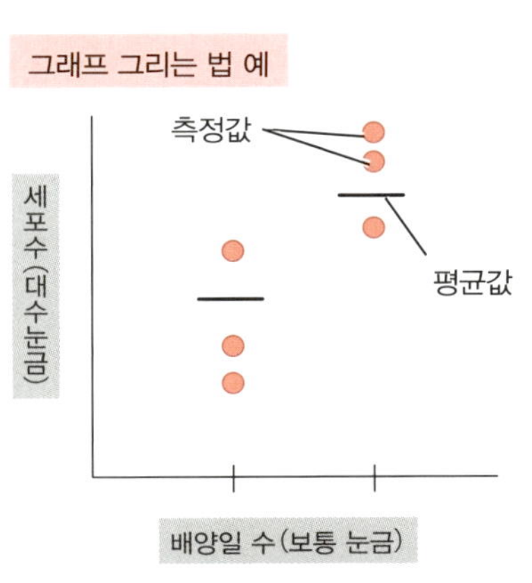

평균뿐만 아니라, 실제값도 기록해 둔다.

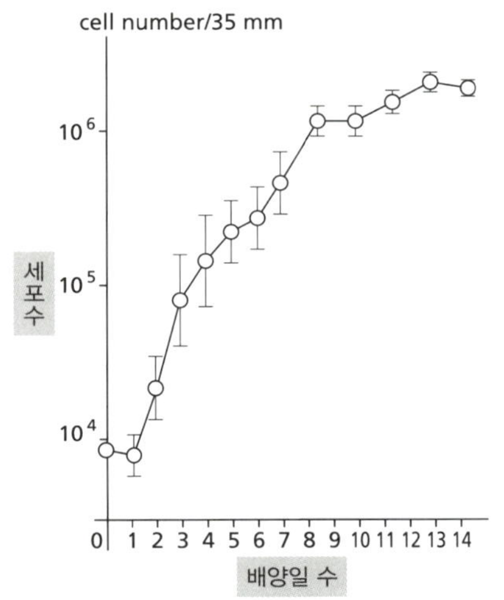


제5일 증식곡선 작성과 응용실습에 도전하자!

## 2) 선 잇는 법

각 점을 어떻게 선으로 연결하는 가에는 평균값을 단순하게 직선으로 연결하는 방법, 각 점을 가능한 한 부드럽게 연결하는 방법과 다소 벗어나는 점이 있어도 부드러운 선으로 연결하는 등 몇 개의 방법이 있다(**그림 B1**). 선의 연결 방법은 실험자의 선호도에 따른다.

평균값에 충실하게 직선을 연결하는 것은 값의 오차와 측정값에 충실한 방법이다(**그림 B1-①**). 세포의 증식을 연속적으로 모니터링하면, 꺾인 선이 아닌 매끄러운 곡선이 될 것이기 때문에, 각 점을 연결하여 곡선으로 연결하는 방법도 있다(**그림 B1-②**). 각 점의 오차를 고려하여 각 점에 너무 의식하지 않고 전체를 부드럽게 연결하는 방법이 좀 더 사실에 가깝다는 주장도 가능하다(**그림 B1-③**). 구체적인 예는 **그림 B2**에 나타냈다. 다만, 측정점을 너무 무시하고「이렇게 될 것」이란 확신으로 선을 이어서는 안 된다.

"실제의 증식곡선은 곡선일 것이기 때문에 꺾은선으로 연결한 것은 사실에서 동떨어진다."라는 주장이 있는 반면, "곡선으로 연결하는 것은 주관적(자의적)이기에 이것 또한 진실에서 동떨어진다. 따라서 선으로 연결하지 않고 점만으로 나타내야 한다"라는 주장도 있다. 다만, 선이 있는 편이 전체의 모습을 한 눈에 파악하기 쉽다.

그림 B1 선을 잇는 방법(개념도)

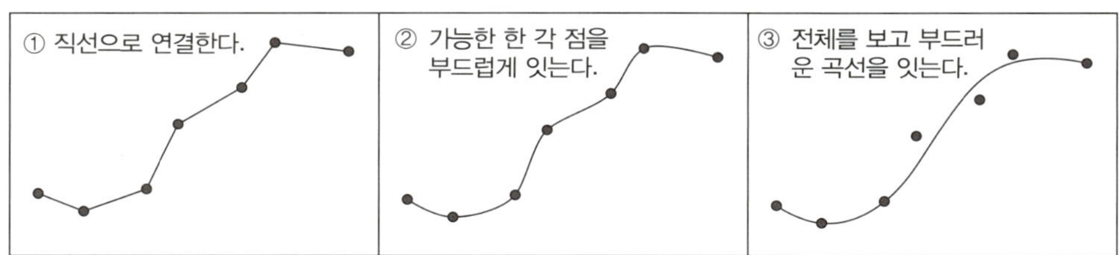


그림 B2 선을 잇는 방법(실제의 예)

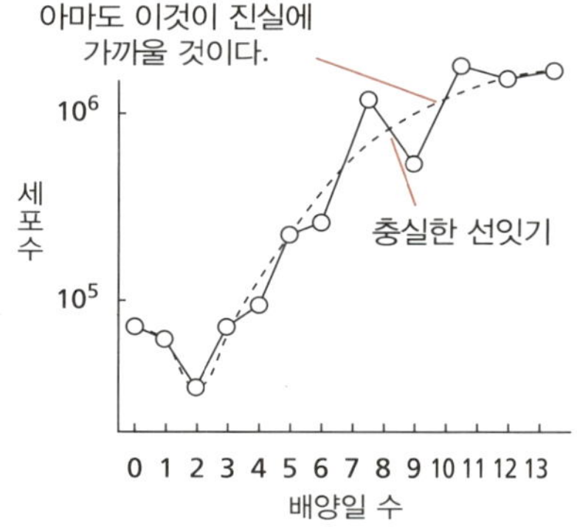


## 3) 측정 점을 취하는 방법

증식곡선의 경우에는 측정 점을 성기게 취해도, 빽빽하게 취해도 결과에 큰 영향은 없지만, 실험에 따라서는 점을 취하 방법에 따라 새로운 사실을 발견할 수 있는 경우와 놓치는 경우가 나오기도 한다. **그림 B2**처럼 한 점씩 아래 위에 있는 경우, 이 점을 무시하고 부드럽게 선을 잇는 것이 타당할 것이다. **그림 C**①처럼 1점만 점이 벗어나 존재할 때, 이것은 오류로 보고 **그림 C**②처럼 선을 잇는 법이 자연스럽다. 다만 좀 더 세세한 점을 취했을 때, **그림 C**③이 진실이라고 알 수 있을지도 모른다. 성긴 점을 취한 것으로는 1개의 변화를 놓치게 된다. **그림 C**④에서는 놓친 산이나 골짜기가 **그림 C**⑤처럼 빽빽하게 점을 취하면 있는 것을 알 수 있다. 다만, 많은 점을 취하는 것은 많은 비용과 노력을 요구하기 때문에 필요한 정보를 놓치지 않을 필요최소한(그것보다 약간 많은 정도)의 점을 취할 수 있는 실험계획을 세우는 쪽이 능숙한 방법이다. 그러한 계획을 세우기에는 경험에 덧붙여 통찰력과 센스를 필요로 한다.

그림 C 한 점만 이상할 때

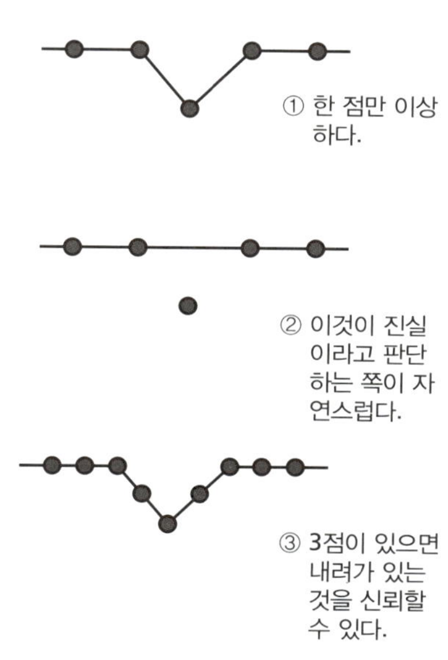


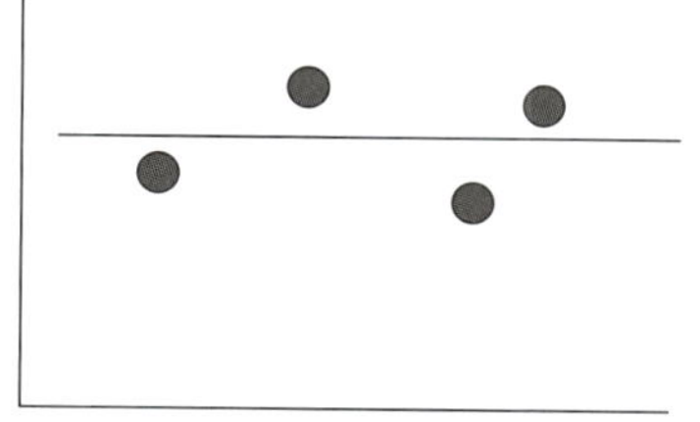

④ 점이 이것뿐이면, 오차라고 생각되기 때문에 이럴 것이라고 생각되지만…

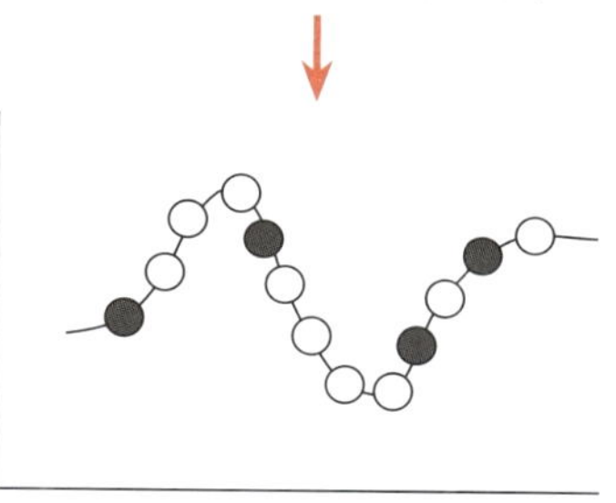

⑤ 상세히 점을 취해 보면, 사실은 이럴지도 모른다.

**네, 수고하셨습니다.**

자, 세포가 순조롭게 증식하고 있는가, dish 간 오차는 없는가, 증식곡선을 잘 그릴 수 있는가, 불안한 점은 있는가, 아무튼 오염이 없기를 비는 걸로 하자. 결과가 전부 나오는 것은 10일 후의 일이다. 경과를 쫓아 가면서 결과가 나올 때의 data 해석 방법에 대해서도 염두에 두자.

이것으로 기초실험은 끝이다. 지금까지 배운 것의 복습도 겸해서 다음의 응용실습에도 도전해 보자.

# 실습 2 응용실습

이제까지 배워 온 것을 응용해서, 자주 행하는 실험조작을 학습한다. 이후는 선택사항이다. 실습을 위해서 보통 사용하지 않는 시약이나 세포를 준비하기보다는 기본적으로는 그 연구실에서 일상적으로 하고 있는 방법과 시료를 사용해서 실험을 진행하길 바란다. 이 부분은 하나의 참고로서 나타냈을 뿐이다.

## 실습 2-0 실험재료가 되는 세포 준비

### ▶ Cover glass에 plating한 세포의 취급

★ 고정하기 전의 세포는 기계적인 자극에 약하다(떨어지기 쉽다)는 것과 cover glass는 얇아서 깨지기 쉽다는 것에 주의한다.

〈여기에서는 제4일의 실습 1에서 준비한 세포를 사용한다〉

❶ Aspirator로 배지를 흡인해낸다.

❷ PBS 1 mL 씩을 첨가하여 washing한다(정확하게 1 mL일 필요는 없으므로 10 mL의 고마고메피펫도 괜찮다). 필요에 따라서 1~2번 washing한다.

❸ 24-well plate 그대로 고정시킨다[ⓐ].

ⓐ 목적에 따라 다르지만, PBS로 washing한 후, 그대로 formalin, 100% 에탄올, 5% TCA(trichloroacetic acid) 등의 고정액을 넣고 고정해도 좋다. 단, 에탄올 이외의 유기용매에 의한 고정은 원칙적으로 유리용기에 옮기고 나서 고정하는 쪽이 안전하다(multi-well plate가 녹으면 곤란하다).

### Cover glass 상 세포의 washing법

세포를 배양한 cover glass가 있는 Dish 또는 24-well plate를 PBS로 washing할 경우와 dish에 자라고 있는 세포를 washing하는 경우에서의 큰 차이는 없지만, 두 가지를 주의한다.

① Dish에 cover glass가 들어 있는 경우, 배지를 흡입한 후 PBS를 넣어 dish를 가볍게 돌려 남아 있는 배지를 세정액(PBS)과 섞어서 희석한다. 이때, cover glass가 dish의 밑바닥의 붙어 있는 채로 이동하는 것은 무방하지만, cover glass가 여러 장 들어가 있을 때는 cover glass가 떠올라 다른 cover glass 표면에 있는 세포를 떨어지게 하는 일이 없도록 주의할 것.

② Multi-well plate의 경우 cover glass는 1장씩 밖에 들어가 있지 않으므로 cover glass끼리 서로 스치는 것에 대해서는 염려하지 않아도 된다. 오히려 cover glass의 밑면에 있는 배지를 washing하기 위하여 cover glass를 띄워서 세정하는 방법을 생각한다.

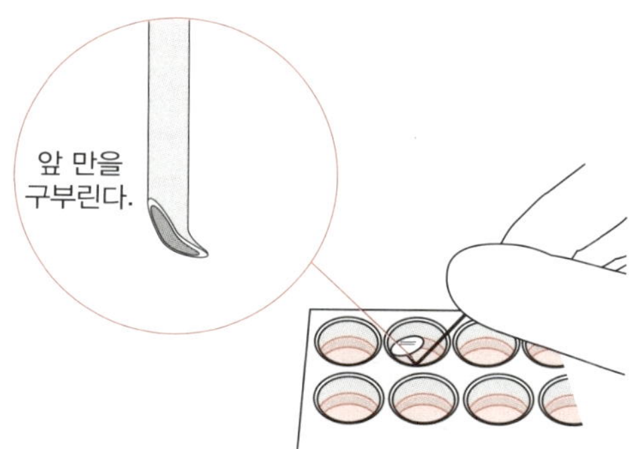


Cover glass를 들어올리는 방법

주사바늘의 끝을 구부려, Cover glass의 끝 부분에 걸어 들어올린다. cover glass 위의 세포는 떨어지기 쉽기 때문에 표면을 문지르지 않도록 주의할 것.

### Cover glass를 배양기에서 꺼내서 고정하는 경우

PBS가 들어간 상태에서 왼손에 갖고 있던 끝이 구부러진 주사바늘로 cover glass를 들어올려, 바로 오른손의 핀셋으로 cover glass의 가장자리를 잡아 다른 용기에 옮긴다.

PBS(다른 용액이라도)가 들어가 있지 않은 상태에서는 cover glass가 용기 바닥에서 쉽게 떨어지지 않아, 무리하면 cover glass가 깨진다. 또한 cover glass에 있는 세포를 손상시키지 않기 위해서 가능한 한 가장자리를 잡는 것이 좋지만, 너무 가장자리를 잡게 되면 cover glass가 깨지는 일이 발생한다.

Cover glass를 제거한 multi-well plate는 세제로 세정한 후 멸균하면 다시 똑같은 목적에 사용할 수 있지만, 고정해 버리면 cover glass의 밖에 자라고 있는 세포가 떨어지지 않게 되므로 다른 용기로 옮기고 나서 고정한다(이것은 multi-well plate를 사용하고 버릴 수 있는 여유 있는 연구실에서는 생각하지 않아도 된다).

## 실습 2-1 면역염색

### ▶ 염색법 선택방법

어떠한 상태의 세포에서 어떤 단백질을 염색할 것인가에 따라, 세포의 고정법이나 염색법을 선택한다.

항체에 형광물질을 붙여서 직접 염색을 하는 것에서부터, 2차 항체 등에 효소를 붙여서 signal을 증가시켜 감도 좋게 검출하는 방법에 이르기까지 다양하다. 여기서는 PCNA(proliferating cell nuclear antigen)를 일반적인 핵단백질의 면역형광염색법으로 검출한다.

### ▶ 개요

1) 고정한 cover glass에 1차 항체를 넣어 적당한 시간 동안 반응시킨다.
2) 반응하고 남은 여분의 항체를 washing한다.
3) 2차 항체를 넣어 적당한 시간 동안 반응시킨다.
4) 반응하고 남은 여분의 항체를 씻어낸다.
5) Slide glass에 장착(mount)한다.
6) 현미경에서 관찰한다.

다양한 면역염색

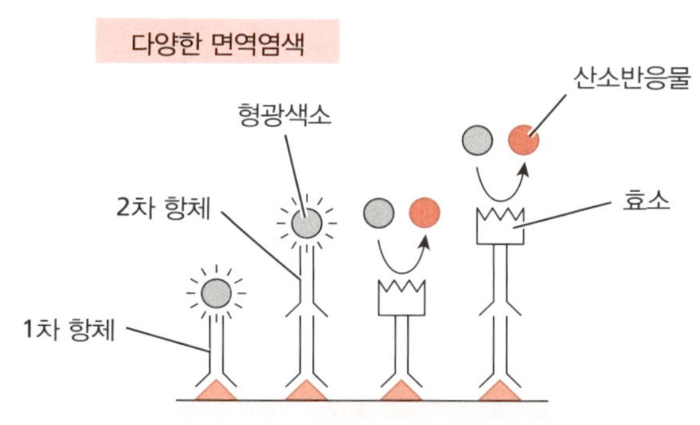

실험노트

# #0018 PCNA 항체염색

2010 年 4 月 23 日 ( 금 )

**준비**

- ☐ 24-well plate (8-well에 cover glass를 넣어 세포를 platin했다.
  세포명 : TIG-3 ( 2010 - 4 - 22 plated )
- ☐ PBS(–) ( 2010 - 3 - 25 - )
- ☐ 1차 항체 : ( anti-human PCNA (mouse) (100 μg/mL) Calbiochem lot # 134950101 )
- ☐ 2차 항체 : ( anti-mouse IgG FITC (goat) (200 μg/mL) Santa Cruz lot # F028 )
- ☐ 메탄올
- ☐ 35 mm dish
- ☐ 50% glycerol [100% glycerol를 같은 양의 PBS (–)로 희석한 것]

제4일 실습 1에서 plating한 것을 사용한다.

Plating한 날, 처리내용

항체의 이름, 유래동물, 제조원을 기입한다.

**조작**

( 1 : 40 ) Multi-well plate에서 배지를 aspirator로 흡입한다.

↓

PBS(–) 1 mL로 2회 washing한다.

↓

Cover glass를 꺼내서 얼음 위에 올려놓은 35 mm dish glass dish로 옮긴다.

세포면이 위로 오게 해 둔다.

↓

100% 메탄올(–20°C 보존한 것)을 첨가한다.

↓

실온에서 5분 방치

때때로 dish를 흔들어서 메탄올과 함께 섞어준다.

↓

Cover glass를 꺼내 킴타올 위에 늘어놓고 건조시킨다.

↓

가습용기로 옮긴다.

↓

1차 항체를 넣는다.

항체액 100 μL 만든다(1장당 25 μL)

항체(원액) 5 μL
PBS(–) 95 μL
(20배 희석)

항체액 약 25 μL를 tip으로 cover glass에 얹는다.

↓

실온에서 30분 방치 ( 3 : 10 ～ 3 : 40 )

↓

여기서 UV램프 스위치를 켠다.

↓

35 mm dish로 옮긴다.

PBS(–) 2 mL 추가한다.
실온에서 5분 방치
Aspirator로 흡입한다.
× 3회

↓

2차 항체(형광 항체)를 넣는다.

↓

실온에서 30분 방치(차광)

↓

Washing한다.

↓

( 4 : 10 ) Slide glass 위에 mount한다.

↓

형광현미경에서 관찰

핵이 깨끗하게 염색되어 있는가

분열기의 세포에서는 어디가 염색되어 있을까?

❶ Cover glass에 plating한 세포를 준비한다[ⓐ].

❷ PBS(−)로 2번 washing한다.

❸ Cover glass를 꺼내서 얼음 위에 놓아 둔 35 mm glass dish에 옮겨, 냉각시킨(−20℃) 메탄올을 넣어 상온에서 5분간 고정한다[ⓑ].

- 필요하면 메탄올 고정 후, 메탄올을 빼고 냉각시킨(−20℃) 아세톤으로 다시 5분간 고정한다.

−20℃ 냉동고에서 5분간 고정

❹ Cover glass를 꺼내서, 세포가 부착된 면을 위로 향하게 해서 살짝 건조시킨다[ⓒ].

❺ 적신 킴 와이프를 100 mm dish(항체가 증발하지 않도록 가습하기 위해서)에 깔고 유리봉을 놓아 그 위에 세포가 자라고 있는 면을 위로 향하게 cover glass를 놓는다.

❻ 1차 항체를 넣어 반응시킨다[ⓓ, ⓔ].

- Tip을 옆으로 해서 액체를 퍼트린다[ⓕ].

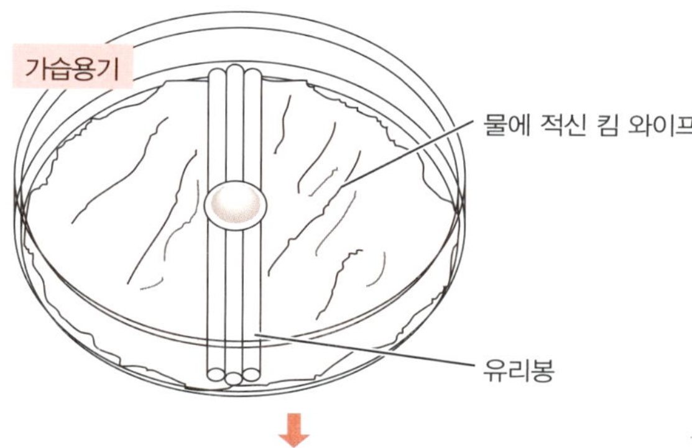

❼ 이 동안 형광현미경 UV 램프의 스위치를 켠다[ⓖ].

❽ 35 mm dish로 옮겨 washing한다. Washing에는 충분한 양(2 mL 이상)의 PBS(−)를 첨가해서 때때로 흔들면서 5~30분 방치한 후, aspirator로 제거한다.

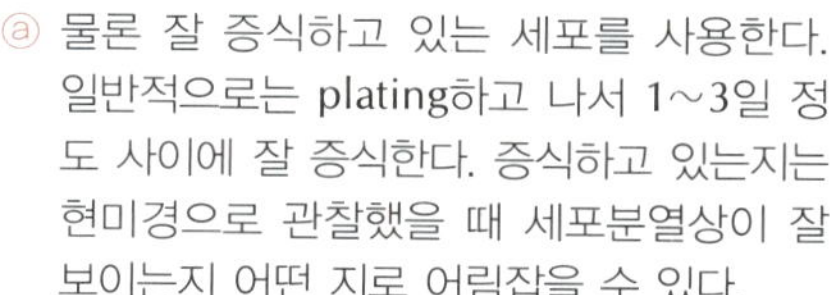

ⓐ 물론 잘 증식하고 있는 세포를 사용한다. 일반적으로는 plating하고 나서 1~3일 정도 사이에 잘 증식한다. 증식하고 있는지는 현미경으로 관찰했을 때 세포분열상이 잘 보이는지 어떤 지로 어림잡을 수 있다.

ⓑ 이들 유기용매에 의해서 단백질을 고정시킴과 동시에 지질성분을 추출해서, 항체(고분자 단백질)가 세포막을 통과할 수 있도록 한다. 저온에서 행하는 것은 단백질의 변성(고차구조 변화)을 막기 위함이다. 관찰 대상으로 하는 항원에 따라서는 다른 고정법이나 탈지 방법을 이용한다.

ⓒ 이때 유성 매직으로 세포가 자라고 있는 쪽의 가장자리 부분을 칠해 두면 항체액이 가장자리까지 잘 퍼져 나가지 않아서 나중에 조작하기에 편리하다. 물론, 유기용매가 마르고 나서할 것.

ⓓ PBS(−)로 희석한 1차 항체액(anti-human PCNA mouse antibody)은 25 μL 있으면 충분하다.

ⓔ 사용하는 항체의 농도는 항체에 따라 크게 다르기 때문에 사전에 농도 검토가 필요하다. 예를 들면 희석배율을 몇 종류 만들어(예를 들면, ×10, 20, 50), 2차 항체를 일정(비교적 진하게 해 둔다)하게 해서 염색되는 정도를 본다(signal의 세기와 background의 강도를 비교해서 가장 좋은 조건을 선택한다). 또, 반응시의 온도(저온, 실온, 37℃ 등)나 시간은 항원과 항체의 종류에 따라서 다르다.

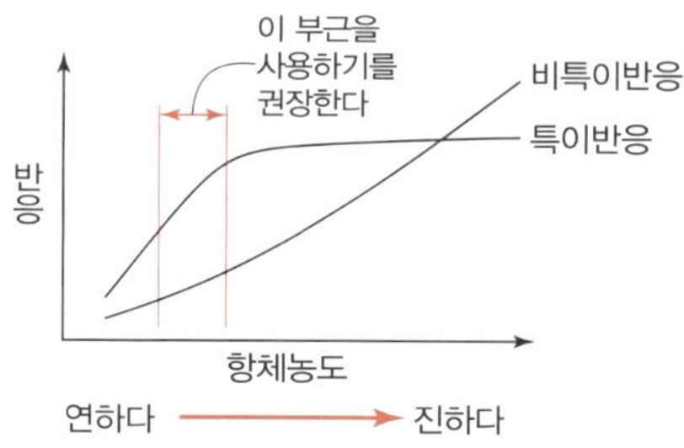


ⓕ 세포 면이 말라 있기 때문에 이렇게 하지 않으면 액체가 퍼지지 않는다.

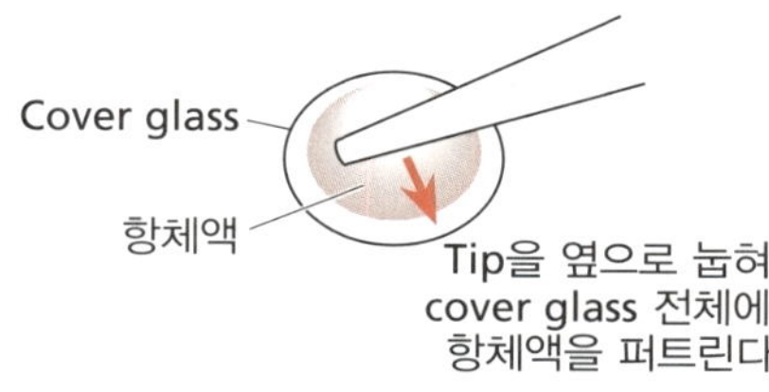


ⓖ 어느 정도 예열을 할 필요가 있으므로 조금 일찍(20분 정도) 스위치를 켜둔다. 단, 램프에는 수명이 있고 램프가 고가이기 때문에 너무 일찍 켜 두어서도 안 된다.

❾ ❽의 조작을 3회 수행한다[h].

ⓗ Washing 온도나 시간도 항원과 항체의 종류에 따라서 다르다.

❿ Cover glass를 기울여서 묻어 있는 수분을 킴 와이프로 가능한 한 제거한다.

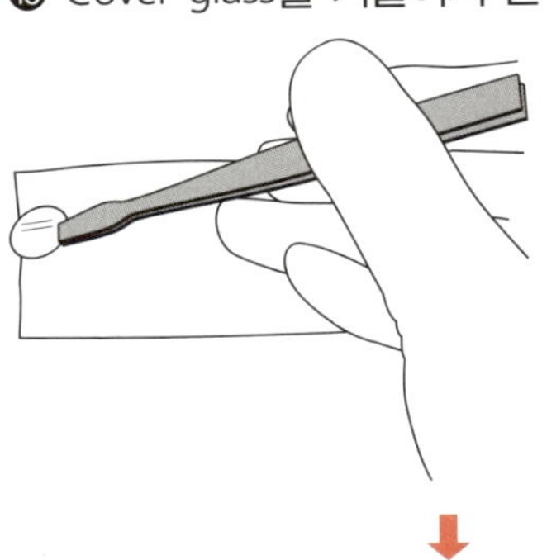

⓫ PBS(−)로 희석한 2차 항체(FITC[i]-labeled anti-mouse antibody)을 넣어 반응시킨다[j].

ⓘ FITC: Fluorescein-4-isothiocyanate 녹황색 형광을 발한다.

ⓙ 이것도 25 μL만 있으면 충분하다.
이것도 처음은 희석배율을 검토한다(첨부서에 쓰여 있으므로 그것을 사용하면 좋다).

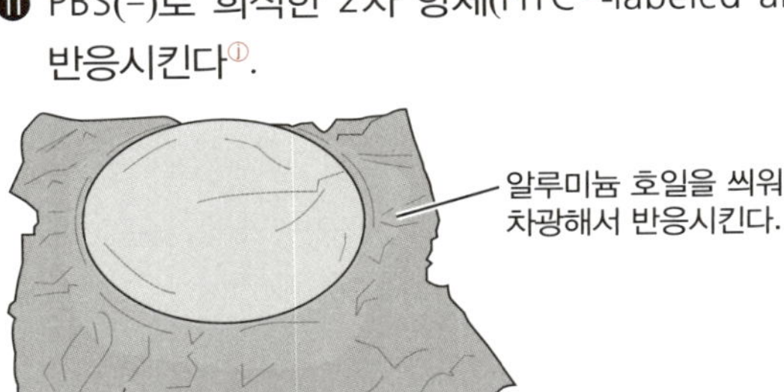


⓬ 상기 ❽~❿의 step을 반복한다.

⓭ Cover glass를 장착(mount)한다.

- Slide glass 위에 50% glycerol · PBS(−) 용액을 한 방울 떨어뜨려 cover glass를 거꾸로 뒤집어 기포가 들어가지 않도록 주의하면서 용액 위에 얹는다[k].

ⓚ 형광의 감퇴(decay)가 느린 봉입제도 시판되고 있다.

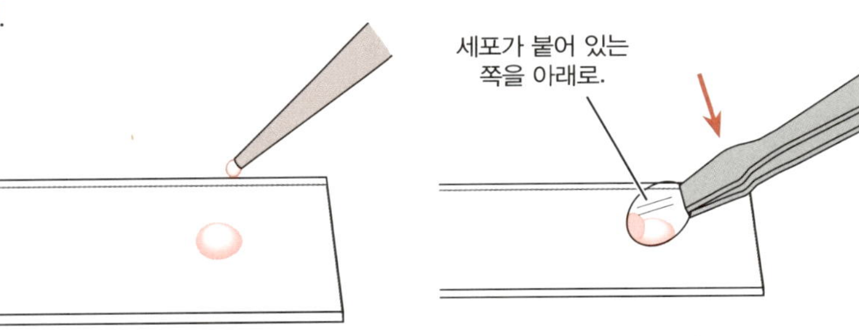

① Glycerol · PBS(−) 용액을 한 방울 떨어트린다. ② 기포가 들어가지 않도록 해서 얹는다.

⓮ 여분의 용액을 없애고 봉입제[l]를 발라, 수분 증발이 일어나지 않도록 한다.

ⓛ Eukitt 등. 간단하게는 무색 매니큐어도 대용할 수 있다.

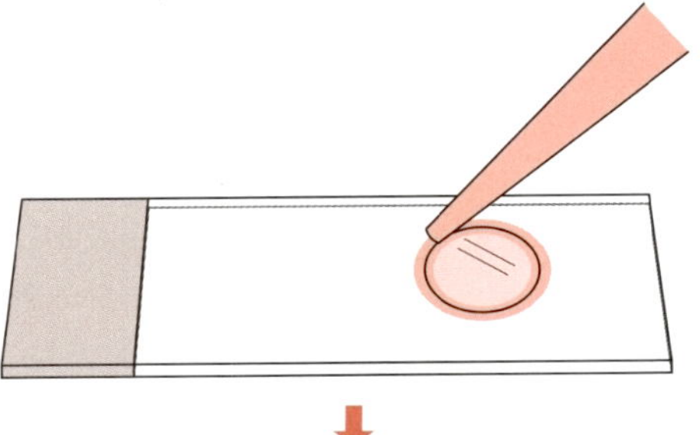

⑮ Cover glass의 표면의 PBS(−)가 말라 염이 석출되므로 이온교환수로 표면을 washing한다[m].

⑯ 형광현미경을 FITC(여기파장, 발광파장)에 맞춰서 필터를 설정해 관찰한다[n].

⑰ 냉암소에 보관한다[o].

알루미늄 호일 등으로 차광해서, 4℃ 냉장고, 저온실 등에 보존.

ⓜ 봉입제가 마르고 나서 수행할 것.

ⓝ 형광현미경을 사용하는 방법은 여기서는 설명하지 않는다.

ⓞ 1주일 정도는 보존할 수 있다. 경우에 따라서는 더 오래 보존할 수 있다. 단, 다음번에 사용할 때는 형광이 약해지므로 가능한 한 빨리 관찰해서 기록을 해 두는 것이 좋다.

## 실습 2-2 세포로의 유전자 도입(transfection)

최근, 유전자의 강제 발현, 유전자의 knockdown, 단백질의 생산 등을 목적으로 배양세포에 유전자 도입(transfection)을 수행하는 기회가 늘어나고 있다. 그것에 동반해서 각 회사에서 다양한 transfection 시약이 판매되고 있고, 세포의 종류나 실험계에 따라 적합한 것이 다르기 때문에 sample 등을 받아서 자신의 실험계에 최적인 것을 선택할 필요가 있다. 구체적인 유전자 도입 방법으로서는 lipofection법이나 electroporation법, retrovirus법 등이 있다. 오늘 실습에서는 가장 일반적인 lipofection법을 이용하여 녹색형광단백질(GFP: green fluorescent protein)의 유전자를 세포에 도입해 보자.

세포에 유전자 도입을 행할 때에는 transfection의 효율이 문제가 된다. 보통은 유전자 도입이 될지 안 될지를 눈으로 확인하는 것은 불가능하지만, 도입할 vector에 GFP 등의 형광단백질을 동시에 발현시키는 vector를 이용하면 형광현미경이나 flow cytometry 등으로 도입효율을 알 수 있다. 또 유전자가 도입된 세포만 관찰하거나, cell sorter를 이용하면 녹색형광단백질을 발현하고 있는 세포만 분리·농축시켜 실험에 이용하는 것이 가능하다. 형광현미경으로 녹색형광을 발하는 세포를 관찰하는 것만으로도 실험이 편해진다.

여기에서는 lipofection 시약 중에서 FuGEN6 Transfection Reagent(Roch Diagnostics사)를 사용한 transfection법을 일례로 소개한다.

### 준비할 것

- GFP 발현 vector

  예) 목적 유전자와 GFP 융합 단백질로서 발현하는 vector, 목적 유전자와 GFP가 독립 promoter로 발현하는 vector 등
- Transfection 시약
  - FuGENE6 Transfection Reagent(Roch Diagnostics사)[a, b]
- 35 mm dish
- 무혈청배지
- 혈청이 들어간 배지(배양 시에 쓸 것)
- 멸균한 1.5 mL tube(저흡착 타입 추천)
- 멸균 tip(저흡착 타입 추천)
- 형광현미경

ⓐ 이번에 소개한 FuGENE은, 혈청이 들어간 상태에서도 효율 좋게 transfection되기 때문에 대단히 간단하게 transfection할 수 있다. 다른 transfection 시약을 사용하는 경우는 무혈청 조건 하에서 transfection을 수행할 필요가 있는 kit도 있기 때문에 주의한다. 그 경우 step ❾에서는 무혈청배지를 쓸 필요가 있다. 세포에 따라서는 무혈청배지 하에서는 세포 증식이 나쁜 세포도 있기 때문에 주의가 필요하다.

ⓑ Transfection 시약은 흡착하기 쉬운 것이 많아서 분주하거나 다른 용기로 바꿔 옮기는 것은 하지 말 것. 또 보존 온도도 각 회사마다 다르기 때문에 주의가 필요하다.

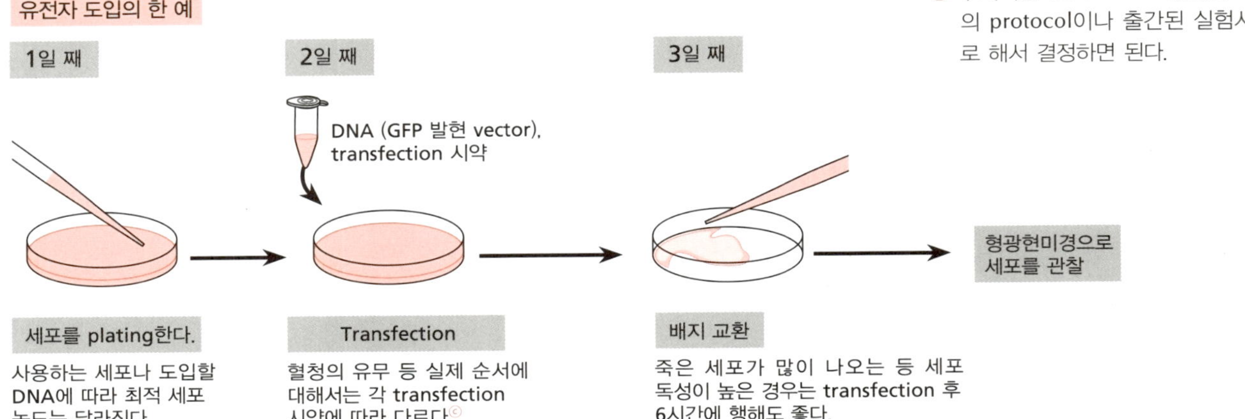


ⓒ 구체적인 transfection 방법은 각 시약회사의 protocol이나 출간된 실험서들을 참고로 해서 결정하면 된다.

〈1일째〉

❶ 다른 밀도로 세포를 몇 개 plating한다(confluent 25%, 50%, 75% 등)[d].

〈2일째〉

❷ 멸균된 1.5 mL tube에 멸균된 tip을 써서 무혈청배지를 X μL 넣는다.

× = 100 – DNA 사용량 – Fugene6 사용량

❸ FuGENE6 Transfection Reagent를 3 μL를 취해, ❷의 무혈청배지에 직접 넣고, 살짝 tapping해서 섞는다[e, f, g].

❹ Transfection할 sample 수 만 ❷, ❸의 조작을 수행한다.

❺ 희석한 FuGENE6 용액에 DNA를 직접 넣고, tapping을 하여 바로 섞는다.

❻ 시간을 기록한다.

❼ 다른 sample도 같은 방법으로 DNA를 첨가해서 섞는다.

❽ 실온에서 30분간 incubation한다(최저 15분, 최대 45분 까지).

❾ 35 mm dish에 plating한 세포의 배지를 신선한(혈청 함유) 2 mL로 교환한다.

❿ 세포를 transfection 용액 첨가까지 $CO_2$ incubator에 되돌려 둔다.

⓫ ❽의 step이 끝나면 incubator에서 세포를 꺼내 배지 전체에 방울방울 첨가해서 섞는다.

⓬ 세포를 $CO_2$ incubator에 되돌려 둔다.

ⓓ 세포에 따라서 세포증식의 속도가 다르다. 전날 plating한 세포밀도에 따라 도입효율이 크게 다를 수가 있기 때문에 몇 개 시험해보는 게 좋다.

ⓔ Tube 용기 벽에 묻히지 말고 비로 용액에 넣는 것이 중요.

ⓕ FuGENE6 사용량(μL) : DNA 사용량(μg) = 3 : 2 조건 경우의 첨가량.
세포에 따라서는 3 : 1 및 6 : 1 쪽이 좋은 경우도 있어서, 처음에는 시험해 본다.
3 : 1의 경우 : FuGENE6 사용량(μL) : DNA 사용량(μg) = 3 μL : 1 μg
6 : 1의 경우 : FuGENE6 사용량(μL) : DNA 사용량(μg) = 6 μL : 1 μg

ⓖ Dish 크기에 따라 사용하는 양을 조절할 것.

〈3일째〉

⑬ 다음 날 세포를 관찰해서 세포가 건강하면 배지를 교환할 필요는 없다. 세포독성이 일어나면 배지 교환을 수행한다[ⓗ].

⑭ 보통, 24~48시간 후에 GFP의 형광을 관찰한다.

⑮ 관찰하기 20분 전에 형광현미경의 전원 및 lamp를 warm up 시켜 둔다.

⑯ 세포를 50배 관찰해서 focus를 맞춘다.

⑰ 형광현미경의 형광 filter를 GFP용으로 세팅해서 형광 lamp의 shutter를 열어 세포를 관찰한다.

⑱ 형광이 관찰되면 미동나사로 focus를 조정한다.

⑲ 형광현미경 부속 촬영 software로 위상차 image, GFP 형광 image를 각각 촬영하고 촬영 후에 위상차 image와 GFP 형광 image를 겹친(merging) image도 합쳐 보존 또는 jpeg 형식 등의 image file로 저장한다.

⑳ 촬영한 image는 다른 PC 등에서 Adobe photoshop 등의 image 프로그램을 사용하여 편집 등을 행한다.

㉑ 위상차 image를 점하고 있는 세포수와 형광 image에서의 GFP 양성 세포수를 산출해서 유전자 도입효율을 산출한다[ⓘ].

ⓗ 세포에 따라서는, 세포 독성이 강하게 나오는 경우가 있어서 transfection 후 6시간 정도에서 배지 교환을 행하는 경우가 많다.

ⓘ 보다 정확한 유전자도입 효율을 알고 싶은 경우는, 복수의 화상을 사용해서 도입률을 산출해 평균을 구한다. 또는, flow cytometer로 분석을 수행하여 GFP 양성률을 산출한다.

## 결과의 예

아래처럼 형광현미경으로 촬영한 GFP 양성세포와 위상차 image를 겹치면 어떤 세포가 GFP 양성인지를 간단히 알 수 있다(아래의 컬러 사진에 관해서는 **권두 컬러 그림 4**를 참조).

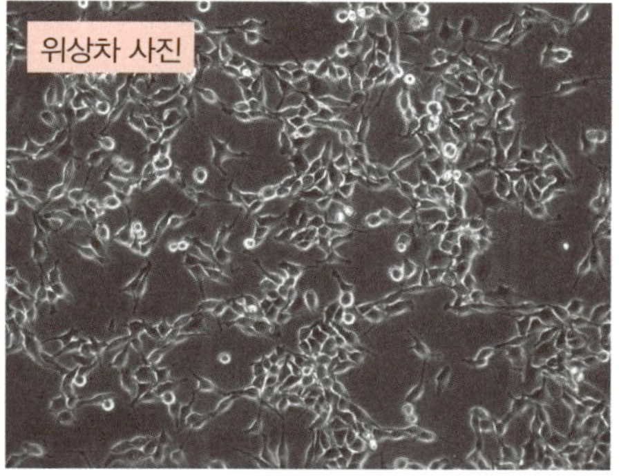


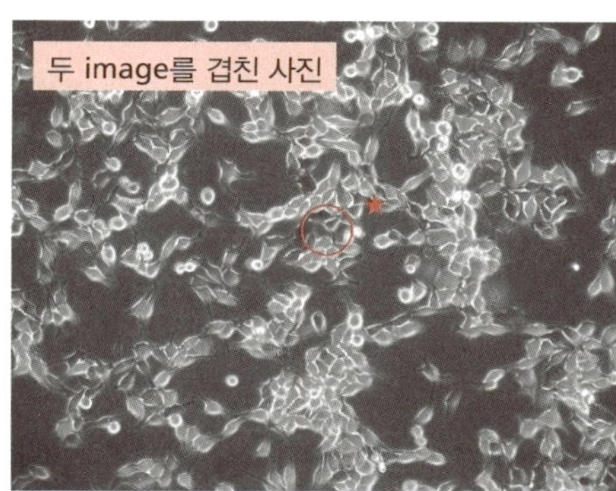


★표시에 있는 세포는, 왼쪽 2장의 사진을 겹쳤을 때에 형광 image가 보이지 않는 세포는 유전자가 도입되어 있지 않거나 혹은 극히 일부만 GFP를 발현하고 있다고 추정된다.

# 실습 2-3 방사성동위원소로 표식한다

방사성동위원소를 취급할 때는 사전에 소정의 교육훈련, 건강진단을 받는 것이 법으로 의무화되어 있어, 정식으로 등록할 필요가 있기 때문에 여기서는 선배가 하는 것을 견학하는 것에 그친다(시설에는 견학을 위해 잠시 출입한다고 전해 놓는다).

특별히 주의할 것은 오염 방지, 방사성 폐기물에 대한 주의(어떤 폐기물이 나오는가, 어떻게 폐기 처리하는가) 등등이다. 이러한 주의사항의 설명은 선배로부터 듣는다.

## ▶ 개요

1) 방사성 동위원소를 첨가해서 표식한다.
2) 필요한 시간 배양한다.
3) 세정·고정한다.
4) 방사활성을 측정한다.

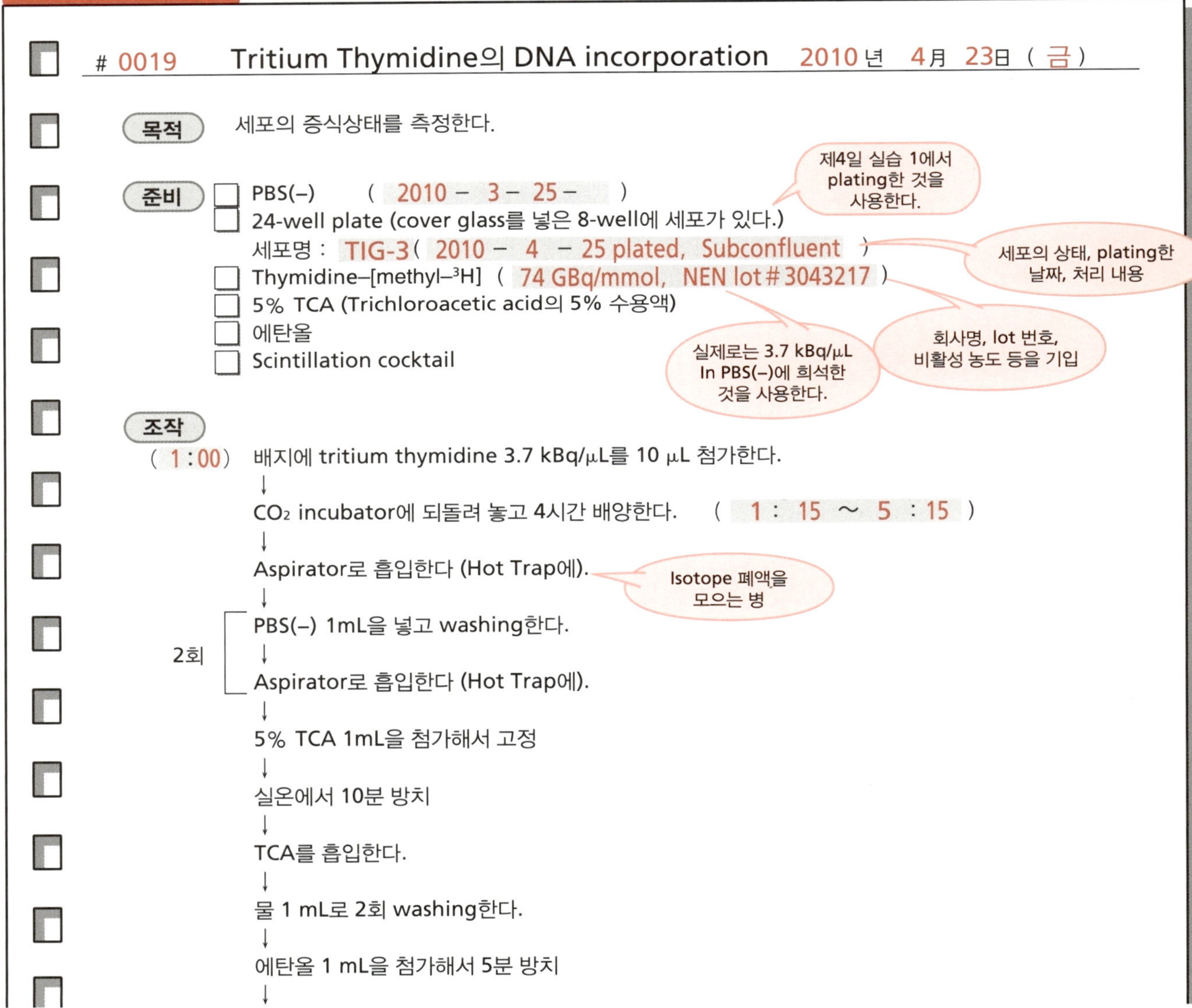

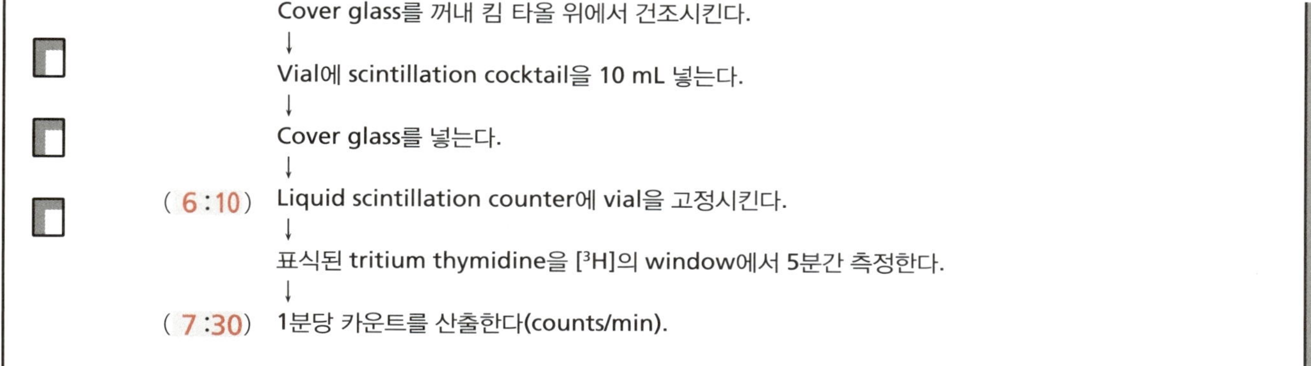
Cover glass를 꺼내 킴 타올 위에서 건조시킨다.
↓
Vial에 scintillation cocktail을 10 mL 넣는다.
↓
Cover glass를 넣는다.
↓
( 6:10 ) Liquid scintillation counter에 vial을 고정시킨다.
↓
표식된 tritium thymidine을 [$^3$H]의 window에서 5분간 측정한다.
↓
( 7:30 ) 1분당 카운트를 산출한다(counts/min).

❶ 0.5 mL 배지에 [$^3$H]-Thymidine 3.7 kBq/μL를 10 μL 넣는다[ⓐ].

❷ $CO_2$ incubator에 돌려 놓고 4시간 배양한다[ⓑ].

❸ Aspirator로 흡입한다(Hot Trap[ⓒ]에 회수한다).

❹ PBS(–) 1 mL을 첨가한다.

❺ Aspirator로 흡입한다(Hot Trap에 회수한다).

❻ 5% TCA 1 mL을 첨가해서 고정한다[ⓓ].

❼ 실온에서 10분간 방치

❽ TCA를 흡입한다[ⓔ, ⓕ].

❾ 물 1 mL로 2회 washing한다.

❿ 에탄올 1 mL을 첨가해서 5분 방치[ⓖ]

ⓐ 배지는 미리 0.5 mL로 해 두는 것이 다음에 섞기 쉽다.
첨가할 thymidine의 방사능량, 즉 비방사능은 사용하는 세포, 실험목적에 따라서 다르다. 첨가할 thymidine 용액량은 5 μL로도 가능하지만, 10 μL 정도가 오차가 적다.

ⓑ Thymidine을 표식 시키는 시간(배양시간)도 세포에 따라 다르다.

ⓒ 방사성이 있는 것을 hot이라고 한다. Hot의 폐액을 회수하는 trap(aspirator의 폐액 회수 장치).

ⓓ 5% TCA는 생화학 분야에서 단백질 등과 같은 고분자를 침전시키는 데 사용된다. 보통 얼음에 냉각시킨 것을 사용하지만, 여기서는 세포 내의 DNA가 고정되기만 하면 되기 때문에 얼음에서 냉각시키지 않아도 된다.

ⓔ 5% TCA 및 고정 후 물에 의한 세정 과정에서 tritium thymidine과 그것의 인산화 전구체는 제거되고, DNA에 표식된 것만이 세포 안에 남게 되므로, tritium의 방사능은 DNA 합성의 지표가 된다.

ⓕ 5% TCA 및 세정 과정에서 나오는 물은 방사성 수용액 폐기물로 처리해서 버린다.

ⓖ 에탄올은 TCA의 제거, 탈수, 탈지 등의 목적과 cover glass를 빨리 마르게 하는 것이 목적. 에탄올은 방사성 유기 용매로 취급해서 버린다.

## Thymidine을 tip으로 첨가할 때의 요령

Tip으로 참가할 때, tip 끝을 배지 깊숙이 넣지 말고 well의 벽에 닿도록 해서 넣으면 좋다. Tip을 매번 바꾸는 것은 귀찮은 일이므로 똑같은 tip을 사용할 때는 이웃한 well을 오염시키지 않도록 다음과 같이 한다(Well마다 tip을 바꾼다면 배지 깊숙이 넣어도 상관이 없다). 용기 벽의 용액은 배지로 떨어지게 되어 있다. 용기 벽이 말라 있을 때는 나중에 plate를 기울이거나 흔들거나 해서 용액이 배지 내로 떨어진 것을 확인할 것. 참가하고 나서 plate를 돌려서 용액을 섞어 둘 것. Tip은 방사능 불연 쓰레기로 처리해서 버릴 것.

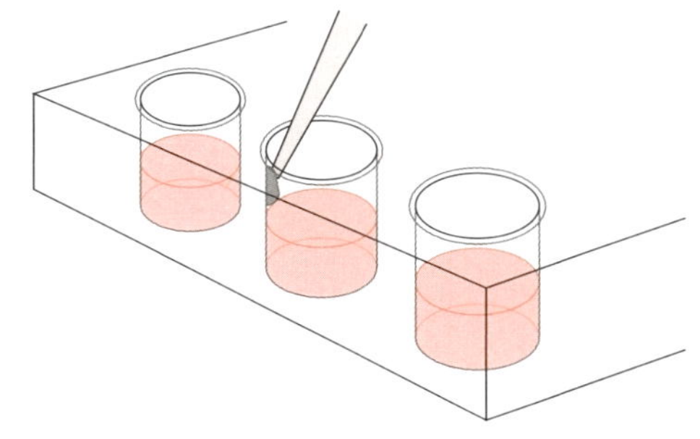

⑪ Cover glass를 꺼내 킴 타올 위에서 말린다.

⑫ Vial에 scintillation cocktail 10 mL을 첨가한다.

⑬ Cover glass를 vial 안에 넣는다[h].

⑭ Liquid scintillation counter에 vial을 고정한다.

⑮ 표식된 [$^3$H]-Thymidine을 [$^3$H]의 window에서 5분간 측정한다.

⑯ 1분당 카운트를 산출한다.

ⓗ Cover glass째로 측정하는 것은 정량성이 없고 측정효율의 보정도 할 수 없지만, 간편하다. 측정 후 cover glass를 꺼내면 scintillation cocktail을 그대로 재사용할 수 있다(다만, 재사용하기 전에 background를 측정해서 오염되어 있지 않다는 것을 확인한다). 사용이 끝난 scintillation cocktail은 방사성 유기폐액으로 취급해서 버린다

### 표식된 thymidine의 산출법

사용한 thymidine의 비활성: A Bq/m mole
표식된 카운트(counts): B cpm
계수효율: C %
라면

$$\frac{B}{60} \times \frac{100}{C} \div A = \text{표식된 양 (m mole)}$$

($\frac{B}{60}$: 1초당 카운트, $\frac{B}{60} \times \frac{100}{C}$: 1초당 붕괴수)

Bq는 1초당 붕괴수
(= 1초당 방사선의 수)
cpm은 1분당 카운트

다만, cover glass법으로는 측정효율이 정확하게 나오지 않기 때문에 정확한 값은 나오지 않는다. 그러나 대조군과 실험군의 비교나 시간경과에 따른 상대적인 결과를 얻고자 할 때는 간편해서 좋다.

## ▶ Thymidine의 표식량에 대해서

Thymidine은 세포 내에서 대사되지만, 고분자로서는 DNA 이외에는 거의 표식되지 않는다. 증식이 왕성한 세포는 DNA 합성도 왕성하므로 표식량이 많다. 물론 세포 내에서의 thymidine의 새로운 합성(de nove)을 억제하면, 외래 thymidine의 이용이 보다 높아진다. 역으로, thymidine kinase가 없는 세포에서는 외래성의 thymidine은 전혀 DNA에 표식되지 않는다.

**네, 수고하셨습니다.**

조금은 무리한 스케줄이었지만, 우선 입문편이 끝났다. 혼자서 제구실을 하기 까지는 아직도 멀지만, 그래도 간단한 실험은 할 수 있게 되었다. 이제부터가 연습이 아닌 진짜 실험이다.

특별실습

# 세포배양 기본지식을 배우자!

**오늘의 도달목표**

- 세포배양에 필요한 준비나 공동의 일을 할 수 있도록 한다.

**강의포인트**

- 연구실에서 공통으로 사용하는 것에는 더욱 더 주의할 것.

여기에서는 연구실에서 세포배양을 위해서 공동으로 하고 있는 일(연구실에 따라서는 하지 않아도 괜찮을지 모르겠지만) 몇 가지를 예를 들어 기술하였다. 실습 사이사이에 선배가 했던 것과 알려준 것들을 복습하도록 하자.

## 실습 1 배양실 유지

### 실습 1-1 배양실 청소

★ 먼지를 내면서 하는 청소는 오히려 잡균을 여기저기 퍼뜨리게 된다. 보통의 청소기나 빗자루로 청소하는 것은 금물이다(★1).

**Point**

★1 무균실은 항상 먼지나 쓰레기가 쌓이지 않도록 주의한다! 청소 담당자 뿐만 아니라 사용자 전원의 의식이 대단히 중요하다. 연구 샘플의 근간이 되는 세포가 쓸모없게 되지 않도록 주의하자.

#### 1) 바닥 청소

매일, 화학 걸레 혹은 부직포 등을 끼운 밀대로 바닥을 청소한다. 이것은 먼지를 없애기 위해서이다.

배지 등이 튀어 있을지도 모르기 때문에, 1주일에 한번은 꽉 짠 걸레로 바닥을 닦는다. 바닥을 깨끗이 닦는다고 해도, 신고 있는 슬리퍼 바닥이 더러워져 있어서는 아무런 의미가 없다. 주의해서 꼼꼼히 닦는다.

청소를 하면 다소 먼지가 일게 되므로, 청소하고 나서 바로 무균 조작을 하고 싶지 않을 것이다. 따라서 하루 중 밤 또는 저녁, 일주일 중에서는 주말 저녁 등 가능한 한 여러 사람이 사용하지 않는 때를 적당히 선택해서 한다. 또는 예고를 해 두고 청소한 후 모든 사람이 이용하지 않아도 되게끔 일을 진행시킨다.

#### 2) 실험대나 실험 기구 등의 청소

실험대 등 멸균한 것이나 dish를 두는 곳은 사용할 때마다 알콜솜으로 닦고 있겠지만, 사용하지 않는 곳도 알콜솜으로 닦는다(★2). 현미경의 재물대도 마찬가지이다.

먼지가 쌓이지 않도록 하는 것이 오염을 막는 데 있어서는 중요하다. 곰팡이나 잡균도 먼지와 함께 이동하기 때문이다. 자주 사용하지 않는 실험대 등도 필요에 따라서 화학 걸레 또는 부직포 등으로 하루에 한번 닦아서 먼지를 제거한다.

**Point**

★2 아크릴 등의 플라스틱은 알콜로 변색이 되지 않는지를 확인하자! Incubator 표시 패널을 알콜솜으로 닦아 새하얗게 되거나 표시가 보이지 않는 일도 있기 때문에 주의한다.

Incubator 위나 선반 등 눈에 잘 띄지 않는 곳이라도 일주일에 한번은 잊지 말고 닦는다.

Incubator의 손잡이, 현미경의 손잡이 등 자주 손과 접촉하는 곳도 일주일에 한번 정도는 잊지 않고 닦도록 한다.

### 3) 기타

때로는 선반, 실험대의 다리, 클린 벤치나 incubator의 바깥쪽(안쪽도 포함해서) 등 평소에 자주 청소하지 않는 곳도 신경을 써서 닦도록 한다. 의외로 이러한 곳에 먼지가 붙기 쉽다. 이러한 장소를 잘 알아서 자주 청소하는 사람이 있으면 좋겠지만, 그런 일은 기대할 수 없는 일일 것이므로, 1개월에 1번이라든가, 미리 당번을 정해 두지 않으면 하지 않게 된다. 중요한 때에 오염이 증가하는 일이 없도록 신경을 쓰자.

## 실습 1-2 Incubator 청소

### ▶ 배양실은 무균상태는 아니다

배양실은 무균상태는 아니기 때문에 $CO_2$ incubator를 열고 닫을 때마다 잡균이 들어갈 가능성이 있다. dish를 빼고 넣고 하면서 손으로도 만진다. $CO_2$ incubator 안은 습도가 100%에 가깝기 때문에, 곰팡이가 자라기 쉽다.

곰팡이가 자라서 포자를 뿌리게 되면 큰일이다. 탄산가스 농도감지를 위한 관의 내부나 incubator 안의 기체성분이나 온도를 균일하게 유지시키는 작은 fan의 부분까지 곰팡이가 생기면 간단하게 청소할 수 없게 된다.

배양실의 청결 정도, incubator의 이용 빈도 등에 따라 달라서 한마디로 요약할 수 없지만, incubator 내부의 청소는 필요하다. 눈에 보이는 오염이 없더라도 정기적으로 청소하는 것이 좋다. 오염이 발생한 이 후에는, 깨끗하게 청소하는 것이 어렵고, 종종 완벽하게 제거할 수 없어서 지속적으로 오염이 발생하게 될지도 모른다.

Dish 등을 일시적으로 넣어둘 incubator가 없다면, 사전에 날짜를 결정해서 실험계획을 조정하고, 배양하고 있는 dish 등을 가능한 한 줄여 둘 필요가 있을 것이다.

### ▶ 청소법

Dish 등을 전부 꺼낸 뒤, tray 등 분리할 수 있는 부분은 전부 분리해서 싱크대에서 세제로 잘 닦는다. 충분히 물로 헹구어서 건조기에서 건조시킨다. 경우에 따라서는 건열멸균을 해도 좋다.

Incubator 내부에 있는 물방울을 먼저 페이퍼 타월 등으로 잘 닦는다. 만일, 곰팡이가 있는 것을 발견하면, 퍼지지 않도록 주의해서 미리 그 부분만을 잘 닦아낸다. 필요에 따라서 세제 등을 타월에 묻혀 그 부분을 잘 문지른다. 그런 다음, 세제를 타월에 묻혀 인큐베이터 전체를 잘 씻고, 물로 충분히 닦아낸다. 마지막으로 알콜솜 또는 Hibiten(**사전강의 4「배양실의 견학」** 참조) 등의 살균액이 배어 있는 타월로 잘 닦아낸다.

문 안쪽도 마찬가지로 깨끗하게 한다. 문을 열어 놓은 채로 잠깐 동안 건조시킨다(건조 중에는 배양실에 사람이 출입하지 않는 것이 좋다).

가습용 스테인리스 tray도 꺼내어 세정하고, 새 증류수를 넣고 방부제로서 예를 들면 Sodium dehydroacetate monohydrate 1 g/L 정도로 녹인다. 황산구리($CuSO_4$)를 사용하는 방법도 있지만, 폐액처리를 해야 하기 때문에 번거롭다. 최근에는 Clear Bath 등의 상품이 있어서, 항온조나 incubator의 방부제로 널리 사용된다.

# 실습 1-3 탄산가스 봄베 교환

$CO_2$ incubator를 쓰면, 어느 정도의 빈도로 봄베 교환이 필요하다. 처음에는 선배가 교환하는 것을 보고 요령을 외워 다음에는 선배가 지켜 보는 상태에서 본인이 교환하는 걸로 교환 방법을 익힌다.

## 1 탄산가스 게이지 보는 법

◆ 1차 압력과 2차 압력

탄산가스 게이지(압력계)에는, 1차 압력(봄베 내의 압력)의 게이지와 봄베에서 가스를 감압해서 공급하는 2차 압력의 게이지가 붙어 있다(**우측 그림**). 봄베 내의 탄산가스의 대부분은 액화되어 있어서, 상부 공간의 기상 압력이 1차 압력이 된다. 1차 압력의 게이지는 25기압까지 측정할 수 있는데, 1차 압력은 보통 5~5.5기압 정도로 상온에 따라 다소 변동한다(기온이 올라가면 압력도 올라간다). 액체 $CO_2$가 있는 동안은 1차 압력의 변화는 거의 없지만, 액체가 없어지면 압력이 급속도로 저하하기 시작한다. 이후 압력 저하가 빠르기 때문에 없어지기 전에 새로운 봄베로 교환할 필요가 있다. 2차 압력 게이지는 1기압(외기 압력 + 1기압)까지 측정할 수 있는데 보통 0.3~0.4 기압 정도로 조절한다.

탄산가스 봄베

탄산가스 게이지

1차 게이지 / 2차 게이지 / 봄베의 밸브 / 2차 밸브 / 1차 밸브

☞ **탄산가스 게이지 취급은 신중하게**

게이지는 제법 무겁고 잘 부서지기 때문에, 가스봄베의 교환에 익숙해지지 않는 동안은 선배와 함께 다룰 것.

## 2 탄산가스 봄베 교환

### ▶ 한통의 탄산가스 봄베를 교환한다

### 1) 게이지를 분리한다

1차 밸브의 취급

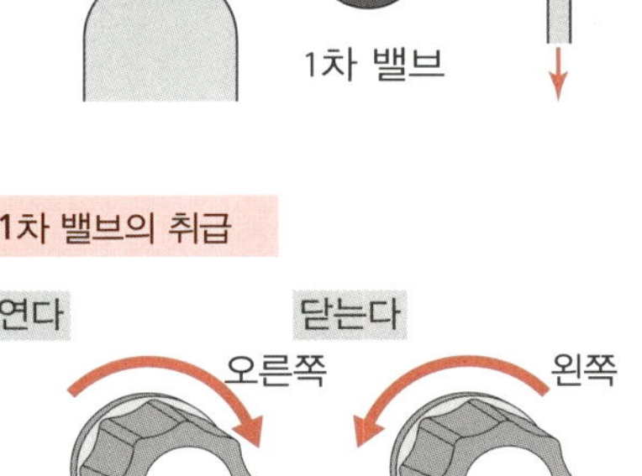


지금까지 사용한 봄베 머리 부분의 밸브를 오른쪽으로 돌려 확실하게 닫는다. 사각형의 밸브이므로, 전용 공구를 사용할 것(렌치 등으로 대용하지 않는 쪽이 좋다). 게이지의 1차 쪽의 밸브를 왼쪽으로 돌려서 완전히 열어둔다. 밸브는 보통 수도꼭지처럼 오른쪽으로 돌리면 닫히는 게 보통이지만 여기서 쓰는 게이지의 1차 밸브는 반대이기 때문에 주의를 요한다. 1차 게이지의 압력이 떨어져 0이 되면, 2차 쪽의 밸브를 오른쪽으로 돌려서 완전히 닫아둔다. 렌치 등을 사용해서 봄베의 입구에서 게이지를 분리한다.

### 2) 게이지를 장착한다

새로운 탄산가스 봄베를 준비한다. 접속 부분에 패킹이 있는 것은 정확히 떼어낸 것을 확인한 후에, 봄베 입구에 게이지를 장착하고 렌치로 닫는다. 이럴 때, 확실히 닫을 필요가 있는데, 있는 힘껏 닫아서는 안 된다. 약간의 요령이 필요하다.

### 3) 압력 가스를 흘려보낸다.

전용 공구를 사용해 봄베 상부의 밸브를 왼쪽으로 돌려 연다. 사각형의 밸브이기 때문에 전용 공구를 사용할 것. 이걸로 1차 압력 게이지는 봄베 내의 압력(5~5.5기압)을 나타낸다[ⓐ]. 1차 밸브를 조금씩 오른쪽으로 돌리면 밸브가 열려 2차 게이지의 압력이 오르므로, 2차 게이지가 0.3기압 정도가 되도록 조절한다. 다음에 2차 밸브를 오른쪽으로 돌려서 열어, 탄산가스를 흘리기 시작한다.

과거의 $CO_2$ incubator는 가스를 흘려 내보내기만 하는 것이 많았지만, 최근의 것은 내부 탄산가스 농도를 측정해서 농도가 저하할 때만 탄산가스를 주입하기 때문에 탄산가스가 언제나 흐르기만 하는 것은 아니다. 봄베를 교환해서 30분이나 1시간 정도는 압력계가 예상대로 움직이는지, 안정되어 있는지를 때때로 확인할 것. 2차 압력에 대해서는, 탄산가스를 공급하는 incubator의 종류, 대수, 봄베와 incubator 사이의 배관 상태나 거리 등의 상황에 따라 다르다. 우리 연구실에서는 탄산가스의 공급 배관은 금속관을 써서 도중에 누수가 없기 때문에, 2차 쪽의 게이지는 0.1기압까지 측정하는 것을 써서, 0.03기압 정도로 조절해서 흘리고 있다.

ⓐ 밸브를 열 때, 게이지 정면에 있지 말 것이라고 선배에게 주의를 들었다. 게이지는 가장 약한 부분이기 때문에 사고로 솟구치면 여기서 유리가 튀어나와 눈을 다칠 위험이 있다. 이러한 사고는 거의 없기 때문에 어쨌든 괜찮지만 잠깐의 부주의로 만일 큰 사고를 입기라도 한다면, 예방하는 쪽이 이득이다.

봄베를 교환한 날을 봄베에 적어 두면 좋다. 몇 회인가 교환을 반복하면 대충 어느 정도의 빈도로 교환할지를 알 수 있어서, 다음 교환 시기를 짐작할 수 있다.

### ▶ 복수의 탄산가스 봄베를 교환한다(자동 교환기가 붙은 경우)

우리 연구실에서는, 많은 $CO_2$ incubator에 대응하기 위해 자동 탄산가스 교환 장치로 처리하고 있다. 참고를 위해 소개한다. 3통의 탄산가스 봄베가 1개의 라인처럼 되어, 2 set로 합계 6통을 운용한다. 이것을 쓰면 탄산가스 봄베에 직접 연결하는 부분에는 게이지가 없다. 그것들을 집약한 부분에 게이지가 있다.

최초의 3통이 비게 되면 자동적으로 다음의 3통 set 라인으로 바뀐다.

오른쪽 위 그림의 검은 막대 게이지가 향하고 있는 방향이 봄베를 최초로 설치한 방형이다. 그것이 빈 상태(게이지가 0)가 되면 바로 주문할 것. 정기적으로 확인해서 교환되면 판매자에게 주문한다. 3통씩 교환하므로 판매자가 무료로 교환해 준다(대부분의 경우, 무료라고 생각한다). 교환 후는 검은 게이지를 반대방향으로 교환한다. 이것을 잊으면 교환이 되지 않기 때문에 주의한다. 3통 있으면 다음의 교환까지 상당한 시간적 여유가 있지만 반드시 정기적으로 확인할 수 있도록 해 둘 것.

탄산가스 봄베에서 $CO_2$ incubator까지는, 전용 철제 라인으로 연결하여 최종 라인만 teflon 성분의 tube로 incubator의 라인과 연결하면 좋다. $CO_2$ incubator가 다수 있는 경우는, 사진처럼 탄산가스 게이지를 이어서 연결한다.

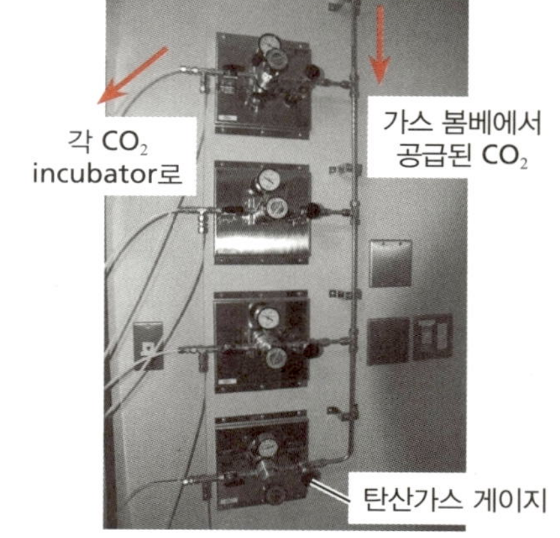

# 실습 2 실험기구 · 시약의 멸균

## 실습 2-1 Autoclave

★ 가압상태에서 열지 않는다!
★ 너무 많이 넣지 않는다!
★ 물 양에 주의!
★ 물은 매회 교환!
★ 반드시 사용방법을 배우고 나서 조작하자!
★ 가끔 내부를 물로 잘 씻을 것!

**Point**

★1 반드시 사용방법을 배우고 나서 조작하자!

건열멸균을 할 수 없는 플라스틱 제품, 액체시약, 무균실에서 나온 쓰레기 등은 autoclave 멸균을 한다(★1)(감자도 찔 수 있지만, 하지 않는 것이 좋다). 거의 모든 박테리아나 곰팡이류뿐만 아니라 대기압에서의 펄펄 끓는 등의 고온에 내성이 강한 아세포도 사멸한다. 다만, 배양에 쓰는 것은 가능한 한 청결한 조건에서 준비한 것을 다시 autoclave하는 태도이길 바란다. 가능하다면 지금부터 멸균해서 쓰기 위한 autoclave와 불필요한 것을 버리기 전에 사용하는 autoclave와는 분리해서 따로 쓰길 바란다.

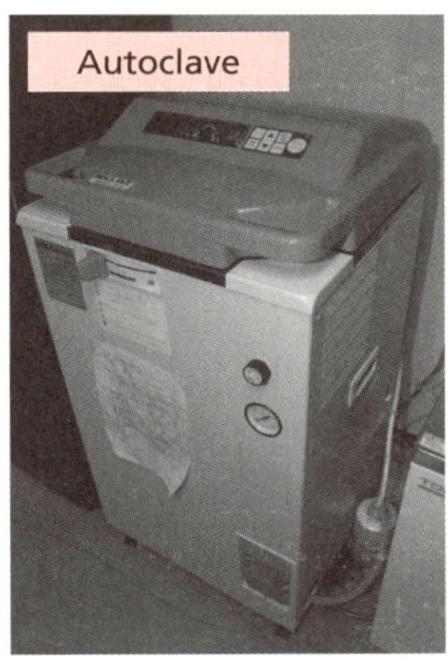
Autoclave

Autoclave (구형)

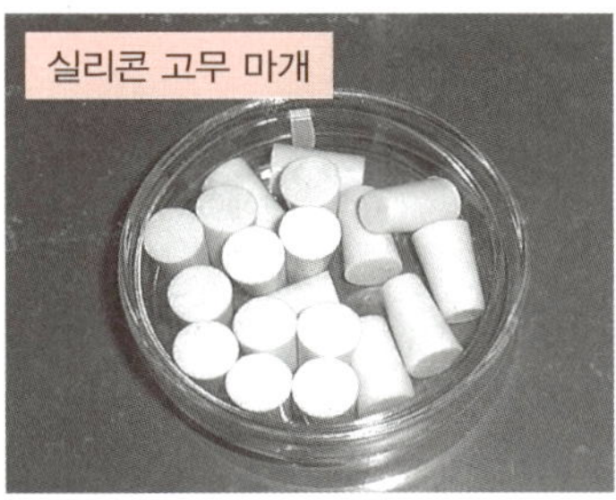
실리콘 고무 마개

작은 고무 마개는, glass dish에 넣어 autoclave한다.

플라스틱 cap

배지 병 뚜껑도, 알루미늄 제 도시락통 등에 넣어서, 한번에 autoclave한다.

❶ 건열멸균(실습 2-2)할 때와 같이 알루미늄 호일이나 내열성 플라스틱 봉지로 싼다[ⓐ].

❷ 가열된 것을 확인하기 위해 autoclave tape을 붙인다[ⓑ].

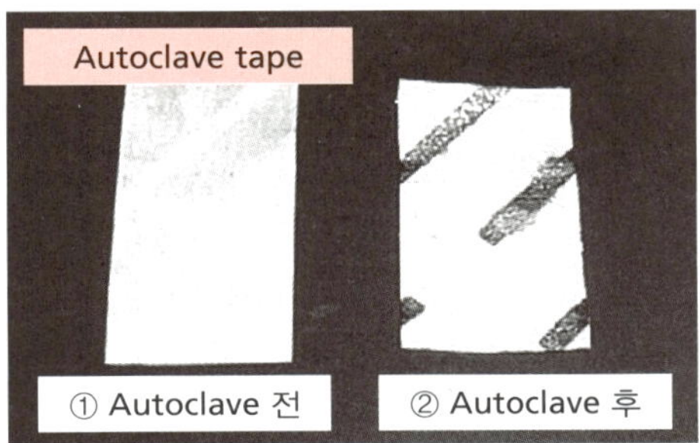
Autoclave tape

① Autoclave 전 ② Autoclave 후

ⓐ 연구비가 많은 연구실에서는 auto-clave bag(1장씩 되어 있거나 롤로 된 것을 적당한 크기로 잘라 사용하는 것이 있다)에 넣어 입구를 테이프로 붙인다(가열해도 오그라들지 않는 종이테이프). 액체 시약은 뚜껑을 약간 돌려 열어 놓은 상태로 해서 시약병의 3분의 1 정도가 덮이도록 알루미늄 호일을 씌운다.

ⓑ 멸균이 끝나면 검게 변색한다(시판되는 멸균 백은 변색되게끔 프린트가 되어져 있다).

❸ Autoclave 압력용기 바닥에 있는 코크가 잘 잠겨 있는가, 물이 충분히 있는가를 확인한다[c].

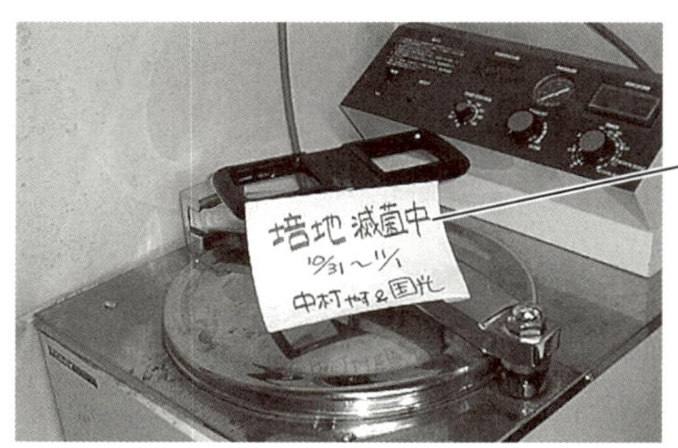


누구 것인지, 언제 끝나는 건지 알 수 있도록 메모를 붙여 둔다

ⓒ 쓰레기 외에는 멸균할 때에 물을 교환한다. 물 양을 확인하는 센서는 물의 전도율을 인식하여 작동하므로 수돗물을 넣는다(증류수인 경우는 물이 없는 것으로 인식된다).

❹ 멸균할 것을 넣는다(금속 바구니 등을 적절히 이용한다).

❺ 배기 밸브를 잠그고(잠겨 있지 않으면 스위치가 들어가지 않은 안전설계가 되어 있는 것이 많다), 압력용기의 뚜껑을 닫는다[d].

❻ 온도 다이얼이 121℃로 설정되어 있는 것을 확인하고 나서, 타이머 다이얼을 돌려서 15분의 위치에 설정하고 시작한다[e].

❼ 압력이 올라가면 자동적으로 타이머가 작동하기 시작하고, 시간이 경과하면 스위치가 꺼지게 된다[f].

❽ 온도가 70℃ 정도까지 내려가면 압력용기의 뚜껑을 천천히 돌린다[g, h].

❾ 안에 있는 내용물을 꺼내고 건조시킬 필요가 있는 것은 신속하게 건조기로 옮긴다[i].

❿ 건조시킨 후 먼지가 들어가지 않는 곳(서랍장)으로 옮긴다.

ⓓ 있는 대로 힘껏 잠그면 고무패킹이 변형되어 고무패킹의 노화가 빨리 일어나므로 주의할 것.

ⓔ 최근에는, autoclave 후에 건조 mode를 가진 autoclave도 있기 때문에 건조 mode에서 액체를 autoclave하지 않도록 주의하자.

ⓕ 압력이 올라가면, 자동적으로 배기되어 공기를 밀어내어 수증기압으로 떨어져 2기압이 되지만(외기압보다 1기압 높다), 자동으로 되어 있지 않은 경우는 수동으로 할 것. 수증기압만으로 2기압으로 하는 것이 필수로 공기 + 수증기로 2기압이 된 경우에는 충분한 멸균이 되지 않는다.

ⓖ 액체 시약이 들어 있지 않을 때에는 배기 밸브를 서서히 열어 압력을 낮추어도 좋다(오히려 실온으로 될 때까지 방치해 버리면 건조 과정이 없는 autoclave에서는 온통 물방울이 붙게 된다).
액체 시약의 경우는 급하게 압력을 내리면 병 안에 있는 액체가 끓어 밖으로 튀어나오는 일도 있으므로, 온도, 압력이 어느 정도 내려갈 때까지 기다리는 것이 좋다.

ⓗ 뜨거운 수증기가 나오므로 직접 닿지 않도록 주의한다.

ⓘ 쓰레기는 수분을 빼서 쓰레기통에 버린다(배지가 들어가 있으면 금방 부패하기 때문에 신속하게 처리한다).

# 실습 2-2 건열멸균

★ 건열멸균을 했는지 어떤지 알 수 있도록 자석 표시나 종이 등을 붙여 활용하자! 기본적으로, 건열멸균 관계자 이외는 건드리지 않도록 하지 않으면 멸균했는지 어떤지를 알 수 없게 된다.

★ 멸균기 위에 타기 쉬운 것은 두지 않도록 한다. 플라스틱도 녹아 버린다!

유리, 금속제품은 모두 건열멸균을 한다. 배지나 Trypsin/EDTA를 넣는 병, 삼각플라스크, 피펫통, cover glass, cloning cylinder, 핀셋, 시약 스푼 따위들이다.

❶ 멸균하고 싶은 것을 멸균상태가 유지되게끔 싼다[ⓐ].

- 피펫 등은 전용 멸균 통에 넣어서 멸균한다[ⓑ].
- Cover glass나 cloning cylinder는 glass dish에 넣어 다시 알루미늄 호일로 싼다.
- 배지 병은 뚜껑을 빼고, 위에서부터 3분의 1 정도가 덮이도록 이중으로 접은 알루미늄 호일로 싼다.

ⓐ 건열멸균되면 변색하는 테이프를 붙여 두어도 좋다(붙이지 않아도 좋다).

ⓑ 적은 숫자라면 알루미늄 호일로 말아서 해도 된다.

⬇

❷ 건열멸균기로 옮기고 온도가 160℃로 올라가고 나서 1시간 동안 방치한다[ⓒ, ⓓ, ⓔ].

ⓒ 너무 꽉 차게 넣지 말 것.

ⓓ 160℃ 이상으로 온도가 올라가지 않도록 주의한다. 온도 컨트롤이 잘 되는 기계라면 방치해 두어도 좋다. 온도가 너무 올라가면 피펫에 막아놓은 솜 마개가 타서 필터의 기능이 없어지게 되며, 또한 빼려고 할 때 빠지지 않게 된다.

ⓔ 타는 것이 없으면 180℃, 30분의 조건으로도 사용할 수 있다.

⬇

❸ 끝나면 '멸균 끝남'이라는 알림판을 건다(멸균되어 있는지 어떤지를 다른 사람은 모른다).

⬇

❹ 멸균기의 문을 닫은 채로 실온으로 냉각시킨다(여기서는 다음날 아침까지 방치한다).

⬇

❺ 실온으로 식으면 먼지가 들어가지 않는 장소로 옮긴다.

# 실습 2-3 여과멸균

### ☞ 배양세포에 시약 등을 첨가하는 경우에는 멸균할 필요가 있다

대부분의 시약은 열에 의해 분해하거나 활성을 잃어버리기 때문에 여과조작을 할 필요성이 있다. 증식인자나 생리활성물질 등에 따라서는, 여과필터에 흡착하는 것 등이 있어서 주의할 필요가 있지만, 여기서는 거기까지 자세히 이야기하지 않는다.

보통 0.22 μm 필터가 사용된다. 이것은 박테리아나 곰팡이 등은 통과하지 않지만, 바이러스(단독입자로서)는 통과한다. 또한 mycoplasma는 세포벽이 없어 가압여과를 하면 통과하기 때문에 멸균방법으로서는 완전하다고는 볼 수 없다.

여과필터의 재료에는 몇 가지 종류가 있어서, 단백질을 잘 흡착하지 않는 것, 유기용매에 강한 것 등 목적에 따라 선별해서 쓰도록 한다.

## 1 수십 mL까지 여과

### ▶ 주사기 끝에 끼워 쓰는 여과기(syringe filter)를 사용한다

주사기 끝에 그대로 끼우는 것으로 잘 빠지지 않도록 나사처럼 홈이 나와 있어 잠금 장치와 같은 역할을 하게끔 제작된 것이 있다. 여과하고자 하는 양에 맞는 주사기를 준비한다.

Syringe filter

주사기 여과기

각종 adaptor

엔 동전

❶ 포장이 정상적으로 멸균상태를 유지하고 있는지를 확인한다.

❷ 클린 벤치 안에서 개봉한다(필요에 따라서 개봉 부분을 알콜솜으로 닦는다)[ⓐ].

ⓐ 패키지의 내부는 무균상태로 되어 있다. 내부에 접촉하지 않도록 주의한다(filter 사이즈가 작기 때문에 꺼내지 말고 패키지의 바깥쪽을 잡는다).

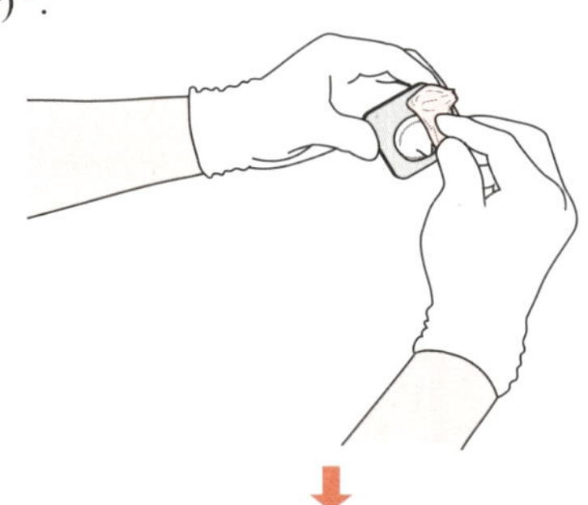

❸ 주사기를 봉지에서 꺼내 멸균하려고 하는 용액을 흡입한다[ⓑ].

ⓑ 주사기의 끝이 용기에 충분히 들어가지 않아, 전량을 다 흡입할 수 없을 때는 주사바늘을 끼워서 흡입한다.

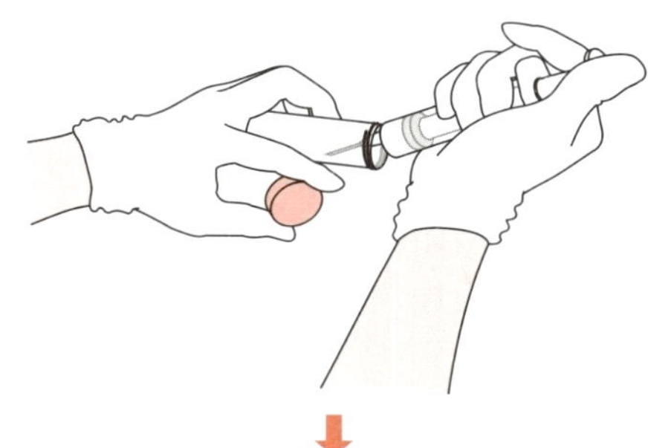

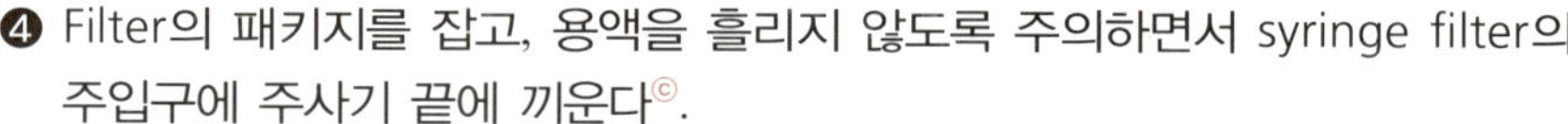

❹ Filter의 패키지를 잡고, 용액을 흘리지 않도록 주의하면서 syringe filter의 주입구에 주사기 끝에 끼운다[ⓒ].

ⓒ 꽉 끼우지 않으면 여과할 때에 압력이 가해져 빠져버린다.

❺ Filter의 끝을 만지지 않도록 주의하면서 주사기에 끼운 filter를 패키지로부터 꺼낸다.

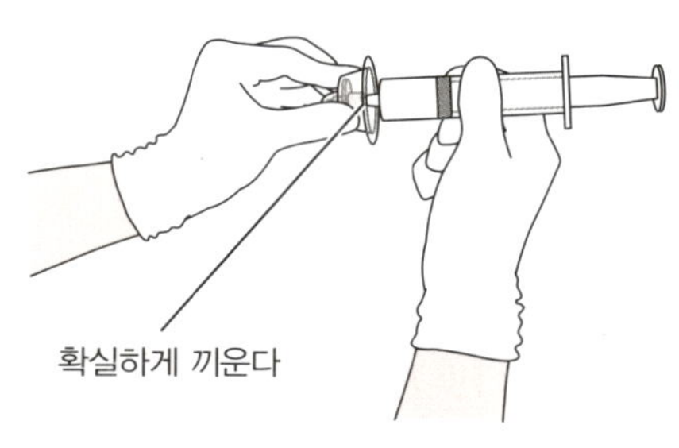


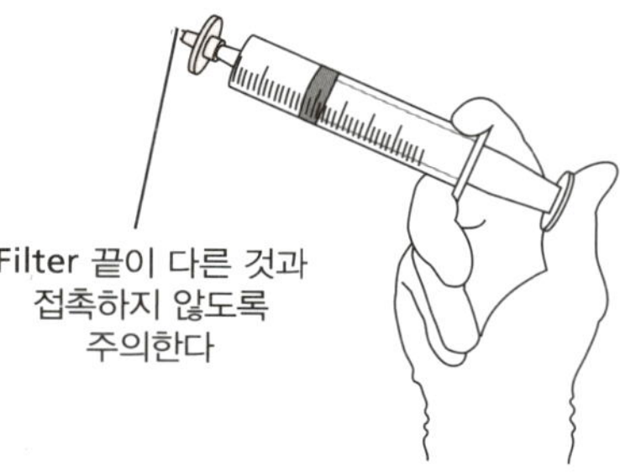


⬇

❻ Filter의 끝을 멸균되어 있는 tube의 입구에 대고 주사기의 피스톤을 천천히 누른다[ⓓ, ⓔ].

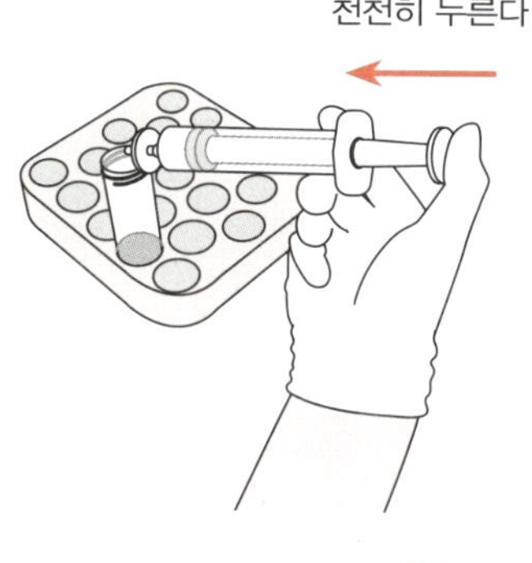


❼ 용액을 다 여과시킨 후, filter를 주사기를 분리해서 주사기의 피스톤을 당겨 공기를 흡입한 후, 다시 filter를 끼워서 피스톤으로 공기를 밀어 본다[ⓕ].

ⓓ 갑자기 세게 누르면 용액이 튀어 나가기도 하고 filter가 빠지기도 하는 일이 있다.

ⓔ Filter를 끼우고 나서 피스톤을 당기지 말 것. filter의 아래에서 위로 공기가 흐르게 하는 것과 같은 조작을 하면 filter가 찢어질 위험이 있다.

ⓕ Filter 기능이 완전하면 저항이 있어 피스톤을 누를 수 없다. 공기가 끝까지 빠지는 듯하면 filter에 구멍이 나 있는 것이므로 멸균되어 있지 않다고 보아야 한다. 이와 같은 경우는 새 filter를 끼워 다시 똑같은 작업을 한다.

## 2 수십 mL에서 수백 mL 정도 여과

### ▶ Bottle top type의 1회용 여과기가 편리하다

◆ 여러 종류의 크기가 있으므로 양에 맞추어서 선택한다

여과해서 받는 용기가 같이 딸려 있는 것, 유리병 입구에 맞는 나사가 딸려 있어서 돌려서 사용하는 것, 병의 입구에 대고 사용하는 것 등이 있다. 후자의 2개는 병 입구에 틈이 생겨 감압상태가 유지되지 않는 병은 사용할 수 없으므로, 상태가 좋은 병을 사용한다.

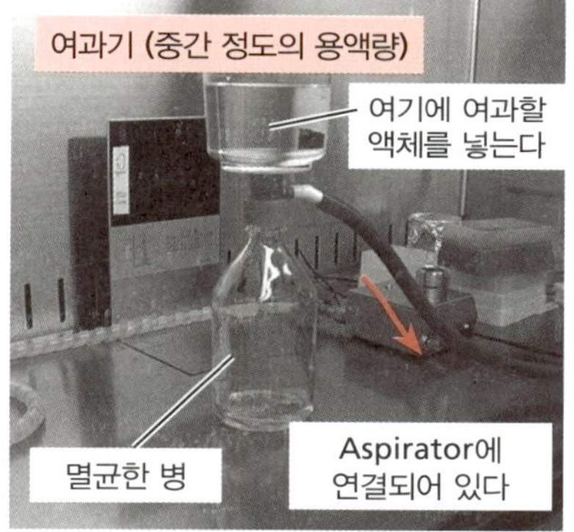


❶ 멸균한 병 입구에 filter unit을 장착한다.

❷ 흡인용 호스를 연결한다(Aspirator의 tube 등).

❸ Prefilter가 딸려 있는 것은 filter 위에 놓는다.

❹ 멸균하려는 용액을 윗부분의 용기에 붓는다[ⓐ].

❺ 흡입 펌프의 스위치를 켠다.

❻ 하부 용기에 멸균되어진 액체가 떨어진다[ⓑ].

❼ Filtering이 끝나면 filter unit을 벗기고, 멸균용액이 들어 있는 병의 뚜껑을 닫는다.

ⓐ 위쪽이 무거워지게 되므로(top-heavy) 넘어지지 않도록 주의해서 사용한다.

ⓑ 상부 용기의 용량을 넘어선 양을 여과하는 경우에는, 용액이 없어지기 전에 흡입 펌프 스위치를 끄고 다른 용기로 바꾸어 끼운다(상부용기가 마르게 되면 filter가 말라 막히게 된다). Filter는 차츰 차츰 막히게 되므로 서너 번 정도가 한도이다.

## 3 대량의 용액(수 L에서 10 L까지) 여과

스테인리스 제의 여과대와 가압 tank로 이루어진 장치가 있지만, 사진만 참고하고 사용방법은 생략한다.

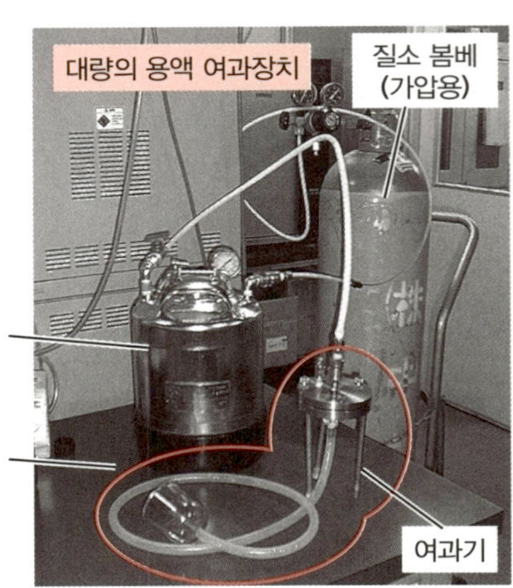


# 실습 2-4 유리피펫 세정과 멸균

이것은, 1회용 피펫을 사용하는 연구실에서는 불필요하다.

## Step 1 피펫 세정

❶ 피펫 수거 통을 배양실에서 싱크대로 내놓는다.

↓

❷ 수돗물을 가득 채운 큰 플라스틱 통에 피펫을 옮긴다[ⓐ].

↓

❸ 피펫 수거통의 물(세제가 들어간)을 버리고 피펫 수거 통을 수돗물로 씻고 나서 수돗물을 다시 받아 세제를 넣고 섞어서 배양실에 갖다 놓는다(★1)[ⓑ].

↓

❹ 피펫에서 솜을 빼내어[ⓒ], 피펫 세정기에 피펫을 넣는다.

- 굵은 주사바늘(예를 들어, 18G 정도의 것)의 끝을 조금 구부린 것을 솜에 걸어서 빼낸다.

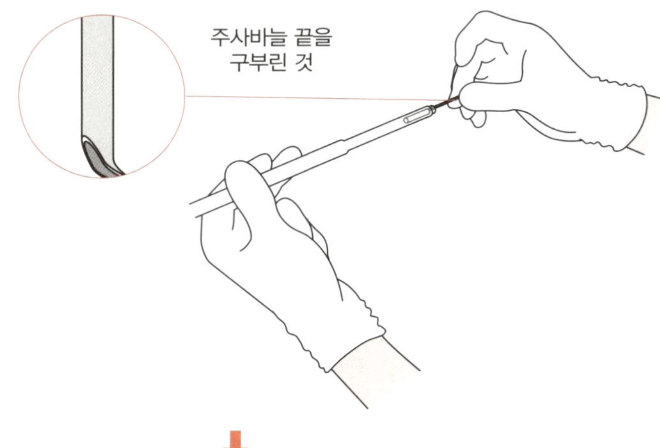


↓

❺ 피펫 세정기에서 수돗물을 흘려 보내면서 30분간 세정한다[ⓓ, ⓔ].

↓

ⓐ 피펫이 마르지 않게 항상 물에 담가 둔다.

ⓑ 부패하기 쉬우므로 피펫 수거통의 물은 매번 갈아준다.

**Point**

★1 세제는 매일 바꿀 것! 피펫에는 세포가 붙어 있다!

ⓒ 솜을 적시면 빼기 쉬워진다. 세정할 시간이 없을 때는 세제가 들어간 물에 담가 둔다(그러나 가능한 한 빨리 씻는다).

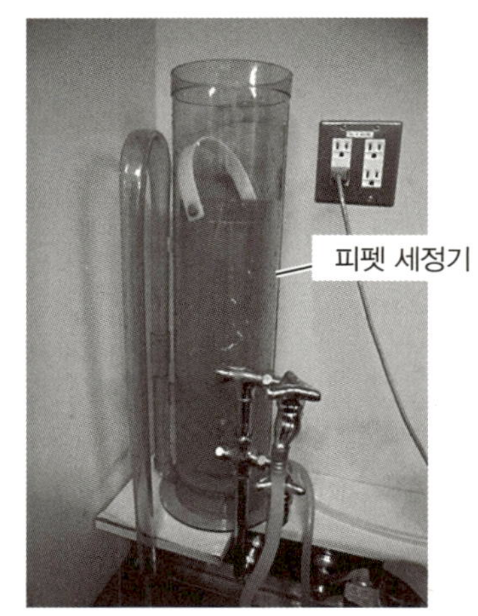


ⓓ 피펫 앞 끝을 위로 한다. 앞 끝을 아래로 한 것은 내부에 물이 충분히 들어가지 않아 세정이 안 된다.

ⓔ 종종 피펫 세정기 내부 통을 좌우로 회전시켜가면서 깨끗이 세정한다.

❻ 피펫을 몇 개씩 꺼내 증류수로 씻는다(피펫의 안쪽, 바깥쪽 모두).

❼ 앞쪽 끝을 아래로 해서 피펫 내부의 물을 잘 턴다.

❽ 앞쪽 끝을 위로해서 바구니에 넣고 건조기에서 건조시킨다.

❾ 건조가 끝나면 방치하지 말고 피펫의 종류대로 분류해서 수납한다.

## Step 2 피펫 준비

❶ 세정·건조한 피펫에 솜을 넣어 막는다.

❷ 피펫 통에 넣는다(물론, 앞 끝이 안으로 들어가도록)[f].

ⓕ 각진 스테인리스 모양이 사용하기 편리하다. 피펫에 맞추어서 대·소의 종류가 있다. 피펫 끝을 보호하기 위하여 피펫 통의 바닥에 쿠션(건열에 견딜 수 있는 시판품이 있다)을 넣어 두어도 좋다. 피펫을 많이 사용하지 않는다면 알루미늄 호일 등으로 말아서 멸균하여도 좋다.

## Step 3 건열멸균

❶ 160℃로 올라가고 나서 1시간 건열멸균한다.

❷ 끝나면 실온이 될 때까지 방치한다[g].

ⓖ 멸균이 끝나면 오랫동안 방치하지 말고, 신속하게 배양실의 선반에 수납한다.

### 왜 솜으로 막는가

**피펫에이드 혹은 고무 캡에서 피펫 안으로 잡균이 들어오는 것을 방지한다.**

솜을 채워 넣어도 박테리아와 같은 작은 것이 통과하는 것을 막을 것이라고는 생각하지 않지만, 먼지는 걸린다. 먼지에 붙어 있는 박테리아도 걸린다.

**배지를 지나치게 빨아올린 경우 피펫에이드나 고무 캡을 오염시키는 것을 방지한다.**

이 때문에 탈지면이 아니고 이불 집에서 팔고 있는 보통 솜을 사용한다. 화학솜이 아니고 목화솜을 사용한다(탈지면은 배지가 쉽게 통과해 버린다. 화학솜은 건열멸균에 견디어 내지 못한다).

**너무 적게도 말고, 너무 많게도 말고**

너무 적으면 barrier의 역할을 할 수 없다. 너무 많아서 피펫 밖으로 밀려 나와 있으면 사용할 때에 불꽃으로 일일이 멸균해야 하므로 사용하기 불편하다.

이러한 이유로 1~2 cm 길이로 채워 넣는 데는 다소 경험(요령)이 필요하다. 적당량의 솜을 떼어 섬유가 따로 따로 흩어지지 않게 손끝으로 조금 둥글게 하여 피펫에 채워 넣고 작은 시약스푼 등으로 적당한 위치까지 밀어 넣는다. 피펫의 종류(굵기)에 따라 양을 가감할 것.

**한 번에 적당량을 떼어내는 연습을 한다.**

둥글게 뭉치고 나서 부족하다는 것을 알고 솜을 더해서 뭉치게 되면 아무리 해도 2개로 나뉘어져 버려 채워 넣은 상태가 좋지 않게 된다.

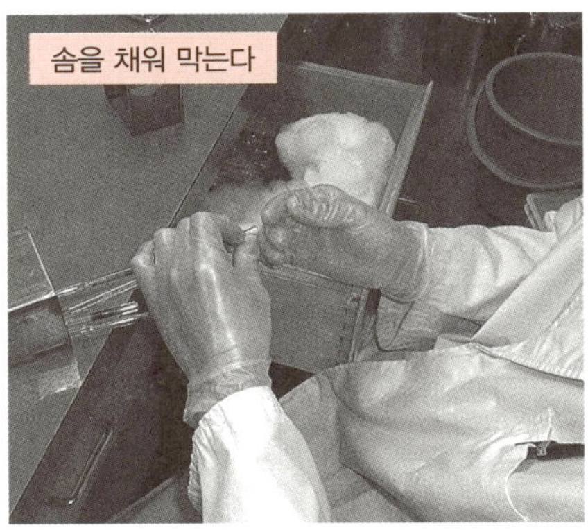


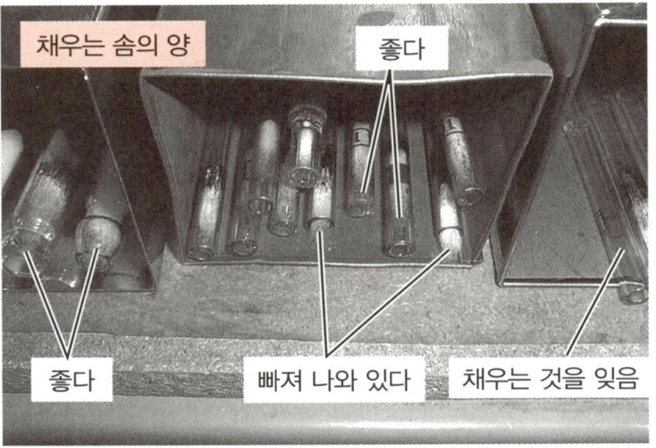


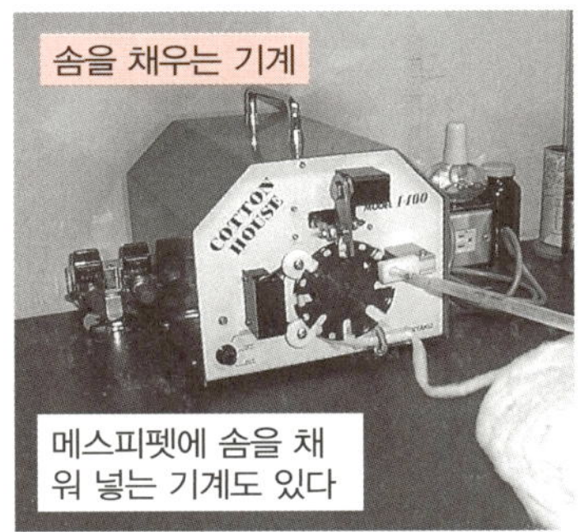


# 실습 3 공통시약 제조

## 실습 3-1 배지를 만든다

만들어진 시판제품도 있다(★1). 소량 밖에 사용하지 않는다면 구입하는 것이 싸고 편리하다.

**Point**

★1 시판품은 같은 상품명이어도 메이커에 따라서 시약의 조성이 다른 것이 있기 때문에 한번에 사는 경우에는 카탈로그를 다시 잘 점검해서 필요하다면 샘플 등으로 확인하자!

### ▶ 배지에는 여러 종류가 있다

배지에는 여러 가지 종류가 있어서 세포의 종류에 따라 결정되어진 것을 사용한다.

부착세포주에는 Minimal Essential Medium(MEM)이나 이것을 개량한 배지가, 부유세포주에는 RPMI 등이 자주 사용된다. 분화된 기능을 유지하는 세포에는 특별한 배지가 사용되는 경우가 대부분이다. 세포 뱅크에서 입수할 때에는 미리 배지의 종류를 조사해 도착하기 전에 준비해 둔다. 여기서는 Dulbecco's Modified Eagle's Medium(DMEM) 기초배지를 만드는 방법을 실습한다.

◆ 여과멸균하는 것과 autoclave 멸균하는 것이 있다.

Mycoplasma나 virus에 의한 오염은 여과멸균에 의해서는 제거할 수 없지만, autoclave 멸균에서는 가능하다. 위험성을 줄인다고 하는 의미에서는 autoclave가 바람직하다.

# # 0020 DMEM을 만든다. 2010 年 3 月 18 日 ( 목 )

**메모**

만드는 것 : DMEM 10 L (500 mL 병 × 22개)
당번 :

**준비**

- ☐ 정제수
- ☐ 분말배지 (autoclave 멸균용의 것)
- ☐ Glucoase
- ☐ 탄산수소나트륨 ($NaHCO_3$)
- ☐ 항생물질 (penicillin, streptomycin)
- ☐ L-glutamine
- ☐ 병 (건열멸균한 것)
- ☐ 뚜껑
- ☐ Syringe filter

분말, 용액이 시판되고 있다. 여기서는 분말을 사용한다.

**조작**

〈1일째〉

正 𤴓 — 정제수를 1 L씩 넣은 것을 check한다.

(10 : 30)

● DMEM 용액

| | | |
|---|---|---|
| 정제수 | 9 L | |
| DMEM 분말 | 100 g | lot. ( Nissui 041806 ) |
| Glucose | 35 g | lot. ( Nakarai M7P215 ) |

400 mL씩 22개에 분주

● 탄산수소나트륨 용액

| | | |
|---|---|---|
| 정제수 | 500 mL | |
| 탄산수소나트륨 | 16 g | lot. ( Wako 2553 ) |

● 뚜껑 30개

↓

Autoclave 121℃, 15분 (10 : 55 ～ 11 : 15)

물론 온도가 121 ℃가 되고 나서의 시각

↓

익일 아침까지 방치

〈2일째〉 ( 2010 – 3 – 19 ) (금)

( 1 : 25 ) ● 항생물질・glutamine 용액

| | | |
|---|---|---|
| 정제수 | 500 mL | |
| PenicillinG potassium salt | 200,000 U × 5 | ( Meiji GLD163 ) |
| Sterptomycin sulfate | 1 g | ( Meiji SSD2251 ) |
| L-Glutamine | 5.84 g | ( Wako DLJ5379 ) |

여과멸균한다.

↓

DMEM 용액 (400 mL)에 탄산수소나트륨 용액 22 mL, 항생물질 · glutamine 용액 22 mL을 추가한다.

↓

라벨을 붙인다.

↓

( 1 : 50 ) 4℃로 옮긴다.

↓

제작기록을 정리해 보관한다.

## 새롭게 준비할 것

- 정제수

  순수한 물을 사용한다. 가능한 한 순도가 높은 것, 이온 교환수지를 통과해 증류하고 MilliQ 등으로 정제한 것을 사용한다. 장치의 상태를 항상 체크해서 항상 똑같은 순도가 유지되도록 주의한다.

- Glucose

  보통 분말배지에는 1 g/L 되도록 들어가 있다. 여기에서는 최종 농도가 4.5 g/L가 되도록 첨가한다(보통 배지보다 세포의 증식이 좋아진다. 이와 같은 배지를 high-glucose 배지라고 한다).

> **Point**
> ★2 집기 쉽도록 뚜껑 상부가 위에 오도록 해서 가지런히 정렬한다.

- 병

  필요한 숫자보다 조금 많이 준비하여, 두 겹의 알루미늄으로 입구를 싸서, 160°C에서 1시간 동안 건열멸균해 둔다.

  배지를 넣은 뒤 autoclave하지만, 미리 멸균한 것을 사용하는 것이 안심이 된다.

- 뚜껑

  이것도 병에 맞추어서 약간 많이 준비한다. 멸균통(알루미늄 제의 도시락 통도 가능)에 넣고 autoclave로 멸균한다(★2).

- 항생물질과 비타민

  항생물질과 비타민은 열에 약하기 때문에, autoclave하지 않고 여과멸균한다.

〈1일째〉

❶ 9 L 정제수가 들어있는 탱크에 DMEM 분말 100 g을 넣어 녹인다[ⓐ].

❷ 여기에 glucose 3 g을 넣어 충분히 용해시킨다. 이것을 400 mL 씩 배지 병에 분주한다[ⓑ].

ⓐ 이때 분말을 먼저 넣고 나중에 물을 넣으면 분말 중에 함유되어 있는 공기 때문에 매우 녹이기 어렵게 된다. 물 위에 분말 일부를 살살 넣어(분말 층이 두터워지지 않도록 한다), 다 녹으면 추가로 넣는 것을 반복하면 빨리 녹는다.

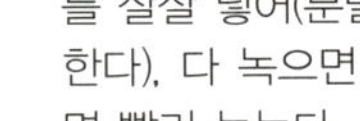

ⓑ 메스실린더 등도 멸균한 것을 사용하자.

❸ 다른 병에 탄산수소나트륨 16 g을 넣고 500 mL의 물에 용해시킨다.

❹ 뚜껑을 알콜솜으로 닦아서 멸균통에 넣는다.

❺ ❷, ❸에서 준비한 병 입구를 2번 접은 알루미늄 호일로 싼다[ⓒ].

ⓒ 나중에 뚜껑을 덮을 때에 충분히 덮일 수 있는 크기로.

❻ Autoclave에 옮겨서 121℃에서 15분간 멸균한다. 실온에서 식을 때까지 방치한다(다음 날 아침까지 둔다).

〈2일째〉

❼ 다음 날 PenicillinG potassium salt 200,000 Units 5개, Streptomycin sulfate 1 g, L-glutamine 5.84 g을 500 mL의 정제수에 녹여, bottle-top filter를 사용해서 여과멸균한다.

❽ Autoclave에서 배지, 탄산수소나트륨, 뚜껑을 꺼내 클린벤치에 가지런히 놓는다.

❾ 배지 병의 알루미늄 호일 뚜껑을 벗겨 버너 불꽃에 화염멸균한다.

❿ 배지 병 1개당 penicillin·streptomycin·glutamine 용액, 탄산수소나트륨 용액을 각각 22 mL씩 차례로 넣는다[d], [e].

⓫ 배지 병 입구를 불로 멸균하고 나서 autoclave해 둔 뚜껑을 화염멸균하여 뚜껑을 닫고, 다시 알루미늄 호일로 씌운다[f].

⓬ 모든 것을 다 넣으면 클린벤치에서 배지 병을 꺼내 라벨을 붙여 냉장고로 옮긴다[g].

⓭ 사용 직후에 필요에 따라 불활성화시킨 혈청(실습 3-2) 등을 추가한다.

ⓓ 이 순서로 넣는다. 탄산수소나트륨 용액을 넣으면 배지에 들어 있는 지시약(phenol red)의 색이 황색에서 주홍색으로 변하기 때문에 조작 완료를 확인할 수 있다.

ⓔ 이것으로 444 mL/bottle이 되고, 약 50 mL의 혈청을 넣으면 10% 혈청이 들어간 배지가 된다.

ⓕ 두 사람이 작업해서, 한 사람은 분주하고 또 한 사람은 병을 화염멸균하여 뚜껑을 닫으면 작업하기 쉽다.

ⓖ 라벨은 용액명, 만든 연월일과 penicillin · streptomycin · glutamine, 탄산수소나트륨 용액을 분주한 순서를 알 수 있도록 기입한다.
예: DMEM 09–10–10–1(2009년 10월 10일에 만든 첫 번째 병)

## 실습 3–2 혈청을 불활성화한다

배양에 사용하는 혈청 중에는 세포증식인자나 혈청 단백질 외에 체액성 면역을 담당하는 인자의 하나로 **보체**를 함유하고 있다. 다양한 보체 중에는 배양세포를 인식해서 세포독성을 나타내는 것이 함유되어 있어서 혈청을 그대로 배지에 넣어서 배양에 사용하면 세포증식이 억제되기도 하고 죽기도 하는 일이 있다. 보체는 56℃에서 30분 정도 처리하는 것에 의해 활성을 잃어버린다.

### 실험노트

\# 0021 혈청의 불활성화 2010 年 2 月 9 日 ( 화 )

준비 ☐ FBS 500 mL × 10 병 lot. ( Hyclone 7M0528 )

조작
( 9 : 10 ) 항온조에서 녹인다.
↓
56℃, 30분 incubation한다. ( 9 : 33 ～ 10 : 03 )
↓
라벨을 붙인다.
↓
( 10 : 15 ) 저온실에 옮긴다.
↓
( 15 : 30 ) 냉동고(−20℃)에 보존한다.
↓
기록을 정리해서 파일화한다.

❶ 혈청은 동결된 상태로 수송·보존되고 있으므로 37℃ 정도의 따뜻한 물에 넣어서 녹인다(★1)[ⓐ, ⓑ].

❷ 56℃로 데워진 물을 옮기고, 56℃가 되고 나서 30분간 보온한다[ⓒ].

❸ 라벨에 불활성화 처리를 했다는 것과 날짜를 기입한다.

❹ 저온실에 넣고 온도를 내린다(★2)[ⓓ].

❺ −20℃의 냉동고에 보관한다[ⓔ, ⓕ].

**Point**

★1 녹을 정도로 자주 섞을 것! 섞지 않으면 불용성의 단백질이 나올 수가 있어서 고가의 혈청을 못쓰게 될 수도 있다.

★2 불활성화 처리 후는 충분히 식혀서 얼릴 것! 식히지 않고 넣으면 냉동고에 들어 있는 시약이나 효소를 못쓰게 될 수도 있다.

ⓐ 이때 녹기까지 그대로 방치해 두면 침전된 단백질 성분이 녹지 않게 되는 일이 있으므로, 혈청이 녹을 동안 몇 번이고 병을 돌려서 가능한 한 빨리 녹인다.

ⓑ 섞을 때에 거품이 나지 않도록, 또 혈청이 뚜껑까지 튀지 않도록 주의할 것.

ⓒ 이때도 종종 병을 돌려 내부가 빨리 56℃로 오르도록 한다.

ⓓ 끝나면 동결해서 보존하지만, 바로 냉동고로 옮겨서는 안 된다. 혈청의 열로 냉동고의 시약이 녹아 버리기 때문에, 저온실에 넣어 온도를 내리고 나서 냉동고로 옮긴다.

ⓔ −80℃라면 병이 깨질 수가 있다.

ⓕ 몇 번이나 얼렸다 녹였다 하지 않는 편이 좋기 때문에 자주 쓰는 1병은 냉장고도 괜찮다. 많이 쓰는 것이 아니라면 50 mL 혹은 100 mL로 분주해서 1병만 냉장고에, 나머지는 −20℃에 보존해 둔다.

## 혈청의 불활성화 처리법

### 따뜻한 물에 넣을 때

병 전체가 물에 잠기지 않도록(병 주위를 물이 흐르도록). 물이 순환되는 항온조에 넣는다. 항온조의 수위는 내용액과 똑같은 높이로 한다.

방치하지 말고 몇 번이고 병을 돌려 가능한 한 빨리 녹인다. 녹인 후에 종종 흔들어 내부의 온도를 일정하게 한다.

### 내부의 온도가 56℃가 되었는지 어떻게 아는가?

병의 내부 온도를 측정할 수는 없지만, 추정하는 것은 가능하다. 병 내부의 액체 온도가 낮을 때는 흔들면 병의 표면온도가 내려간다. 내부까지도 데워져 있으면 온도가 변하지 않게 된다(손으로 느낄 정도로). 또 다른 하나는 56°C로 설정한 항온조 thermostat가 연속적으로 ON으로 되어 있던 것이, ON과 OFF를 반복하게 된다. 내부온도가 56°C가 되었기 때문이다. 거기서 30분 둔다. 불활성화한 후는 혈청의 색이 처리하기 전과 비교해서 갈색으로 변해 있을 것이다.

# 실습 3-3 Trypsin/EDTA를 만든다



수용액으로 된 시판제품도 있다. 소량 밖에 사용하지 않는다면 그것도 편리할 것이다.

## 실험노트

# 0022　Trypsin/EDTA를 만든다.　2010 年 3 月 22 日 ( 월 )

**메모**
- ☐ 만드는 것 : Trypsin/EDTA 4 L (200 mL 병 × 20 병)

  당번 :

**준비**
- ☐ 정제수
- ☐ Trypsin
- ☐ EDTA·2Na
- ☐ 10×PBS(–)
- ☐ 병 (건열멸균 한 것) 20병
- ☐ 뚜껑 (autoclave한 것) 30개
- ☐ Bottle top filter

**조작**

(11:15) Trypsin/EDTA 용액

| | | |
|---|---|---|
| 정제수 | 3,600 mL | |
| 10×PBS(–) | 400 mL | ( 2010 – 10 – 9 ) |
| EDTA·2Na | 0.18 g | lot. ( WAKO CAI05 ) |
| Trypsin | 4 g | lot. ( WAKO PAN1044 ) |

↓

Filter 여과

↓

20병에 분주

↓

라벨을 붙인다.

↓

(12:05) –20 °C로 옮긴다.

↓

제작기록을 정리해 보관한다.

## 새롭게 준비할 것

- 정제수

배지를 만드는 물과 동일한 물을 사용한다. 이온교환수지 필터를 통과하고 MilliQ 등으로 정제한 것을 사용한다.

- 10배 농도의 PBS(–)

(–)는 칼슘(Ca), 마그네슘(Mg)염이 들어 있지 않다고 하는 의미.

미리 만들어 둔 것을 사용한다[KCl 12 g, $KH_2PO_4$ 2 g, NaCl 80 g, $Na_2HPO_4 \cdot 12H_2O$ 28.85 g, 이것을 정제수에 녹여 1 L로 만든다].

1배 농도의 PBS(–)를 만들기 위해서는 10배 농도의 것을 정제수로 10배 희석해서 autoclave한다.

- Trypsin

분말인 것을 사용해도 되지만, 최근에는 배양 전용의 mycoplasma 검사가 완료되고 희석하는 것만으로 괜찮은 용액상의 trypsin 용액, 혹은 trypsin/EDTA 용액이 시판되고 있다. 소량 밖에 쓰지 않는 경우는 시판이 편리할 것이다.

- 병

필요한 숫자보다 조금 많은 수를 준비해서, 두 겹의 알루미늄 호일로 뚜껑을 해서 160℃에서 1시간 동안 건열멸균해 둔다. 병의 입구가 넓은 병을 써도 좋다. 피펫팅 작업으로 용액을 취하는 것이 쉬워진다.

- 뚜껑

이것도 병에 맞추어서 조금 많은 수를 준비한다. 멸균통에 넣고 autoclave 멸균하다.

❶ 큰 비커에 정제수, 10 × PBS(–), EDTA · 2Na, trypsin을 넣는다[ⓐ].

⬇

❷ Trypsin 가루가 보이지 않게 되면 잘 저어준다[ⓑ].

⬇

❸ 무균실에 옮겨 bottle top filter로 여과멸균한다.

⬇

❹ 라벨을 붙이고, –20℃에서 보존한다.

ⓐ 분말 단백질은 분말 위에 물을 부으면 녹이기 어렵게 되므로, 물 위에 넣어 띄워서 녹이면 좋다.

ⓑ Trypsin은 자가 분해하므로 실온에 장시간 놓아두지 말 것.

## 실습 3-4 혈청의 lot 확인

혈청은 원산국이나 메이커 등에 따라 품질에 차이가 있어서 같은 메이커라도 lot 간에 세포의 생육 상황에서 차이가 나오거나 한다. 또 사용하는 세포에 따라 그 감수성도 각각 다르기 때문에, 보통은 연구실에서 주로 사용하고 있는 세포를 lot 확인의 표준세포로서 사용하면 좋다. 혈청의 lot에 따라서는 세포가 증식하지 않는 것도 있기 때문에, 새로운 lot의 혈청을 배지에 사용할 때는 반드시 lot 확인을 행할 필요가 있다.

### ▶ 방법

혈청의 lot 확인은 아래의 3 가지의 방법을 생각할 수 있다.

#### 1) 세포증식, 세포사에 의한 확인

보통의 배양조건에서 세포를 배양해서, 증식에 문제가 없는지, 세포사의 비율이 높지 않은지 등 현미경 관찰로 확인을 한다.

1주간 정도 배양으로, 세포의 증식 등에 영향이 나올 것 같은 lot는 우선 써서는 안 된다. 세포의 형태 등을 관찰한다. 실험자의 시선에서 판별은 lot 확인의 제1 판단재료로서 중요하다. 이 방법은 러프한 확인 방법이기 때문에, 다수의 lot가 있는 경우 2)의 사전 확인으로 생각하길 바란다.

#### 2) Colony 형성에 의한 확인

1)은 주로 실험자의 주관적인 확인이지만, 조금 더 정량적으로 lot check를 행하는 경우에 주로 colony 형성률을 확인한다. Colony 형성 시에는 세포가 단독으로 되도록 저농도로 plating하기 때문에 혈청을 포함한 배지에 의존적이기 쉽다. 1)의 방법으로 확인 했을 시 문제가 없었지만, colony 형성률에 의한 check에서는 차이가 나오는 것도 있다. 1)은 단기적

으로 판단이 가능하지만, 이 방법은 보통 2주 정도 걸린다. 혈청을 한꺼번에 사는 경우 등은 연구실에서 사용하는 세포에 대해서, 이 방법으로 평가하는 것을 강하게 권한다.

### 3) 실험계에 불가피한 조건에 의한 확인

특수한 배양조건을 요구하는 경우 그것을 평가할 수 있는 방법을 행하는 것이다. 예를 들면, 줄기세포나 분화유도 실험 등에 사용하는 경우에는, 이미 확립된 조건을 바탕으로 혈청만을 바꾼 배지를 써서 목적으로 하는 반응이 보이는지를 확인한다.

〈여기에서는 「2) Colony 형성률에 의한 확인」의 방법을 해설한다〉

❶ 증식상태가 좋은 세포를 준비한다.

❷ 1종류의 세포, 1개의 lot에 대해서 100 mm dish 20장을 준비한다.

❸ 200 mL의 멸균 병에 각각의 lot으로 만든 배지를 100 mL 넣는다[ⓐ].

❹ 세포를 계대할 때와 같은 방법으로 세포를 분리해서 세포를 카운트한다[ⓑ].

❺ ❸에서 준비한 병에 10 cell/mL 및 100 cell/mL이 되도록 세포 현탁액을 만든다[ⓒ].

❻ ❷에서 준비한 dish에 ❺에서 만든 세포 현탁액을 10 mL 씩 10장 plating 한다.

❼ 약 2주간 배양을 실시한다[ⓓ].

❽ Giemsa 염색을 행하여[ⓔ] 형성된 colony를 카운트한다.

ⓐ Positive control(기존에 사용해 온 혈청이 들어간 배지)을 반드시 포함한다.

ⓑ 제2일을 참조.

ⓒ 사용하는 세포에 따라 colony 형성률은 다르기 때문에, dish당 세포수는 적당하게 만들 것.

ⓓ 보통 이 동안 배지 교환을 할 필요는 없지만, colony가 많이 생긴 dish는 배지가 소모될 경우가 있다. 이 경우는 최소한으로 배지 교환을 행한다.

ⓔ 제3일 실습 3 「Colony의 Giemsa 염색」을 참조.

## 결과의 예

정상섬유아세포 TIG-3 lot check의 결과

| 혈청 lot | Plating할 세포 수/100 mm dish | 평균 colony 수 |
|---|---|---|
| A | 100 | 33 |
| A | 1,000 | >300 |
| B | 100 | 23 |
| B | 1,000 | >300 |
| C | 100 | 21 |
| C | 1,000 | >300 |
| D | 100 | 0 |
| D | 1,000 | 4 |
| E | 100 | 4 |
| E | 1,000 | 41 |

대장암세포 RKO lot check의 결과

| 혈청 lot | Plating할 세포 수/100 mm dish | 평균 colony 수 |
|---|---|---|
| A | 100 | 119 |
| A | 1,000 | >300 |
| B | 100 | 168 |
| B | 1,000 | >300 |
| C | 100 | 152 |
| C | 1,000 | >300 |
| D | 100 | 0 |
| D | 1,000 | 6 |
| E | 100 | 119 |
| E | 1,000 | >300 |

- Lot A: positive control(기존에 사용해 온 배지)
- Lot B~E: 이번 실험에서 check할 lot

정상섬유아세포(TIG-3)에서는, lot D와 E는 확실히 colony 형성률이 낮아서 적당하지 않다. B와 C는 현재 쓰고 있는 것과 차이가 없고, 우열은 보이지 않는다. 한편, 대장암세포 (ROK)에서는, D는 확실히 적당하지 않다. E는 현재 쓰고 있는 것과 차이가 없지만, B와 C의 쪽이 우수하다. 이상 colony 형성률의 결과에서는, lot B나 C를 선택해야 할 것으로 판단되지만, 어느 쪽이 좋은지 까지는 말할 수 없다.

# 실습 4　세포 관리

## 실습 4-1 세포를 동결보존한다

배양세포의 대부분은 액체질소 속에 보존하면 장기간 보존할 수 있다. 특히, 귀중한 세포주는 계대 중에 오염되면 되돌릴 수 없기 때문에 반드시 동결보존해야만 하고 가능하면 2곳 이상의 장소에 분산해서 보존하는 것이 바람직하다.

세포에 따라서는 동결에 약한(해동했을 때에 살아있는 세포가 적거나 또는 죽어 없어지게 된다) 것도 있지만, 대부분의 세포주는 동결보존에 잘 견뎌낸다.

-80℃의 deep freezer에서도 수개월은 보존할 수 있지만, 장기적으로는 액체질소에 보존한다. Glass ampule에 넣어 봉하는 것이 무엇보다도 좋다고들 하지만, 무균조작으로 ampule을 봉하는 것(pin hole이 없도록)은 기술이 필요하다.

Screw cap이 있는 플라스틱 동결용 tube는 동결 중에 액체질소가 들어갈 수도 있기 때문에 최선이라고는 볼 수는 없지만, 간편하기 때문에 자주 사용된다. 액체질소의 혼입은 동결 tube 내에 미생물이 혼입할 우려가 있다는 것과 해동시 tube가 폭발할 우려가 있다는 점도 염려되는 부분이다.

동결보존 중에 액체질소가 들어오지 않도록 tube를 커버하는 것도 시판되고 있다.

### 실험노트

# 0023　세포 동결보존　2010 年 4 月 24 日 ( 토 )

**준비**
- ☐ 동결할 세포 : TIG-3 ( 2010-4-17 plated, 100 mm dish x 6 Confluent )
- ☐ DMEM ( 2010 – 3 – 19 – 3 ) 10% FBS lot. ( Hyclone 7MO528 )
- ☐ PBS(–) ( 2010 – 4 – 12 – 3 )
- ☐ Trypsin/EDTA ( 2010 – 3 – 22 – 1 )
- ☐ CELLBANKER lot. ( 808060 )

**조작** (9:05)

세포현탁액을 만든다.

각 dish에서 배지를 흡입한다. (이번에는 6장 분)
↓
PBS(–) 5 mL로 2회 washing한다.
↓
Trypsin/EDTA를 2 mL 더한다.
↓
실온방치
↓
배지 2 mL을 첨가해 suspension.
↓
1,200 rpm, 3분간 원심분리
↓
상층액을 aspiration
↓

동결한다.

세포에 CELLBANKER 6 mL을 더해 suspension. (100 mm dish 1장에 대해서 CELLBANKER를 1 mL 첨가한다.)
↓
동결 tube 6개에 1 mL 씩 분주

↓
라벨을 붙인다.
↓
(9:35) −80℃로
↓
다음 날, 액체질소 tank로 2010 年 4 月 25 日 (일)
보존하는 장소 : Tank No. 3 Canister No. 10 Cane No. 5
↓
(9:20) Data sheet, data base에 등록

## 새롭게 준비할 것

- 원심관 rack과 동결 tube rack

원심관 rack과 동결 tube rack은 완전하게 멸균하지 않아도 좋지만, 클린벤치에 넣기 때문에 가능한 한 깨끗하게 하는 것이 좋다. 물론, 스테인리스의 원심관 rack은 건열멸균도 autoclave도 가능하다.

- CELLBANKER · BAMBANKER

세포를 동결할 때, 얼음 결정이 생기면 세포 구조를 파괴하기 때문에 세포가 소생할 수 없다. 얼음 결정이 생기는 것을 막기 위해, 이전에는 10% DMSO(dimethyl sulfoxide)나 10% glycerol을 동결제로서 사용해 왔지만, 최근에는 사용하기 편한 동결액이 시판되고 있다.

❶ 세포 현탁액을 만드는 것까지는 이미 앞에서 배운 그대로이다[a].

❷ 100 mm dish 6장에 있는 세포를 각각 2 mL trypsin/EDTA로 분리하여 2 mL의 배지를 넣고 세포 현탁액(총 24 mL)으로 만든다.

❸ 50 mL 원심관에, 고마고메피펫으로 세포 현탁액을 넣는다.

❹ 원심 중에 캡의 안쪽에 먼지가 들어가지 않도록, 캡과 tube 사이를 비닐 테이프로 감아서 봉한다.

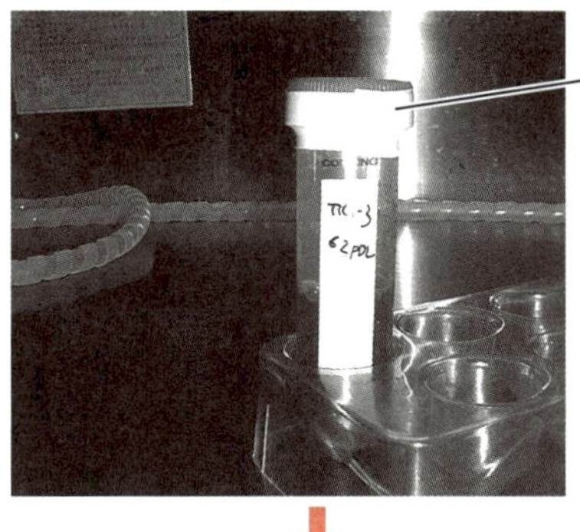

먼지가 들어가지 않도록 비닐 테이프를 감는다

❺ 1,200 rpm, 3분간 실온에서 원심분리한다.

❻ 동결 tube를 봉지에서 꺼낸다[b].

↓

ⓐ 일반적으로 $10^6$ cell/mL 정도로 동결한다. 대략 100 mm dish 가득한 세포를 1 mL 현탁액으로 하여 동결한다.

ⓑ Dish를 꺼낼 때와 같이, 다른 tube는 만지지 않도록 주의한다. 손으로 잡지 말고 피펫을 빼낼 때처럼 화염멸균한 핀셋으로 꺼내는 것도 안전한 방법. 핀셋이 식기 전에 집으면 플라스틱이 변형된다.

❼ Tube에 유성매직으로 세포명, 일시 등을 기입한다.

❽ Tube rack에 세운다.

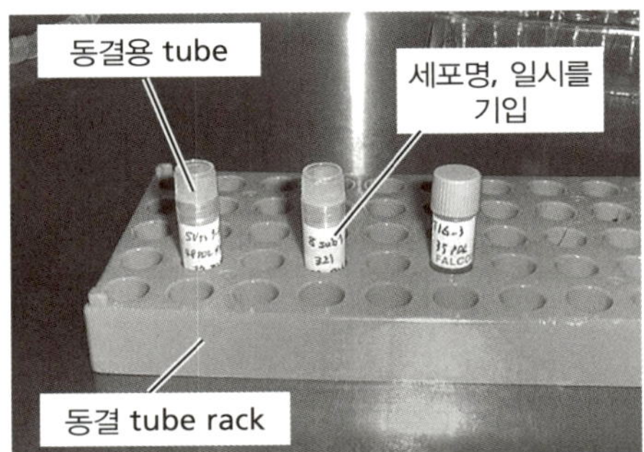


❾ 동결 tube의 뚜껑을 열어, 그대로 얹어 둔다[c].

❿ 원심이 끝나면 원심관의 바깥쪽을 알콜솜으로 조심스럽게 닦고 나서 클린 벤치로 가져온다.

⓫ 50 mL tube의 비닐 테이프를 조심스럽게 떼어내고, 뚜껑을 열어 놓는다.

⓬ 멸균 파스퇴르피펫으로 상층을 조심스럽게 흡입한다.

⓭ 세포동결액(CELLBANKER · BAMBANKER) 6 mL을 고마고메피펫으로 첨가한다[d].

⓮ 고마고메피펫으로 잘 현탁한다.

⓯ 동결 tube에 1 mL씩 분주한다(정확하게 분주할 때는 메스피펫을 사용한다).

⓰ 동결 tube의 캡을 닫는다[e].

⓱ 동결 전용 용기에 넣어, 가능한 한 빨리 –80℃의 deep freezer에 넣고 하룻밤 동결시킨다[f].

이러한 전용 용기에 넣어서 -80℃에 넣어도 좋다

ⓒ Tube와 뚜껑은 작기 때문에 뒤집어지지 않도록 주의한다.

ⓓ 세포동결보존액[CELLBANKER(Juji–field사에서 판매)]은 냉장 보존.
$5 \times 10^5 \sim 5 \times 10^6$/mL로 세포를 동결한다.
사용 시에도 실온에 두지 않고 가능한 한 차게 해 둔 상태의 것을 사용하는 것이 좋다.

ⓔ 액체질소에 넣기 때문에 테이프나 parafilm 등은 감지 않는다. 아무래도 테이프 등을 감고 싶은 사람은 액체질소에 넣을 때에 벗긴다.

ⓕ 갑자기 액체질소에 넣는 것이 아니고, 서서히 동결한다. 이를 위한 program freezer라는 장치를 가지고 있으면 그것을 사용하면 좋다.
다시 좀 더 해설한다. 수용액을 천천히 얼리면 용질을 배제하면서 큰 얼음 결정이 생기기 때문에 세포 구조가 파괴된다. 순식간에 동결할 수 있으면 얼음 결정을 만들지 않고 동결 상태로 넘어갈 수 있지만 그것은 불가능하다. 얼음 결정이 생기기 어렵도록 CELLBANKER를 넣어 서서히(예를 들면, 1℃/분 등) 동결하는 것이 세포 손상을 가장 적게 한다고 할 수 있다. 동결속도를 조절하면서 동결하는 장치가 program freezer이다. 동결 전용 용기를 사용해서 얼리는 방법은 최적은 아닐지도 모르지만, 값싸고 많은 배양세포(특히, 세포주)에서 실용적으로 문제없이 동결할 수 있기 때문에 범용된다.

⑱ 다음 날, 액체질소 tank로 옮긴다.

1) 동결 tube를 넣는 cane 및 보호통을 준비하고 cane의 윗부분에 번호를 적어, 액체질소 tank가 있는 곳에 놓아둔다[g].

ⓖ 동결한 세포가 가능한 한 녹지 않도록 준비에 만전을 기한다.

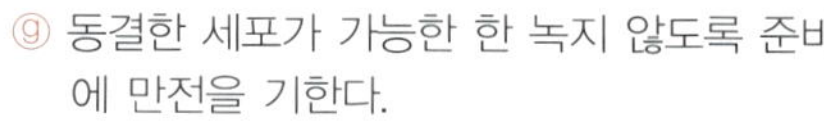

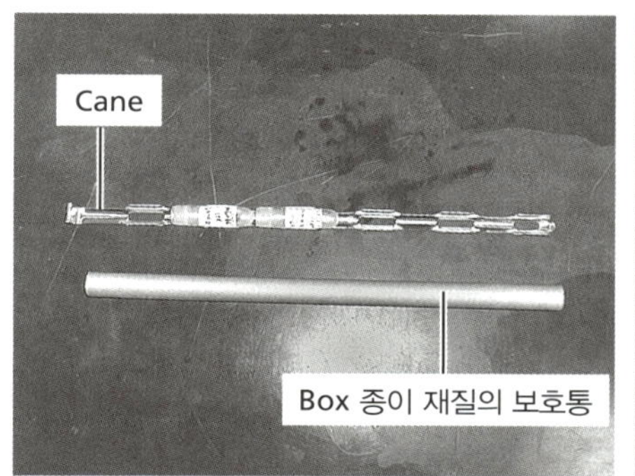

2) 냉동고에서 동결세포가 들어있는 동결 전용 용기를 꺼내, 액체질소 tank가 있는 곳으로 가지고 간다.

3) 동결 전용 용기를 열어, 동결 tube를 꺼내 cane에 꽂는다.

4) 보호통에 cane을 넣는다[h].

5) 액체질소 tank의 뚜껑을 열어, canister를 꺼내 cane을 넣고 재빨리 제자리에 돌리고 뚜껑을 닫는다[i].

6) 넣은 장소(tank, canister, cane 번호 등)를 기록한다[j, k].

ⓗ 동결 tube는 cane에서 떨어지기 쉬우므로 보호통을 하는 것이 좋다. 동결 tube가 cane에서 빠지게 되면 그것을 회수하는 것은 그렇게 쉬운 일은 아니기 때문이다.

ⓘ Canister는 액체질소에서 완전히 들어 올릴 필요는 없고, cane을 넣을 수만 있으면 된다.

ⓙ 기록부를 쓰는 방법은 노트, 카드, PC 등 연구실에 따라서 다를 것이다.

ⓚ 액체질소의 보충은 정기적으로 행한다.

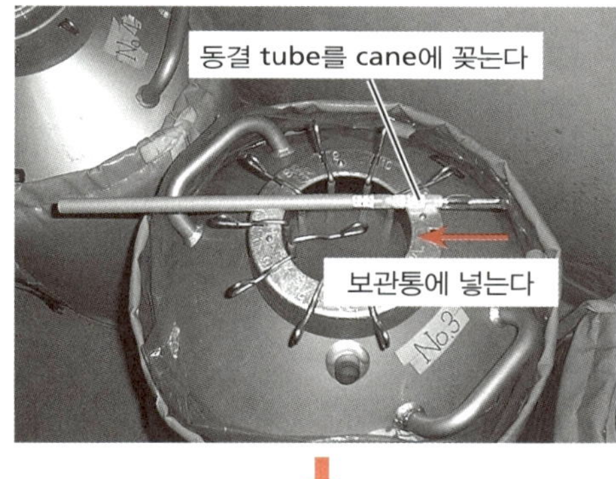

⑲ 동결 기록 노트, 또는 data base에 등록한다[l, m].

ⓛ 액체질소 tank를 여는 횟수를 줄이기 위해서, 나중에 쓰려고 생각하고 있으면 잊어버리게 되므로 그 자리에서 기록하도록 한다.

ⓜ Cane은 6개의 동결 tube를 끼울 수 있으므로 일반적으로는 한번에 6개를 단위로 해서 동결한다. 물론 필요에 따라서는 한 번에 많이 동결하는 경우도 있고, 일시적으로는 2개씩 하는 경우도 있다(목적에 따라 다르다).

기입예

Tahara Lab.Cell Bank Data Sheet

세포명 : KA62(73)
세포유래 : HUE101-1에 pSV2neoSV40LT를 transfect한 것
동결자 : anno 동결일시: 09/10/24
DISH(mm) : 100 동결개수: 3
동결장수 : 3
배지 : MCDB151
혈청 · 증식인자 : 10% FBS
남은 ampule 수 : 3
Tank No. : 4
Canister No. : 4
Ampule holder No.: 2
비고:

사용자 1
2
3
4
5
6

동결할 때마다 컴퓨터 data로 추가한다.
1장은 프린트해서 파일철을 만든다.

### ▶ 동결세포 check

가능하다면 다음 날, 1개를 꺼내서 배양해서, 오염은 없는가, 죽은 세포는 많지 않은가를 check한다(남아 있는 것은 5개가 되겠지만). 오염 등이 있으면 나머지 5개도 사용할 수 없을 가능성이 있으므로, 새로 동결하는 편이 안전하다.

## 실습 4-2 세포를 해동한다

**실험노트**

# 0024 세포를 해동한다 2010 年 4 月 26 日 ( 월 )

**메모**

꺼낸 세포 : TIG-3 (세포의 이름을 쓴다.)
개수 : 1 (개수를 쓴다.)
동결일 : ( 2010 – 4 – 24 ) (해동한 날을 쓴다.)
보존된 장소 : Tank No. 3 Canister No. 10 Cane No. 5

**준비**

- ☐ 배지 DMEM ( 2010 – 3 – 19 – 5 ) 10% FBS lot. (Hyclone 7MO528)
- ☐ 50 mL tube 1병
- ☐ 60 mm dish 2장

**조작**

( 9 : 10 ) 동결 tube를 tank에서 꺼내 50 mL tube에 넣는다.
(장갑 · 방호 shield를 착용할 것) (침입한 액체질소의 증발을 확인하기 위해)
↓
37 °C 항온조에서 녹인다.
↓
세포 현탁액 1 mL을 20 mL의 배지를 넣은 50 mL tube로 옮긴다.
↓
1,200 rpm, 5분 원심분리
↓
상층액을 aspiration
↓
침전을 8 mL의 배지로 suspension
↓
4 mL씩 60 mm dish 2장에 plating한다.
↓
37 °C incubator에 넣는다.
↓
( 9 : 25 ) 기록부 또는 data base에 기록한다.

❶ 37℃의 항온조를 준비한다.

❷ 액체질소 tank에서 필요한 동결 tube를 꺼낸다[ⓐ].

❸ 빈 50 mL tube에 동결 tube를 넣어, 액체질소의 증발을 확인한다[ⓑ].

❹ 항온조에서 동결된 것을 녹인다[ⓒ].

ⓐ 다음 페이지 해설 「동상에 대한 주의」를 참조.

ⓑ 다음 페이지 해설 「폭발에 대한 주의」를 참조.

ⓒ 해설 「해동법」을 참조.

▶ 아래의 조작은 클린벤치 안에서 행한다.

❺ 동결 tube 표면을 알콜솜으로 잘 닦아서 tube rack에 세운다.

❻ 50 mL tube에 20 mL의 배지를 넣어 둔다.

❼ 동결 tube의 뚜껑을 연다.

❽ 2 mL의 고마고메피펫으로 동결 tube 내의 세포 현탁액을 잘 현탁해서, 50 mL tube로 옮긴다[ⓓ].

ⓓ 현탁할 때 거품을 만들지 않도록 주의한다.

❾ 같은 고마고메피펫으로 ❽에서 50 mL tube로 옮긴 현탁액을 1 mL을 취해서, 동결 tube에 넣어 현탁해 50 mL tube로 되돌린다(동결 tube를 씻어낸다).

❿ 50 mL tube의 뚜껑을 덮고 비닐 테이프를 감아서(먼지를 피해) 2,000 rpm, 5분 동안 원심분리한다.

⓫ 상층액을 흡입한다.

⓬ 침전물에 10 mL 메스피펫으로 8 mL을 더해서 현탁한다.

⓭ 60 mm dish 2장에 4 mL씩 plating한다[ⓔ].

⓮ 세포를 해동하면 반드시 기록부에 기록한다(기록상 존재하는 세포가 액체질소 tank에 없으면 곤란하다)[ⓕ].

⓯ 다음날, 관찰한다[ⓖ].

- 오염은 없는가.
- 떠 있는 죽은 세포는 없는가.
- 세포는 접착해서 잘 뻗어 있는가.
- 만약 confluent 상태면 계대한다.

ⓔ 100 mm dish 1장에서 회수한 세포를 60 mm dish 2장에 plating하는 것은, 1장은 오염이 되어도 1장은 살릴 가능성을 기대할 수 있기 때문이다.

ⓕ 기록상 5개가 남아있는 것이 4개 밖에 없는 등의 문제를 발견하면 그것도 기록해서 뒷사람이 곤란하지 않도록 한다.

ⓖ 기록부에 세포 상태를 기재한다(다음에 사용할 사람을 위해).
특히, 오염이나 죽은 세포가 동결 시의 문제라고 생각될 때는, 남은 동결세포도 쓰지 않을 가능성이 있다.

### 동상에 대한 주의

두꺼워서 사용하기 불편하더라도 전용의 가죽장갑을 쓴다. 액체질소 tank에서 cane을 꺼내 낙하방지의 보호통(종이 재질의 통)을 벗기고 목적으로 하는 동결 tube를 핀셋으로 빼서, 곧바로 입구가 넓은 병에 넣는다. Cane은 바로 보호통에 끼워서 액체질소에 돌려 놓는다. 시간을 끌면 공기 중의 수분이 얼어붙게 된다(수분이 얼어붙으면 보호통에 끼울 수 없게 된다).

### 폭발에 대한 주의

동결 tube 안에 액체질소가 들어가 있는 경우가 있다. Tube를 데우면 액체질소가 급속하게 기화된다. 대부분의 경우, 기화된 질소는 고무 패킹된 부분으로 새어나가 결국에는 없어지게 된다. 예전에, 동결 tube 품질이 문제가 있어, 해동 전에 번번하게 폭발하는 일이 있었다. 지금은 대체로 문제가 없다고 생각하지만, 만약의 경우를 생각해 얼굴과 머리를 싸는 보호대를 반드시 착용할 것. 보호대를 하지 않은 신체부분도 전부 옷으로 감싸도록 한다. 예를 들어, 실험복의 칼라 깃을 세워 목까지 덮고, 소매는 걷어 올리지 말고 소매부리 끝까지 편다.

액체질소에서 꺼낸 tube는 플라스틱제의 입구가 넓은 병에 빨리 넣고(물론, 뚜껑은 닫지 말고) 상태를 지켜본다. 액체질소가 들어가 있으면 '쉬'하는 소리를 내고 질소가 빠져나간다. 잠시 후에 소리가 없어지게 되면 액체질소는 빠져나간 것이다. 1분이 지나도 소리가 나지 않으면 질소는 tube 안에 들어 있지 않다고 생각해도 좋을 것이다.

**해동법: 액체질소가 없어지면 가능한 한 신속하게 해동한다.**

"동결 tube를 37℃의 항온조에 넣고(tube는 뜬다) 녹기를 기다린다"고 쓰여 있는 실험서가 있다. 꺼냈을 때, 안쪽의 압력이 높기 때문에 물이 안에 들어가는 일은 있을 수 없으며, 오염되는 일이 없다고 한다.

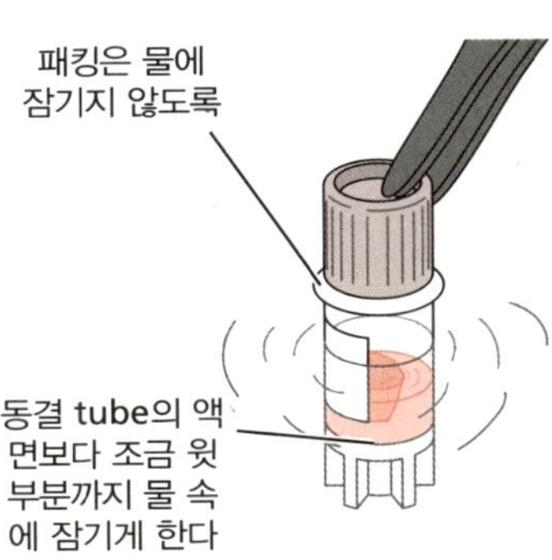


말 그대로일지도 모르겠지만, 깨끗하다고 할 수 없는 물이 뚜껑의 고무 패킹 등에 부착한다는 것은 기분 좋은 일은 아니다. 오염에 대한 불안을 피하기 위해 핀셋으로 동결 tube의 뚜껑을 잡고 37℃ 항온조에 담근다. 동결한 액보다 약간 위에까지 물에 담그고 뚜껑의 고무 패킹부분까지 들어가지 않도록 조심한다. Tube를 물속에서 움직여서 가능한 한 빨리 녹도록 한다. 내부의 동결액이 녹게 되면 가끔 tube를 흔들어 섞어주어 빨리 녹도록 한다. 녹으면 될 수 있는 한 빨리 다음 과정으로 진행한다. 얼음 덩어리가 조금 남아 있어도 상관없다.

## 실습 4-3 Mycoplasma 검출

★ Mycoplasma 검사는, 반드시 일정을 정해서 정기적으로 행한다!
★ 새로 입수한 세포는 반드시 mycoplasma 검사를 하고 나서 사용한다. 이것을 게을리 하면, mycoplasma 오염이 퍼진다!

Mycoplasma 감염은, 그 배양세포를 사용한 실험결과에 영향을 미칠 뿐만 아니라, 배지나 액체질소를 통해서 다른 세포에도 널리 감염될 위험성이 있다. 다른 사람에게 폐를 끼치지 않기 위해서라도 자신이 배양하고 있는 세포는 책임지고 정기적으로 점검하길 바란다. 여기서는 mycoplasma의 간편한 검출법으로서 알려져 있는, double strand DNA에 끼어 들어가는 형광색소인 DAPI(4′,6-Diamidine-2′-phenylidole dihydrochloride)에 의한 핵염색을 행한다.

최근에는 PCR법을 이용한 mycoplasma 검출 kit 등도 시판되고 있다. 어느 것이든 정기적으로 검출하는 것이 중요하다.

## 실험노트

\# 0025 **Mycoplasma 오염을 check한다** 2010 年 4 月 22 日 ( 목 )

**준비**

- ☐ Cover glass 상에 plating된 세포
  세포명 : TIG-3 ( 2010 – 4 – 15 plated, 45 PDL )
- ☐ PBS(–) ( 2010 – 4 – 12 – 3 )
- ☐ 100%에탄올
- ☐ 50% Glycerol・PBS(–) 용액
- ☐ 100 ng/mL DAPI 수용액 (DAPI stock (1 mg/mL in DMSO) 1 μL / PBS(–) 10 mL)

용시제조 한다.

**조작**

(1:10) Multi-well plate에서 키운 세포에서 배지를 aspiratio한다.
↓
PBS(–) 1 mL을 더해서 washing한다.
↓
100% 에탄올을 1 mL 더한다.
↓
실온에서 10분간 방치
↓
Aspiration
↓
DAPI 수용액 1 mL을 더한다.
↓
실온, 10분 방치
↓
Aspiration
↓
PBS(–) 1 mL을 더해, cover glass를 꺼낸다.
↓
(1:45) Slide glass를 mount한다.
↓
형광현미경에서 관찰
(DAPI용 filter setting)

여기서 형광현미경의 UV lamp 점등

사진을 붙여 둔다.

핵이 깨끗하게 염색되어 있는 것 외에는 염색된 것이 보이지 않았다.
심각한 오염은 없다고 생각한다.

❶ 관찰하고 싶은 세포를 새 cover glass에 plating해 둔다[a].

↓

❷ 고정한 세포(100% 에탄올, 10분)에 100 ng/mL의 DAPI 용액을 넣고 10분간 방치한다[b].

↓

❸ 한번 PBS(−)로 washing한다.

↓

❹ Slide glass 위에 50% glycerol · PBS(−) 용액을 한 방울 떨어트리고, cover glass를 뒤집어서 기포가 들어가지 않도록 주의하면서 용액 위에 얹는다[c].

↓

❺ 여분의 50% glycerol · PBS(−) 용액을 kim wipes로 제거한다.

↓

❻ 형광현미경으로 관찰한다.

ⓐ Cover glass에의 plating에 대해서는 **제4일 실습 1**을 참조.

ⓑ 30분간 정도 방치하면 고정하지 않아도 염색되지만, 세포 안에 들어가는 효율은 그다지 높지는 않기 때문에 염색 정도는 그다지 좋기 않다(형광강도가 약하다).

ⓒ Cover glass의 끝부분을 먼저 놓고 천천히 다른 한쪽 끝부분을 내려놓으면 기포가 들어가지 않는다.

## 고찰

핵이 푸른색으로 반짝반짝 빛나고 있을 것이다. 만일 세포질에 푸른 점이 많이 있는 것 같으면, 그 세포는 mycoplasma에 감염되어 있을 가능성이 높다. 이 방법은 간편하지만, 그렇게 감도가 높지 않아서 이 방법으로 보이지 않는다고 해서 안심할 수는 없다.

일반 배지는 항생물질이 들어가 있다. Mycoplasma에 의한 아주 적은 오염이라도 검출하고 싶을 때는 항생 물질을 뺀 배지에서 1주 정도 배양하고 나서 check하는 것이 바람직하다고 한다.

세포질에 incorporation된 [$^3$H]-thymidine을 보는 방법, mycoplasma를 배양하는 방법, 또는 mycoplasma의 genome DNA을 증폭시킬 수 있는 primer를 사용한 PCR법 등 특이적이고 감도가 높은 키트(kit) 등이 있다.

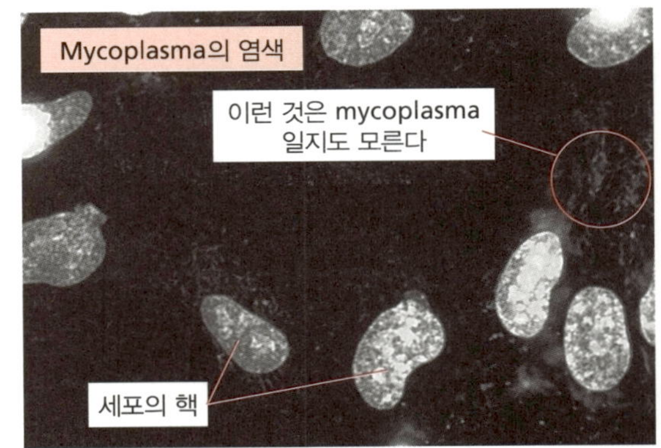

타원형의 핵이 염색되어 있는 것 외에 세포질 부분에 지저분한 염색이 보인다

유감스럽지만 감염이 확인되었다면 세포를 autoclave해서 버리는 것이 제일 안전하다.

# 특별실습을 통해서

### ▶ 사전에 준비해 두는 것의 중요함

사용하려고 했을 때의 멸균된 병이 부족하면, 실험을 할 수 없게 되므로 항상 stock이 있도록 주의를 한다.

공동으로 이용하는 것은 실수하게 되면 동료 전체에게 폐를 끼치게 된다. 예를 들면, 만든 배지를 오염시키고 있다, 배지의 조성이 잘못되어 있다 등등의 실수는 커다란 폐가 된다.

# 찾아보기

## 국문색인

## 영문색인

## 기타